高等院校信息技术规划教材

数据结构与数据库应用教程

于秀丽　编著

清华大学出版社
北京

内容简介

本书是为“数据结构与数据库”课程编写的教材，也可作为学习数据结构与数据库技术的参考教材。

本书的前半部分为数据结构，包括线性表、栈、队列、串、数组、树和图等，以及查找和排序等操作；后半部分为数据库技术，包括数据库系统概述、关系模型与关系代数，关系数据库标准语言（SQL）、数据库设计及优化、数据库安全性与完整性、事务管理与恢复等，最后以一个综合实例介绍了数据库应用系统的开发过程。

本书概念清楚，重点突出，内容丰富，结构合理，思路清晰，示例翔实，每章后均附有习题。本书主要面向数据结构与数据库初学者，可作为信息管理与信息系统、计算机及相关专业的本科教学教材，也可供自学计算机基础知识的读者参考。

图书在版编目（CIP）数据

数据结构与数据库应用教程/于秀丽编著. —北京：清华大学出版社，2019（2024.8重印）
（高等院校信息技术规划教材）
ISBN 978-7-302-51422-0

Ⅰ. ①数… Ⅱ. ①于… Ⅲ. ①数据结构－高等学校－教材 ②关系数据库系统－高等学校－教材 Ⅳ. ①TP311.1

中国版本图书馆 CIP 数据核字（2018）第 242139 号

责任编辑：张 玥 薛 阳
封面设计：常雪影
责任校对：焦丽丽
责任印制：刘 菲

出版发行：清华大学出版社
网　　址：https://www.tup.com.cn，https://www.wqxuetang.com
地　　址：北京清华大学学研大厦 A 座　　**邮　　编**：100084
社 总 机：010-83470000　　**邮　　购**：010-62786544
投稿与读者服务：010-62776969，c-service@tup.tsinghua.edu.cn
质量反馈：010-62772015，zhiliang@tup.tsinghua.edu.cn
课件下载：https://www.tup.com.cn，010-83470236
印 装 者：三河市铭诚印务有限公司
经　　销：全国新华书店
开　　本：185mm×260mm　　**印　　张**：18.75　　**字　　数**：432 千字
版　　次：2019 年 1 月第 1 版　　**印　　次**：2024 年 8 月第 7 次印刷
定　　价：59.50 元

产品编号：078463-02

前　言

数据结构和数据库技术是信息技术的重要理论技术基础，不仅是高等学校计算机科学与技术类专业学生必修的两门专业基础课程，而且已成为非计算机专业的热门选修课。目前，有关数据结构和数据库技术的书籍有很多。随着课程建设的改革、课时的缩减，如何能使学生在有限的课时里更好地掌握这两门课程，并能在实际的软件开发过程中自觉地应用，一直是摆在广大教师面前的课题。本书结合目前教学的实际情况，梳理了对数据结构与数据库要求的知识点，并形成了便于学习和掌握的相应知识单元，通过大量案例来解释相关的原理及应用技术，注重学生实践能力的培养，内容通俗易懂。本书既可以作为信息管理与信息系统、计算机及相关专业的本科教材，也可供自学计算机基础知识的读者参考。

全书共 15 章，分为两大部分。前 8 章作为第一部分，系统地介绍了数据结构的相关理论及应用。第 1 章为数据结构绪论，主要介绍数据结构的相关概念和术语、算法的描述与分析方法；第 2 章为线性表，主要介绍了顺序表和链表的存储表示与实现；第 3 章为特殊线性表，主要介绍了栈、队列和串的存储表示与实现；第 4 章为数组，主要介绍了数组的存储表示与实现；第 5 章为树与二叉树，主要介绍了二叉树的基本知识、性质、存储及遍历应用；第 6 章为图，主要介绍了图的基本概念、存储及遍历应用；第 7 章为查找，主要介绍了静态查找、动态查找和哈希表；第 8 章为排序，主要介绍了直接插入排序、希尔排序、冒泡排序、快速排序、选择排序和归并排序等几种常用的排序算法及性能。第 9～15 章是第二部分，主要介绍的是数据库技术及其应用。第 9 章为数据库系统概述，主要介绍了数据、数据库、数据库管理系统和数据库系统等基本概念，数据库处理技术的发展，同时也介绍了数据模型、数据抽象、数据库模式等概念；第 10 章为关系模型与关系代数，主要介绍了关系数据库实现的基本理论、关系的定义和性质及专门的关系运算方法；第 11 章为关系数据库的标准语言——SQL，包括数据定义语言、数据控制语言和数据操纵语言；第 12 章为数据库设计及优化，主要介绍了数据库建模方法，包括概念模型设计过程、如何将概念模型转换为关系模型及关系模式规范化理论等；第 13 章为数据库安全性与完整性，主要包括数据库安全性、完整性的基本概念和措施，游标、存储过程和触发器的使用；第 14 章阐述了事务管理和恢复的相关技术，主要包括事务的概念、特性和并发控制，数据库的恢复与备份等；第 15 章以一个综合实例介绍了数据库应用系统的开发过程。内容讲解由浅入深，层次清晰，通俗易懂。

本书具有以下特点。

(1) 本书面向应用型本科高校，根据相关专业的培养方案，服务于应用型和技能型的高级实用人才，结合该课程的先行课程和后续课程，组织相关知识点与内容。本书结构严谨，内容安排环环相扣，符合初学者的学习习惯。

(2) 吸取了同类教材的优点，注重理论和实践相结合。在知识点组织和案例设计等内容安排上，既着眼于培养学生熟练掌握理论知识，又注意锻炼和培养学生在程序设计过程中分析问题和解决问题的实践动手能力，启发学生的创新意识，使学生的理论知识水平和实践技能得到全面提升。

(3) 每个知识点都包括基础案例，知识内容层层推进，将知识点有机地串联在一起，使得学生易于接受和掌握相关知识内容。

(4) 提供配套的课件、例题和课后习题的参考答案。

本书由于秀丽编写。在本书的编写过程中，参阅了大量的参考书目和文献资料，在此向参考资料的作者表示由衷的感谢。在本书的出版过程中，得到了曹妍教授、陈佳教授和王旭坪教授的支持和帮助，还得到了清华大学出版社的大力支持，在此表示诚挚的感谢。此书的出版离不开我家人的鼓励和照顾，感谢他们的默默奉献。

由于作者水平有限，书中难免有不足和疏漏之处，敬请读者批评指正。

编　者

2018 年 2 月

目　录

第一部分　数据结构

第1章　绪论 …… 3
　1.1　数据结构的概念 …… 3
　　1.1.1　数据结构的范畴 …… 3
　　1.1.2　相关概念和术语 …… 4
　1.2　算法和算法分析 …… 7
　　1.2.1　算法的基本概念 …… 7
　　1.2.2　算法复杂度 …… 11
　小结 …… 13
　习题 …… 14

第2章　线性表 …… 15
　2.1　线性表的逻辑结构 …… 15
　　2.1.1　线性表的定义 …… 15
　　2.1.2　线性表的基本操作 …… 16
　2.2　线性表的顺序存储及运算实现 …… 17
　　2.2.1　顺序存储的特点 …… 17
　　2.2.2　顺序表上的运算实现 …… 17
　2.3　线性表的链式存储及运算实现 …… 21
　　2.3.1　链式存储的特点 …… 22
　　2.3.2　链表上的运算实现 …… 24
　小结 …… 26
　习题 …… 27

第3章　特殊线性表 …… 28
　3.1　栈 …… 28
　　3.1.1　栈的定义 …… 28
　　3.1.2　栈的存储及运算实现 …… 29
　3.2　队列 …… 31
　　3.2.1　队列的定义 …… 31
　　3.2.2　队列的存储及运算实现 …… 33
　3.3　串 …… 35

3.3.1 串的定义 …… 35
3.3.2 串的存储 …… 37
小结 …… 37
习题 …… 38

第4章 数组 …… 39
4.1 数组的定义 …… 39
4.2 数组的存储及运算实现 …… 40
小结 …… 42
习题 …… 42

第5章 树与二叉树 …… 43
5.1 树 …… 43
5.1.1 树的定义 …… 43
5.1.2 相关术语 …… 44
5.2 二叉树 …… 45
5.2.1 二叉树的定义 …… 45
5.2.2 二叉树的性质 …… 46
5.2.3 二叉树的存储结构 …… 47
5.3 二叉树的遍历 …… 48
小结 …… 50
习题 …… 50

第6章 图 …… 51
6.1 图的定义和术语 …… 51
6.2 图的存储表示 …… 53
6.3 图的遍历 …… 55
小结 …… 57
习题 …… 58

第7章 查找 …… 59
7.1 基本概念 …… 59
7.2 静态查找表 …… 60
7.2.1 顺序查找 …… 60
7.2.2 折半查找 …… 61
7.2.3 索引查找 …… 62
7.3 动态查找表 …… 63
7.3.1 二叉排序树 …… 64

7.3.2 平衡二叉树 …… 66
7.4 哈希表的查找 …… 66
小结 …… 69
习题 …… 69

第8章 排序 …… 70
8.1 基本概念 …… 70
8.2 插入排序 …… 71
8.2.1 直接插入排序 …… 71
8.2.2 希尔排序 …… 73
8.3 交换排序 …… 74
8.3.1 冒泡排序 …… 74
8.3.2 快速排序 …… 76
8.4 选择排序 …… 78
8.5 归并排序 …… 79
小结 …… 81
习题 …… 82

第二部分 数据库技术

第9章 数据库系统概述 …… 85
9.1 数据库系统的作用 …… 85
9.1.1 数据与数据管理 …… 85
9.1.2 数据库应用 …… 88
9.2 数据库处理技术的发展过程 …… 91
9.2.1 人工管理阶段 …… 91
9.2.2 文件系统阶段 …… 92
9.2.3 数据库系统阶段 …… 93
9.2.4 高级数据库阶段 …… 95
9.3 数据模型 …… 97
9.3.1 概念模型 …… 97
9.3.2 数据模型 …… 101
9.3.3 层次模型 …… 103
9.3.4 网状模型 …… 104
9.3.5 关系模型 …… 106
9.3.6 面向对象模型 …… 109
9.4 数据库系统的结构 …… 111
9.4.1 数据库系统的三级模式结构 …… 111
9.4.2 数据库系统的二级映像 …… 113

9.4.3 数据库体系结构 …… 114
9.5 数据库管理系统 …… 117
9.5.1 DBMS 的工作模式 …… 117
9.5.2 DBMS 的主要功能 …… 118
9.5.3 DBMS 的组成 …… 119
小结 …… 120
习题 …… 121

第 10 章 关系模型与关系代数 …… 122
10.1 关系模型 …… 122
10.2 关系代数 …… 126
10.2.1 集合的三种基本运算——交、并、差 …… 126
10.2.2 关系的基本运算 …… 129
小结 …… 133
习题 …… 134

第 11 章 关系数据库标准语言——SQL …… 135
11.1 SQL 概述及特点 …… 135
11.1.1 SQL 概述 …… 135
11.1.2 SQL 的特点 …… 136
11.1.3 SQL 的基本概念 …… 137
11.2 SQL 的数据定义 …… 138
11.2.1 数据库的定义 …… 138
11.2.2 基本表的定义 …… 141
11.2.3 索引的定义 …… 147
11.3 SQL 的单表查询 …… 149
11.3.1 SELECT 语句概述 …… 149
11.3.2 投影运算 …… 151
11.3.3 选择运算 …… 153
11.3.4 排序运算 …… 157
11.3.5 查询表 …… 158
11.4 SQL 的连接查询 …… 159
11.4.1 等值与非等值连接 …… 159
11.4.2 自表连接 …… 162
11.4.3 外连接 …… 163
11.5 SQL 的聚合查询 …… 166
11.5.1 聚合函数 …… 166
11.5.2 分组聚合 …… 167

11.6 SQL 的嵌套子查询 …… 169
11.6.1 使用 IN 的子查询 …… 169
11.6.2 使用比较运算符的子查询 …… 170
11.6.3 使用存在量词 EXISTS 的子查询 …… 172
11.7 集合运算 …… 173
11.8 SQL 的数据操纵 …… 174
11.8.1 插入数据 …… 174
11.8.2 更新数据 …… 176
11.8.3 删除数据 …… 178
11.9 视图 …… 179
11.9.1 创建视图 …… 179
11.9.2 查询视图 …… 181
11.9.3 视图更新 …… 182
11.9.4 删除视图 …… 183
小结 …… 184
习题 …… 184

第 12 章 数据库设计及优化 …… 189
12.1 数据库设计方法 …… 189
12.1.1 数据库和信息系统 …… 189
12.1.2 数据库设计过程 …… 190
12.2 需求分析 …… 192
12.2.1 需求分析的任务 …… 192
12.2.2 需求分析的步骤 …… 193
12.2.3 需求分析的方法 …… 193
12.3 概念结构设计 …… 195
12.3.1 概念模型的基本概念 …… 195
12.3.2 概念模型的表示方法 …… 195
12.3.3 概念结构的特点 …… 196
12.3.4 概念结构设计的方法 …… 197
12.3.5 概念结构设计的步骤 …… 198
12.4 规范化 …… 200
12.4.1 关系模式规范化的必要性 …… 200
12.4.2 函数依赖 …… 201
12.4.3 范式与规范化 …… 203
12.4.4 模式分解原则 …… 207
12.4.5 规范化的本质分析与总结 …… 207
12.5 逻辑结构设计 …… 208

12.5.1 概念模型向关系模型的转换………………………………………… 208
12.5.2 数据模型的优化…………………………………………………… 211
12.5.3 数据库逻辑设计案例……………………………………………… 212
12.6 数据库的物理设计……………………………………………………… 214
12.6.1 数据库物理设计的方法…………………………………………… 214
12.6.2 确定数据库的物理结构…………………………………………… 215
12.6.3 对物理结构进行评价……………………………………………… 216
12.7 数据库的实施与维护…………………………………………………… 216
12.7.1 数据库的实施……………………………………………………… 216
12.7.2 数据库的维护……………………………………………………… 218
小结…………………………………………………………………………… 219
习题…………………………………………………………………………… 219

第 13 章 数据库安全性与完整性 ……………………………………………… 221
13.1 数据库安全性…………………………………………………………… 221
13.1.1 数据库安全的基本概念…………………………………………… 221
13.1.2 用户管理…………………………………………………………… 223
13.1.3 角色管理…………………………………………………………… 225
13.2 数据库完整性…………………………………………………………… 226
13.2.1 完整性约束的概念和类型………………………………………… 227
13.2.2 完整性约束的管理………………………………………………… 228
13.3 Transact-SQL 基础 …………………………………………………… 233
13.3.1 SQL 对象的命名规则和注释 …………………………………… 233
13.3.2 数据类型…………………………………………………………… 233
13.3.3 变量………………………………………………………………… 237
13.3.4 函数………………………………………………………………… 239
13.3.5 批处理和流程控制………………………………………………… 242
13.4 游标……………………………………………………………………… 246
13.4.1 游标的使用………………………………………………………… 247
13.4.2 当前游标集的修改………………………………………………… 250
13.5 存储过程………………………………………………………………… 252
13.5.1 存储过程概述……………………………………………………… 252
13.5.2 创建和执行存储过程……………………………………………… 252
13.5.3 修改和删除存储过程……………………………………………… 254
13.6 触发器…………………………………………………………………… 255
13.6.1 触发器概述………………………………………………………… 255
13.6.2 创建触发器………………………………………………………… 256
13.6.3 删除和修改触发器………………………………………………… 258

小结…… 259
习题…… 259

第 14 章　事务管理与恢复 …… 260
14.1　事务…… 260
14.1.1　并发操作时产生的问题…… 260
14.1.2　事务的概念…… 262
14.1.3　事务的特性…… 263
14.2　并发控制…… 264
14.3　恢复与备份…… 266
14.3.1　数据库系统的故障…… 266
14.3.2　数据库备份…… 267
14.3.3　数据库恢复…… 268
小结…… 271
习题…… 271

第 15 章　数据库应用开发 …… 272
15.1　ADO.NET 概述 …… 272
15.2　系统分析…… 276
15.2.1　系统需求分析…… 276
15.2.2　系统用例分析…… 277
15.2.3　系统时序图…… 278
15.3　数据库分析和设计…… 279
15.3.1　数据库分析…… 279
15.3.2　数据库设计…… 279
15.4　数据库的连接和访问…… 281
15.4.1　数据库的连接…… 281
15.4.2　数据库的访问…… 282
15.5　系统界面设计及相关代码实现…… 284
15.5.1　酒店客房管理系统的首界面设计及其代码实现…… 284
15.5.2　客房信息管理界面的设计及其代码实现…… 286
小结…… 287

参考文献…… 288

第一部分　数据结构

第1章 绪 论

本章学习目标

- 熟练掌握数据结构中涉及的基本概念。
- 了解数据结构讨论的范畴。
- 理解算法的基本概念、描述方法以及评价标准。

本章首先介绍数据结构讨论的范畴，再介绍数据结构中涉及的基本概念和术语，最后介绍算法的概念、描述方法以及评价标准。

1.1 数据结构的概念

1.1.1 数据结构的范畴

数据结构是在整个计算机科学与技术领域上被广泛使用的术语。它用来反映一个数据的内部构成，即一个数据由哪些成分构成，以什么方式构成，呈什么结构。利用计算机进行数据处理是计算机应用的一个重要领域。在进行数据处理时，实际需要处理的数据元素一般有很多，而这些数据元素都需要存放在计算机中，因此，大量的数据元素在计算机中如何组织，以便提高数据处理的效率，并且节省计算机的存储空间，是进行数据处理的关键问题。显然，杂乱无章的数据是不便于处理的。而将大量的数据随意地存放在计算机中，实际上也是“自找苦吃”，对数据处理更是不利。

计算机已被广泛应用于数据处理。数据处理，是指对数据集合中的各元素以各种方式进行运算，包括插入、删除、查找、更改等运算，也包括对数据元素进行分析。很多计算机工作者认为，程序设计的实质就是通过分析问题，确定数学模型和算法，然后再选择一个好的数据结构。即

程序＝算法＋数据结构

计算机算法与数据的结构密切相关，算法无不依附于具体的数据结构，也就是说，数据结构还需要给出每种结构类型所定义的各种运算的算法。在数据处理领域中，建立数学模型有时并不十分重要，事实上，许多实际问题是无法表示成数学模型的。人们最感兴趣的是知道数据集合中各数据元素之间存在什么关系，应如何组织它。例如，向量和矩阵就是数据结构，在这两种数据结构中，数据元素之间有着位置上的关系。又如，图书馆中的图书卡片目录，则是一个较为复杂的数据结构，列在各卡片上的各种书之间，可能在主题、作者等问题上相互关联，甚至一本书本身也有不同的相关成分。它们的数学模型无法用数学方程描述，而是用数据结构描述，解决此类问题的关键是设计出合适的数据结构。

下面请看三个例子。

【例 1.1】 学生入学登记表

每年新生入学都会用类似如表 1.1 所示的二维表进行信息登记,以便完成学生各种数据的统计。二维表(即线性表)是经常用到的数学模型。

表 1.1 学生入学登记表

学号	姓名	性别	出生日期	专业	贷款否	入学成绩	备注
2017001	张帆	男	1999-7-13	信息管理	F	580	
2017002	郭思达	男	1998-6-23	信息管理	T	563	
2017003	刘畅	女	1999-1-15	计算机	F	603	
2017004	李晓明	男	1998-12-15	信息管理	F	546	
2017005	白云	女	1999-5-25	计算机	F	539	

【例 1.2】 学院组织机构

学院组织机构之间的数据关系如图 1.1 所示,呈现出一种很自然的层次关系,数据与数据成一对多的关系,这就是我们所说的树状结构。

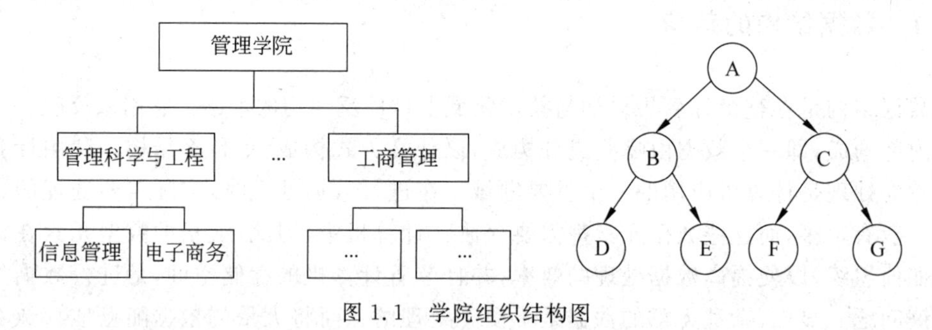

图 1.1 学院组织结构图

【例 1.3】 交通路网

从一个地方到另外一个地方可以有多条路径。交通路网中的一个结点和另外几个结点都有联系,本问题是一种典型的网状结构问题,网状结构是一种可以灵活地描述事物及其之间关系的数据模型,如图 1.2 所示。

由以上几个例子可见,描述这类非数值计算问题的数学模型不再是数学方程,而是诸如表、树、图之类的数据结构。因此,概括地说:数据结构课程主要是研究非数值计算的程序设计问题中所出现的计算机操作对象以及它们之间的关系和操作的学科。

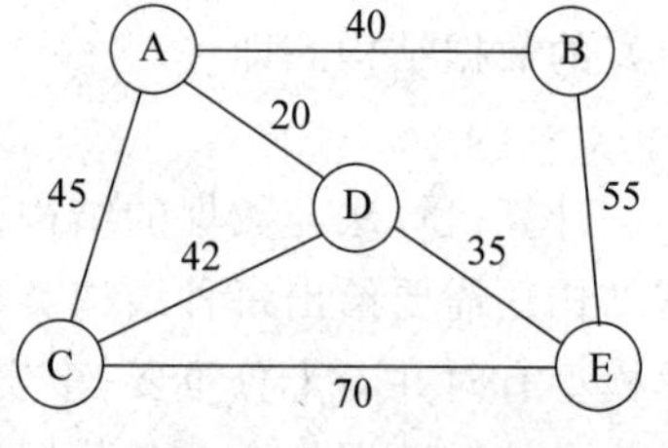

图 1.2 交通路网图

1.1.2 相关概念和术语

简单地说,数据结构是指相互有关联的数据元素的集合,是数据存在的形式。数据结构有逻辑上的数据结构和物理上的数据结构之分。逻辑上的数据结构反映数据之间的逻辑关系，而物理上的数据结构反映数据在计算机内部的存储安排。在系统地学习数据结构知识之前，下面首先对一些基本概念和术语赋予确切的含义。

数据(Data)：是对客观事物的符号表示，是指所有能被输入到计算机中，且能被计算机处理的符号的集合。在计算机科学中，数据就是计算机操作的对象的总称，是计算机处理信息的某种特定符号的表示形式，如图像、声音等都可以通过编码归属于数据的范畴。

数据元素(Data Element)：是数据的基本单位，是数据（集合）中的一个"个体"。数据元素具有广泛的含义。一般来说，现实世界中客观存在的一切个体都可以是数据元素。例如，表示数值的各个数 18、11、35、23、16、…可以作为数值的数据元素；表示家庭成员的各成员名父亲、儿子、女儿可以作为家庭成员的数据元素。

数据项(Data Item)：是数据结构中讨论的最小单位，数据元素可以是数据项的集合。例如，描述一个运动员的信息为一个数据元素，而运动员信息中的每一项（如运动员编号、运动员姓名、俱乐部名称等）为一个数据项。

关键字(Keyword)：是指能识别一个或多个数据元素的数据项。若能起到唯一识别作用，则称之为主关键字（如运动员编号），否则称之为次关键字（如运动员姓名）。

数据对象(Data Object)：是具有相同特性的数据元素的集合，如整数、实数等，它是数据的一个子集。

数据结构(Data Structure)：是带结构的数据元素的集合，或者说，数据结构是相互之间存在着某种逻辑关系的数据元素的集合。

一般情况下，在具有相同特征的数据元素集合中，各个数据元素之间存在有某种关系（即联系），这种关系反映了该集合中的数据元素所固有的一种结构。数据的**逻辑结构**是对数据之间关系的描述，指反映数据元素之间逻辑关系的数据结构。数据的逻辑结构有两个要素：一是数据元素的集合，通常记为 D；二是反映了 D 中各数据元素之间的关系，通常记为 R。即一个数据结构一般可以用二元组表示成：

$$\text{Data\_Structures} = (D, R)$$

其中，D 是数据元素的有限集；R 是 D 上关系的有限集。

数据的逻辑结构分为两大类型：线性结构与非线性结构。如果一个非空的数据结构满足下列两个条件：

(1) 有且只有一个根结点；

(2) 每一个结点最多有一个前驱，也最多有一个后继。

则称该数据结构为线性结构，又称线性表。由此可以看出，在线性结构中，各数据元素之间的前驱和后继关系是很简单的，在一个线性结构中插入或删除任何一个结点后还应是线性结构。如果一个数据结构不是线性结构，则称之为非线性结构。显然，在非线性结构中，各数据元素之间的前驱和后继关系要比线性结构复杂。

数据的逻辑结构可归结为集合、线性、树状和图状 4 类结构，如图 1.3 所示。

(1) 集合结构(Set Structure)中的数据元素除了"同属于一个集合"的关系外，再无其他关系，如整数集、字符集等。

(2) 线性结构(Linear Structure)中的数据元素之间存在"一对一"的关系。数组、队列等都属于线性结构，如例 1.1 中的学生入学登记表等。

(3) 树状结构(Tree Structure)中的数据元素之间存在“一对多”的关系，如例 1.2 中的学院组织机构等。

(4) 图状结构(Graphic Structure，也称网状结构)中的数据元素之间存在“多对多”的关系，如例 1.3 中的交通图网等。

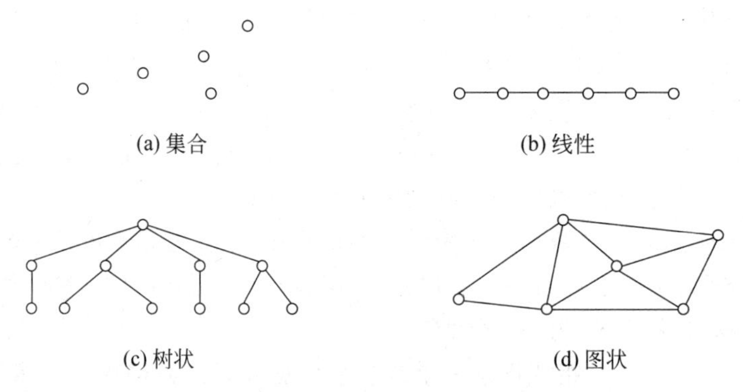

图 1.3　4 种基本数据结构关系图

在实际进行数据处理时，被处理的各数据元素总是被存放在计算机的存储空间中，并且各数据元素在计算机存储空间中的位置关系与它们的逻辑关系不一定是相同的，而且一般也不可能相同。数据的逻辑结构在计算机存储空间中的存放形式称为数据的**存储结构**(也称数据的**物理结构**)。由于数据元素在计算机存储空间中的位置关系可能与逻辑关系不同，因此，为了表示存放在计算机存储空间中的各数据元素之间的逻辑关系，在数据的存储结构中，不仅要存放各数据元素的信息，还需要存放各数据元素之间的关系的信息。

一般来说，一种数据的逻辑结构根据需要可以表示成多种存储结构，常用的存储结构有顺序、链接、索引等。而采用不同的存储结构，其数据处理的效率是不同的。因此，在进行数据处理时，选择合适的存储结构是很重要的。

数据的存储结构不同决定了运算不同。通常，一个数据结构中的元素结点可能是在动态变化的。根据需要或在处理过程中，可以在一个数据结构中增加一个新结点(称为插入运算)，也可以删除数据结构中的某个结点(称为删除运算)。插入与删除是对数据结构的两种基本运算。除此之外，对数据结构的运算还有查找、分类、合并、分解、复制和修改等。在对数据结构的处理过程中，不仅数据结构中的结点(即数据元素)个数在动态地变化，而且各数据元素之间的关系也有可能在动态地变化。例如，一个无序表可以通过排序处理而变成有序表；在一个数据结构中的终端结点后插入一个新结点后，则原来的那个终端结点就不再是终端结点而成为内部结点了。

数据类型(Data Type)：是一个值的集合和定义在此集合上的一组操作的总称。在用高级程序语言编写的程序中，必须对程序中出现的每个变量、常量或表达式，明确说明它们所属的数据类型。例如，C 语言中提供的基本数据类型有整型、浮点型、双精度型、字符型等，不同类型的变量，其所能取的值的范围不同，所能进行的操作也不同。

抽象数据类型(Abstract Data Type，ADT)：是指一个数学模型以及定义在此数学模型上的一组操作。本质上就是抽象出数据类型的数学特征，抽象数据类型可用三元组表示：

$$ADT=(D,R,P)$$

其中，D 是数据对象；R 是 D 上的关系集；P 是对 D 的基本操作集。用如下格式定义抽象数据类型：

```
ADT 抽象数据类型名称 {
  数据对象:<数据对象的定义>
  数据关系:<数据关系的定义>
  基本操作:<基本操作的定义>
} ADT 抽象数据类型名称
```

其中，基本操作的定义格式为：

```
基本操作名(参数表)
  初始条件:<初始条件描述>
  操作结果:<操作结果描述>
```

基本操作有两种参数：赋值参数只为操作提供输入值；引用参数以 & 开头，除可提供输入值外，还将返回操作结果。“初始条件”描述了操作执行之前数据结构和参数应满足的条件，若不满足，则操作失败，并返回相应出错信息。“操作结果”说明了操作正常完成之后，数据结构的变化状况和应返回的结果。若初始条件为空，则省略之。

抽象数据类型需要通过固有数据类型来实现。本书采用类 C 语言进行算法描述。类 C 语言实际上是对 C 语言的一种简化，保留了 C 语言的精华，忽略了 C 语言语法规则中的一些细节，这样描述出的算法清晰、直观、便于阅读和分析。有时也用伪码描述一些抽象算法。

1.2 算法和算法分析

1.2.1 算法的基本概念

解决实际问题需要找出解决问题的方法。用计算机解决实际问题，就要先给出解决问题的算法，再依据算法编写程序完成要求。**算法**(Algorithm)是一组有穷的规则，规定了解决某一特定类型问题的一系列运算，是对解题方案的准确与完整的描述。

算法是解题的步骤，可以把算法定义成解一确定类问题的任意一种特殊的方法。在计算机科学中，算法要用计算机算法语言描述，算法代表用计算机解一类问题的精确、有效的方法。算法＋数据结构＝程序，求解一个给定的可计算或可解的问题，它的目标就是编制让计算机按照人的想法操作的指令。算法和程序之间存在密切的关系。算法是处理问题的策略，即解题的步骤，是为了解决某类问题而设计的一个有限长的操作序列。

1. 算法的特征

算法一般应具有以下几个基本特征。

1）确定性

算法的每一种运算必须有确定的意义，该种运算执行某种动作应无二义性，目的明确，这一性质反映了算法与数学公式的明显差别。在解决实际问题时，可能会出现这样的情况：针对某种特殊问题，数学公式是正确的，但按此数学公式设计的计算过程可能会使计算机系统无所适从，这是因为根据数学公式设计的计算过程只考虑了正常使用的情况，而当出现异常情况时，此计算过程就不能适应了。

2）可行性

一个算法是可以被执行的，即算法中的每个操作都可以通过已经实现的基本运算执行有限次来完成。

3）输入性

一个算法有0个或多个输入，在算法运算开始之前给出算法所需数据的初值，这些输入取自特定的对象集合。

4）输出性

作为算法运算的结果，一个算法产生一个或多个输出，输出是同输入有某种特定关系的量。

5）有穷性

一个算法总是在执行了有穷步的运算后终止，即该算法是可达的。数学中的无穷级数，在实际计算时只能取有限项，即计算无穷级数值的过程只能是有穷的。因此，一个数的无穷级数表示只是一个计算公式，而根据精度要求确定的计算过程才是有穷的算法。算法的有穷性还应包括合理的执行时间的含义。因为，如果一个算法需要执行千万年，显然就失去了实用价值。

满足前4个特征的一组规则不能称为算法，只能称为计算过程，操作系统是计算过程的一个例子，在一个算法中，有些指令可能是重复执行的，因此指令的执行次数可能远远大于算法中的指令条数。由有穷性可知，对于任何输入，一个算法在执行了有限次指令后一定要终止并且必须在有限的时间内完成，因此，一个程序如果对任何输入都不会陷入无限循环时，即是有穷的，则它就是一个算法。操作系统用来管理计算机资源，控制作业的运行，没有作业运行时，计算过程并不停止，而是处于等待状态。

同时，在算法设计时还应该考虑从以下几个方面度量算法的效率。

1）正确性

正确性，即满足预先规定的功能和性能的要求，这是算法设计最基本的要求。算法应严格地按照特定的规格说明进行设计，要能够解决给定的问题。但是，“正确”一词的含义在通常的用法中有很大的区别，大体上可分为以下4个层次。

(1) 依据算法所编写的程序中不含语法错误；

(2) 程序对于几组输入数据能够得到满足规格要求说明的结果；

(3) 程序对于经过精心挑选较为苛刻的几组输入数据也能够得到令人满意的结果；

(4) 程序对于所有符合要求的输入数据都能得到正确的输出。

对于大型软件需要进行专业测试，一般情况下，通常以第(3)个要求作为衡量算法正确性的标准。

2）可读性

可读性是指一个算法应当思路清晰、层次分明、简单明了、易读易懂。设计算法的主要目的是解决实际问题，在设计实现一个项目时，往往不是一个人独立完成的。为了达到可读性的要求，在设计算法时，一般要使用有一定意义的标识符来命名变量、函数等，以便于“见名知意”。其次，可以在算法的开头或指令的后面加注释来解释算法和指令的功能。

3）健壮性

健壮性是指一个算法应该具有很强的容错能力，当输入不合法的数据时，算法应当能做适当的处理，使得不至于引起严重的后果。当输入不合法的数据时，算法能做出相应的响应或进行适当的处理，避免带着非法数据执行，导致莫名其妙的结果。

4）效率与存储量需求

运行时间是指算法在计算机上运行所花费的时间，它等于算法中每条语句执行时间的总和。一般来说，执行时间越短，性能越好。依据算法编写的程序运行速度较快。

占用空间是指算法在计算机上存储所占用的存储空间，包括存储算法本身所占用的存储空间、算法的输入及输出数据所占用的存储空间和算法在运行过程中临时占用的存储空间。依据算法编写的程序在运行时所需内存空间较小。

对于一个系统设计人员来说，前三项很容易实现。在使用软件时，人们更加注重于软件的运行速度，而最后一项恰恰是影响速度的主要因素。

2. 算法描述

算法的描述方法可以归纳为以下几种。

(1) 自然语言。

(2) 图形，如 N-S 图、流程图，图的描述与算法语言的描述对应。

(3) 算法语言，即计算机语言、程序设计语言、伪代码。

(4) 形式语言。用数学的方法，可以避免自然语言的二义性。

用各种算法描述方法所描述的同一算法，其功用是一样的，允许在算法的描述和实现方法上有所不同。

人们的生产活动和日常生活离不开算法，都在自觉不自觉地使用算法，例如，人们要购买物品，会首先确定购买哪些物品，准备好所需的钱，然后确定到哪些商场选购、怎样去商场、行走的路线，若物品的质量好如何处理，对物品不满意又怎样处理，购买物品后做什么等。以上购物算法是用自然语言描述的，也可以用其他描述方法描述该算法。

3. 算法设计基本方法

计算机解题的过程实际上是在实施某种算法，这些算法可称为计算机算法。计算机算法不同于人工处理的方法。在实际应用时，各种方法之间往往存在着一定的联系。

1）列举法

列举法的基本思想是根据提出的问题，列举所有可能的情况，并用问题中给定的条件检验哪些是需要的，哪些是不需要的。因此，列举法常用于解决“是否存在”或“有多少种可能”等类型的问题，例如求解不定方程的问题。列举法的特点是算法比较简单，但当列举的可能情况较多时,执行列举算法的工作量将会很大。因此,在用列举法设计算法时,使方案优化,尽量减少运算工作量,是应该重点注意的。通常,在设计列举算法时,只要对实际问题进行详细的分析,将与问题有关的知识条理化、完备化、系统化,从中找出规律;或对所有可能的情况进行分类,引出一些有用的信息,是可以大大减少列举量的。

列举原理是计算机应用领域中十分重要的原理。许多实际问题,若采用人工列举是不可想象的,但由于计算机的运算速度快,擅长重复操作,可以很方便地进行大量列举。列举算法虽然是一种比较笨拙而原始的方法,其运算量比较大,但在有些实际问题中(如寻找路径、查找、搜索等问题),局部使用列举法却是很有效的,因此,列举算法是计算机算法中的一个基础算法。

2) 归纳法

归纳法的基本思想是,通过列举少量的特殊情况,经过分析,最后找出一般的关系。显然,归纳法要比列举法更能反映问题的本质,并且可以解决列举量为无限的问题。但是,从一个实际问题中总结归纳出一般的关系,并不是一件容易的事情,尤其是要归纳出一个数学模型更为困难。从本质上讲,归纳就是通过观察一些简单而特殊的情况,最后总结出一般性的结论。

归纳是一种抽象,即从特殊现象中找出一般关系。但由于在归纳的过程中不可能对所有的情况进行列举,因此,最后由归纳得到的结论还只是一种猜测,还需要对这种猜测加以必要的证明。实际上,通过精心观察而得到的猜测得不到证实或最后证明猜测是错的,也是常有的事。

3) 递推法

所谓递推,是指从已知的初始条件出发,逐次推出所要求的各中间结果和最后结果。其中,初始条件或是问题本身已经给定,或是通过对问题的分析与化简而确定。递推本质上也属于归纳法,工程上许多递推关系式实际上是通过对实际问题的分析与归纳而得到的,因此,递推关系式往往是归纳的结果。递推算法在数值计算中是极为常见的。但是,对于数值型的递推算法,必须要注意数值计算的稳定性问题。

4) 递归法

在解决一些复杂问题时,为了降低问题的复杂程度(如问题的规模等),一般总是将问题逐层分解,最后归结为一些最简单的问题。这种将问题逐层分解的过程,实际上并没有对问题进行求解,而只是当解决了最后那些最简单的问题后,再沿着原来分解的逆过程逐步进行综合,这就是递归的基本思想。由此可以看出,递归的基础也是归纳。在实际工程中,有许多问题就是用递归来定义的,数学中的许多函数也是用递归来定义的。递归在可计算性理论和算法设计中占有很重要的地位。

递归分为直接递归与间接递归两种。如果一个算法 P 显式地调用自己则称为直接递归。如果算法 P 调用另一个算法 Q,而算法 Q 又调用算法 P,则称为间接递归。递归是很重要的算法设计方法之一。实际上,递归过程能将一个复杂的问题归结为若干个较简单的问题,然后将这些较简单的问题再归结为更简单的问题,这个过程可以一直做下去,直到最简单的问题为止。

有些实际问题,既可以归纳为递推算法,又可以归纳为递归算法。但递推与递归的实现方法是大不一样的。递推是从初始条件出发，逐次推出所需求的结果；而递归则是从算法本身到达递归边界的。通常，递归算法要比递推算法清晰易读，其结构比较简练。特别是在许多比较复杂的问题中，很难找到从初始条件推出所需结果的全过程，此时，设计递归算法要比递推算法容易得多。但递归算法的执行效率比较低。

5）减半递推技术

实际问题的复杂程度往往与问题的规模有着密切的联系。因此，利用分治法解决这类实际问题是有效的。所谓分治法，就是对问题分而治之。工程上常用的分治法是减半递推技术。"减半"，是指将问题的规模减半，而问题的性质不变；"递推"，是指重复"减半"的过程。

6）回溯法

前面讨论的递推和递归算法本质上是对实际问题进行归纳的结果，而减半递推技术也是归纳法的一个分支。在工程上，有些实际问题很难归纳出一组简单的递推公式或直观的求解步骤，并且也不能进行无限的列举。对于这类问题，一种有效的方法是"试"。通过对问题的分析，找出一个解决问题的线索，然后沿着这个线索逐步试探，对于每一步的试探，若试探成功，就得到问题的解，若试探失败，就逐步回退，换别的路线再进行试探。这种方法称为回溯法。回溯法在处理复杂数据结构方面有着广泛的应用。

1.2.2 算法复杂度

同一个问题可用不同算法解决，一个算法的优劣将影响到算法乃至程序的效率。算法分析中最关心的就是算法所需要的时间消耗和空间占用量，即算法的时间复杂度和空间复杂度。

1. 时间复杂度

为了能够比较客观地反映出一个算法的效率，在度量一个算法的工作量时，不仅应该与所使用的计算机、程序设计语言以及程序编制者无关，还应该与算法实现过程中的许多细节无关。为此，可以用算法在执行过程中所需基本运算的执行次数来度量算法的工作量。基本运算反映了算法运算的主要特征，因此，用基本运算的次数来度量算法工作量是客观的，也是实际可行的，有利于比较同一问题的几种算法的优劣。例如，在考虑两个矩阵相乘时，可以将两个实数之间的乘法运算作为基本运算，而对于所用的加法（或减法）运算忽略不计。又如，当需要在一个表中进行查找时，可以将两个元素之间的比较作为基本运算。

算法所执行的基本运算次数还与问题的规模有关。例如，两个20阶矩阵相乘与两个10阶矩阵相乘，所需要的基本运算（即两个实数的乘法）次数显然是不同的，前者需要更多的运算次数。因此，在分析算法的工作量时，还必须对问题的规模进行度量。

综上所述，算法的工作量用算法所执行的基本运算次数来度量，而算法所执行的基本运算次数是问题规模的函数，即

$$\text{算法的工作量} = f(n)$$

其中，n 是问题的规模。

一个特定算法的"算法运行时间 t"的大小，只依赖于问题的规模（通常用整数量 n 表示），或者说，它是问题规模的函数，即 $T(n)$。假如随着问题规模 n 的增长，算法执行时间的增长趋势和规模函数 $f(n)$ 的增长趋势相同，则可记作：

$$T(n)=O(f(n))$$

称 $T(n)$ 为算法的**时间复杂度**。

算法＝控制结构＋基本操作的原操作。算法的执行时间与原操作总的执行次数成正比，因此，我们只是将算法中基本操作重复执行的次数作为算法执行时间的量度。

要估计算法的时间复杂度，需要完成以下两步。

(1) 从算法中找基本操作的原操作；

(2) 计算原操作重复执行的次数的量级。

时间复杂度往往不是精确的执行次数，而是估算的数量级，它着重体现的是随着问题规模 n 的增大，算法执行时间的变化趋势。例如，两个 n 阶矩阵相乘所需要的基本运算（即两个实数的乘法）次数为 n，即计算工作量为 n^3，也就是时间复杂度为 n^3。

在具体分析一个算法的工作量时，还会存在这样的问题：对于一个固定的规模，算法所执行的基本运算次数还可能与特定的输入有关，而实际上又不可能将所有可能情况下算法所执行的基本运算次数都列举出来。例如，在长度为 n 的一维数组中查找值为 x 的元素，若采用顺序搜索法，即从数组的第一个元素开始，逐个与被查值 x 进行比较。显然，如果第一个元素恰为 x，则只需要比较 1 次；但如果 x 为数组的最后一个元素，或者 x 不在数组中，则需要比较 n 次才能得到结果。因此，在这个问题的算法中，其基本运算（即比较）的次数与具体的被查值 x 有关。

例如，下面列举几个程序段，说明如何求算法的时间复杂度。

```
(1)x=x+1;
(2)for (i=1; i<=n; i++)  x=x+1;
(3)for (i=1;i<=n;i++)
       for (j=1;j<=n;j++) x=x+1;
```

包含基本操作"x 增 1"的语句的频度分别为 1、n 和 n^2，因此这三个程序段的时间复杂度分别如下。

(1) 该程序段的执行时间是一个与问题规模 n 无关的常数，因此，算法的时间复杂度为常数阶，记作 $T(n)=O(1)$。事实上，只要算法的执行时间不随着问题规模 n 的增加而增加，即使算法中有上千条语句，其执行时间也不过是一个较大的常数，此时，算法的时间复杂度也只是 $O(1)$。

(2) 要确定某个算法的阶次，需要确定某个特定语句或某个语句集运行的次数。第二个程序段中，因为循环体中的代码需要执行 n 次，它循环的时间复杂度为 $O(n)$，算法的时间复杂度为线性阶，记作 $T(n)=O(n)$。

(3) 对循环语句只考虑循环体中语句的执行次数。因此，第三个程序段中执行次数为 $f(n)=n^2$，所以该程序段的时间复杂度为 $T(n)=O(n^2)$，被称为平方阶。由此可见，当有若干个循环语句时，算法的时间复杂度是由嵌套层数最多的循环语句中最内层语句的

执行次数 $f(n)$ 决定的。时间复杂度只需要取最高项，并忽略常数系数。

2. 空间复杂度

一个算法的空间复杂度，一般是指执行这个算法所需要的内存空间。

类似于算法的时间复杂度，算法的**空间复杂度**定义为：

$$S(n)=O(g(n))$$

表示随着问题规模 n 的增大，算法运行所需存储量的增长率与 $g(n)$ 的增长率相同。

一个算法所占用的存储空间包括算法程序所占的空间、输入的初始数据所占的存储空间，以及算法执行过程中所需要的额外空间。其中，额外空间包括算法程序执行过程中的工作单元以及某种数据结构所需要的附加存储空间。在许多实际问题中，为了减少算法所占的存储空间，通常采用压缩存储技术，以便尽量减少不必要的额外空间。

小结

本章从数据这个最基本的概念入手，引出了数据结构的相关概念，论述了数据结构讨论的范畴，并说明了算法的基本概念、描述方法以及评价标准。

数据结构是计算机存储、组织数据的方式。数据结构是指相互之间存在一种或多种特定关系的数据元素的集合。一个数据结构是由数据元素依据某种逻辑关系组织起来的。对数据元素间逻辑关系的描述称为数据的逻辑结构。数据必须在计算机内存储，数据的存储结构是数据结构的实现形式，是其在计算机内的存储。此外，讨论一个数据结构时必须同时讨论在该类数据结构上执行的运算才有意义。一个数据逻辑结构可以有多种存储结构，且各种存储结构会影响数据处理的效率。通常情况下，精心选择的数据结构可以带来更高的运行效率或者存储效率。

(1) 数据结构指的是数据之间的相互关系，即数据的组织形式。

(2) 数据元素是数据的基本单位。在不同的条件下，数据元素又可称为元素、结点、顶点、记录等。

(3) 数据对象是性质相同的数据元素的集合，是数据的一个子集。

(4) 数据结构的 4 种基本结构是集合结构、线性结构、树状结构、图状结构。

(5) 数据结构的形式定义为 Data_Structures＝(D,R)，其中，D 是数据元素的有限集，R 是 D 上关系的有限集。

(6) 抽象数据类型是指一个数学模型以及定义在此数学模型上的一组操作。抽象数据类型可以帮助我们更容易地描述现实世界。

(7) 算法是对特定问题求解步骤的一种描述，是指令的有限序列。

(8) 一个算法应该具有 5 个特征：有穷性，确定性，可行性，有输入，有输出。

(9) 算法通过时间复杂度和空间复杂度进行度量，应该逐步掌握其基本分析方法。

(10) 算法的时间复杂度是指运行算法时所需要消耗的时间，一般只要大致计算出相应的数量级即可。

(11) 算法的空间复杂度是指算法在计算机内执行时所需存储空间的度量。

(12) 一个算法的时间和空间复杂度越好,则算法的效率就越高。

习题

1.1 简述下列术语:数据,数据元素,数据对象,数据结构,逻辑结构,物理结构,时间复杂度。

1.2 何谓算法?试叙述算法的特征及算法必须满足的条件。

1.3 写出下面程序段的时间复杂度。

(1)
```
i=1; k=0;
    while (i<=n-1) {
        i++;
        k+=10 * i;}
```

(2)
```
for (i=1;i<=n;i++)
    if (3 * i<=n)
        for(j=3 * i;j<=n;j++)
        { x=x+1; y=3 * x+2;}
```

第2章　线　性　表

本章学习目标

- 熟练掌握线性表的定义及其特点。
- 理解线性表的顺序存储结构。
- 理解线性表的链式存储结构。

本章介绍线性表的定义，线性表的两种存储结构：顺序存储和链式存储，以及实现在线性表的抽象数据类型中定义的所有操作。

2.1　线性表的逻辑结构

2.1.1　线性表的定义

线性表(Line List)是最简单、最常用的一种数据结构。

线性表由一组数据元素构成。数据元素的含义很广泛，在不同的具体情况下，它可以有不同的含义。例如，英文小写字母表(a，b，c，…，z)是一个长度为26的线性表，其中的每一个小写字母就是一个数据元素。再如，一年中的4个季节(春、夏、秋、冬)是一个长度为4的线性表，其中的每一个季节名就是一个数据元素。矩阵也是一个线性表，只不过它是一个比较复杂的线性表。在矩阵中，既可以把每一行看成是一个数据元素(即一个行向量为一个数据元素)，也可以把每一列看成是一个数据元素(即一个列向量为一个数据元素)。其中，每一个数据元素(一个行向量或一个列向量)实际上又是一个简单的线性表。数据元素可以是简单项，如上述例子中的字母、季节名等；在稍微复杂的线性表中，一个数据元素还可以由若干个数据项组成。例如，某班的学生情况登记表是一个复杂的线性表，表中每一个学生的情况就组成了线性表中的每一个元素，每一个数据元素包括姓名、学号、性别、年龄和成绩数据项，在这种复杂的线性表中，由若干数据项构成的数据元素称为**记录**(Record)，而由多个记录构成的线性表又称为**文件**(File)。

显然，线性表是一种线性结构。线性结构的特点是数据元素之间是一种线性关系，即数据元素"一个接一个地排列"。数据元素在线性表中的位置只取决于它们自己的序号，即数据元素之间的相对位置是线性的。

综上所述，线性表是具有相同数据类型的$n(n\geqslant 0)$个数据元素的有限序列，记为：

$$(a_1, a_2, \cdots, a_{i-1}, a_i, a_{i+1}, \cdots, a_n)$$

其中，n为线性表的表长，当$n=0$时的线性表称为空表；$a_i(i=1,2,\cdots,n)$是属于数据对象的元素,通常也称其为线性表中的一个结点;i 为数据元素线性表中的位序。

线性表的基本特征为:①集合中必存在唯一的一个“第一元素”;②集合中必存在唯一的一个“最后元素”;③除最后元素外,均有唯一的后继;④除第一元素外,均有唯一的前驱。

2.1.2 线性表的基本操作

抽象数据类型线性表的定义如下。

ADT List {
数据对象:$D=\{ a_i \mid a_i \in \mathrm{ElemSet},\ i=1,2,\cdots,n,\ n\geqslant 0 \}$
数据关系:$R=\{ \langle a_{i-1}, a_i \rangle \mid a_{i-1}, a_i \in D,\ i=2,\cdots,n \}$
基本操作:P={结构初始化操作,销毁线性表操作,… }
} ADT List

线性表上的基本操作有以下几种。

(1) 初始化操作:InitList(&L)。

初始条件:线性表 L 不存在。

操作结果:构造一个新的线性表。

(2) 销毁操作:DestroyList(&L)。

初始条件:线性表 L 已存在。

操作结果:销毁线性表 L。

(3) 定位操作:LocateElem(L, e, compare( ))。

初始条件:线性表 L 已存在,e 为给定值,compare( )是元素判定函数。

操作结果:返回 L 中第一个与 e 满足关系 compare( )的元素的位序。若这样的元素不存在,则返回值为 0。

(4) 求线性表的长度:ListLength(L)。

初始条件:线性表 L 存在。

操作结果:返回线性表中所含元素的个数。

(5) 插入数据元素操作:ListInsert(&L, i, e)。

初始条件:线性表 L 已存在,且 $1\leqslant i\leqslant$ ListLength (L)+1。

操作结果:在 L 的第 i 个元素之前插入新的元素 e,L 的长度增 1。

(6) 删除数据元素操作:ListDelete(&L, i, &e)。

初始条件:线性表 L 已存在,且 $1\leqslant i\leqslant$ ListLength (L)。

操作结果:删除 L 的第 i 个元素,并用 e 返回其值,L 的长度减 1。

需要说明的是,某数据结构上的基本运算,并不是它的全部运算,而是一些常用的基本的运算。各操作定义的线性表 L 仅仅是一个抽象在逻辑结构层次的线性表,尚未涉及它的存储结构,而算法只有在存储结构确立之后才能实现。

2.2 线性表的顺序存储及运算实现

2.2.1 顺序存储的特点

在计算机中存放线性表，一种最简单的方法是顺序存储，也称为顺序分配。线性表的顺序存储结构具有以下两个基本特点。

(1) 线性表中所有元素所占的存储空间是连续的；

(2) 线性表中各数据元素在存储空间中是按逻辑顺序依次存放的。

由此可以看出，在线性表的顺序存储结构中，前后两个元素在存储空间中是紧邻的，某元素一定存储在后继元素的前面。

在线性表的顺序存储结构中，如果线性表中各数据元素所占的存储空间(字节数)相等，则在线性表中查找某一个元素是很方便的。

假设线性表中的第一个数据元素的存储地址(指第一个字节的地址，即首地址)为 b，每个数据元素占 k 个存储单元，则线性表中第 i 个元素 a_i 在计算机存储空间中的存储地址为 $LOC(a_i)=b+(i-1)\times k$，即在顺序存储结构中，线性表中每一个数据元素在计算机存储空间中的存储地址由该元素在线性表中的位置序号唯一确定。因此，只要知道线性表的起始地址，线性表中任一数据元素都可以随机存取。一般来说，长度为 n 的线性表在计算机中的顺序存储结构如图 2.1 所示。

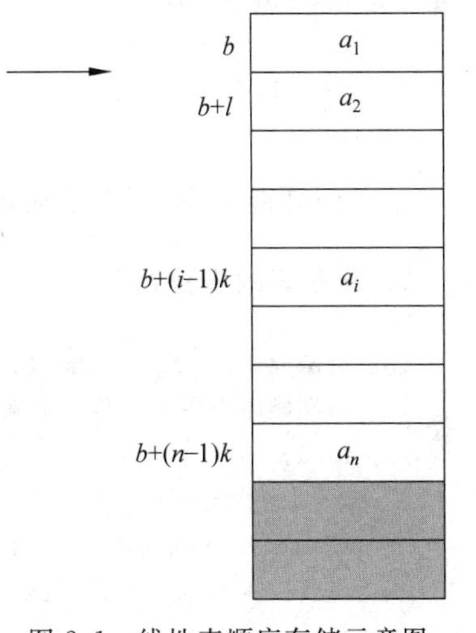

图 2.1 线性表顺序存储示意图

在程序设计语言中，通常定义一个一维数组来表示线性表的顺序存储空间。因为程序设计语言中的一维数组与计算机中实际的存储空间结构是类似的，这就便于用程序设计语言对线性表进行各种运算处理。在用一维数组存放线性表时，该一维数组的长度通常要定义得比线性表的实际长度大一些，以便对线性表进行各种运算，特别是插入运算。在一般情况下，如果线性表的长度在处理过程中是动态变化的，则在开辟线性表的存储空间时要考虑到线性表在动态变化过程中可能达到的最大长度。如果开始时所开辟的存储空间太小，则在线性表动态增长时可能会出现存储空间不够而无法再插入新的元素；但如果开始时所开辟的存储空间太大，而实际上又用不着那么大的存储空间，则会造成存储空间的浪费。在实际应用中，可以根据线性表动态变化过程中的一般规模来决定开辟的存储空间量。

2.2.2 顺序表上的运算实现

C 语言描述的线性表动态分配顺序存储结构，其类型定义如下。

```
#define  LIST_INST_SIZE  100
#define  LISTINCREMENT  10
typedef  struct {
    ElemType * elem;                    //存储空间基址
    int      length;                    //当前长度
    int      listsize;                  //当前分配的存储容量
} SqList;                               //俗称顺序表
```

在线性表的顺序存储结构下,可以对线性表进行各种处理。主要的运算有以下几种。

1. 顺序表的初始化

```
Status InitList_Sq (SqList & L) {
    //构造一个空的线性表 L
    L.elem = (ElemType * ) malloc (LIST_ INIT_SIZE * sizeof (ElemType));
                                        //开辟一段内存空间
    if (!L.elem) exit(OVERFLOW);
    L.length =0;                        //赋上首地址和初始长度 0
    L.listsize =LIST_INIT_SIZE;
    return OK;
}//InitList_Sq
```

从时间性能上看,顺序表初始化算法的时间复杂度为 $O(1)$。

2. 顺序表的查找运算

```
int LocateElem_Sq(SqList L, ElemType e, Status ( * compare)(ElemType, ElemType)) {
    //在顺序表中查询第一个满足条件的数据元素,若存在,则返回它的位序,否则返回 0
    i =1;
    p =L.elem;
    while (i <=L.length && !( * compare)( * p++, e))  ++i;
    if (i <=L.length)  return i;
    else  return 0;
}//LocateElem_Sq
```

从时间性能上看,顺序表查找算法的时间复杂度为 $O(\text{ListLength}(L))$。

3. 顺序表中插入运算

在长度为 n 的线性表中插入一个结点 x,其插入过程如下:首先从最后一个元素开始直到第 i 个元素,将其中的每一个元素均依次往后移动一个位置,然后将新元素 x 插入到第 i 个位置。插入一个新元素后,线性表的长度变成了 $n+1$,如图 2.2 所示,其中,maxsize 为向计算机内存申请的最大存储空间,last 为线性表中指向最后一个元素的指针。

一般情况下,要在第 i 个元素之前插入一个新元素时,首先要从最后一个(即第 n 个)元素开始,直到第 i 个元素之间共 $n+1$ 个元素依次向后移动一个位置,移动结束后,第 i 个位置就被空出,然后将新元素插入到第 i 项。插入结束后,线性表的长度就增加了 1。

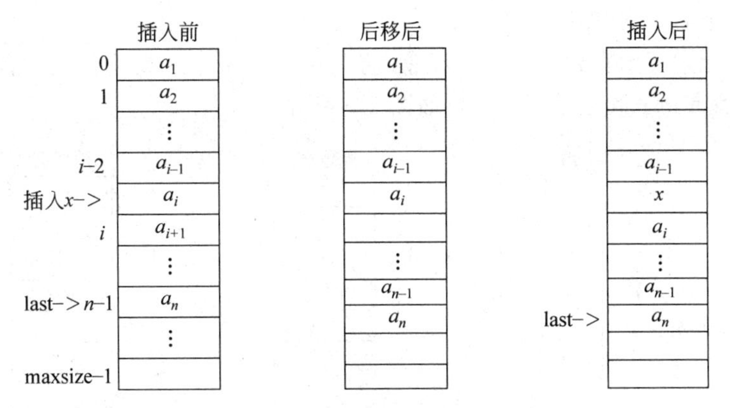

图 2.2 线性表在顺序存储结构下的插入运算

显然，在线性表采用顺序存储结构时，如果插入运算在线性表的末尾进行，即在第 n 个元素之后(可以认为是在第 $n+1$ 个元素之前)插入新元素，则只要在表的末尾增加一个元素即可，不需要移动表中的元素；如果要在线性表的第 1 个元素之前插入一个新元素，则需要移动表中所有的元素。一般情况下，如果插入运算在第 i 个元素之前进行，则原来第 i 个元素之后(包括第 i 个元素)的所有元素都必须移动。平均情况下，要在线性表中插入一个新元素，需要移动表中一半的元素。因此，在线性表顺序存储的情况下，要插入一个新元素，其效率是很低的，特别是在线性表比较大的情况下表现更为突出，因为数据元素的移动会消耗较多的处理时间。

```
Status ListInsert_Sq(SqList &L, int i, ElemType e) {
    //在顺序表 L 的第 i 个元素之前插入新的元素 e,
    //i 的合法范围为 1≤i≤L.length+1
if (i <1 || i >L.length+1) return ERROR;        //插入位置不合法
if (L.length >=L.listsize) {                    //当前存储空间已满,增加分配
    newbase = (ElemType * )realloc(L.elem,
        (L.listsize+LISTINCREMENT) * sizeof (ElemType));
    if (!newbase) exit(OVERFLOW);               //存储分配失败
    L.elem =newbase;                            //新基址
    L.listsize +=LISTINCREMENT;                 //增加存储容量
}
q =&(L.elem[i-1]);                              //q 指示插入位置
for (p=&L.elem[L.length-1]; p>=q ; --p) * (p+1) = * p;
* q =e;   ++L.length;
return OK;
}//ListInsert_Sq
```

从时间性能上看，插入算法的时间复杂度为 $O(\text{ListLength}(L))$。

4. 顺序表删除运算

一个长度为 n 的线性表顺序存储在长度为 maxsize 的存储空间中，现在要求删除线

性表中的第 i 个元素，其删除过程如下。

从第 i 个元素开始直到最后一个元素，将其中的每一个元素均依次往前移动一个位置。此时，线性表的长度变成了 $n-1$，如图 2.3 所示。

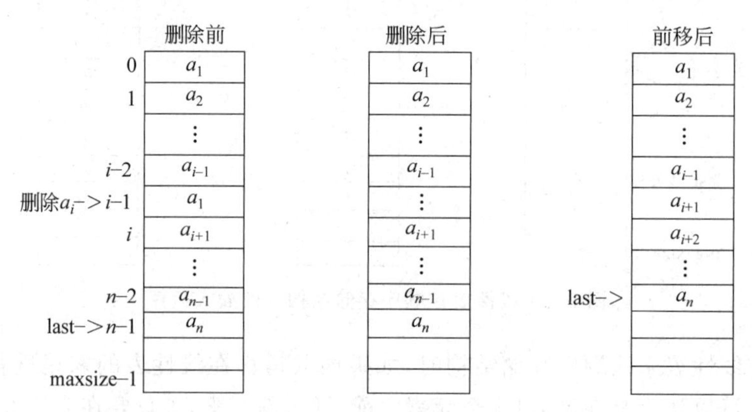

图 2.3　线性表在顺序存储结构下的删除运算

一般来说，设长度为 n 的线性表为($a_1,a_2,\cdots,a_i,\cdots,a_n$)，现要删除第 i 个元素，删除后长度为 $n-1$。一般情况下，要删除第 i 个元素时，则要从第 $i+1$ 个元素开始，直到第 n 个元素依次向前移动一个位置。删除结束后，线性表的长度就减小了 1。

显然，在线性表采用顺序存储结构时，如果删除运算在线性表的末尾进行，即删除第 n 个元素，则不需要移动表中的元素；如果要删除线性表中的第 1 个元素，则需要移动表中所有的元素。一般情况下，如果要删除第 i 个元素，则原来第 i 个元素之后的所有元素都必须依次往前移动一个位置。在平均情况下，要在线性表中删除一个元素，需要移动表中一半的元素。因此，在线性表顺序存储的情况下，要删除一个元素，其效率也是很低的，特别是在线性表比较大的情况下表现更为突出，因为数据元素的移动会消耗较多的处理时间。

```
Status ListDelete_Sq (SqList &L, int i, ElemType &e) {
    //在顺序表 L 中删除第 i 个位置的元素 e,
    //并将删除的元素放入 e 中
    if ((i <1) || (i >L.length))  return ERROR;
    p =& L.elem[i-1];   e = * p ;
    q =L.elem +L.length-1;
    for (p=p+1;  p<=q; ++p)   * (p-1) = * p;
    --L.length;
    return OK;
} //ListDelete_Sq
```

从时间性能上看，删除算法的时间复杂度为 $O(\mathrm{ListLength}(L))$。

由线性表在顺序存储结构下的插入与删除运算可以看出，线性表的顺序存储结构对于小线性表或者其中元素不常变动的线性表来说是合适的，因为顺序存储的结构比较简单。但这种顺序存储的方式对于元素经常需要变动的大线性表就不太合适了，因为插入与删除的效率比较低。

2.3 线性表的链式存储及运算实现

前面主要讨论了线性表的顺序存储结构以及在顺序存储结构下的运算。线性表的顺序存储结构具有结构简单、运算方便等优点，特别是对于小线性表或长度固定的线性表，采用顺序存储结构的优越性更为突出。但是，线性表的顺序存储结构在某些情况下就显得不那么方便，运算效率不那么高。实际上，线性表的顺序存储结构存在以下三方面的缺点。

首先，在一般情况下，要在顺序存储的线性表中插入一个新元素或删除一个元素时，为了保证插入或删除后的线性表仍然为顺序存储，则在插入或删除过程中需要移动大量的数据元素。在平均情况下，为了在顺序存储的线性表中插入或删除一个元素，需要移动线性表中约一半的元素；在最坏情况下，则需要移动线性表中所有的元素。因此，对于大的线性表，特别是在元素的插入或删除很频繁的情况下，采用顺序存储结构是很不方便的，插入与删除运算的效率都很低。

其次，当为一个线性表分配顺序存储空间后，如果出现线性表的存储空间已满，但还需要插入新的元素时，就会发生"上溢"错误。在这种情况下，如果在原线性表的存储空间后找不到与之连续的可用空间，则会导致运算的失败或中断。显然，这种情况的出现对运算是很不利的。也就是说，在顺序存储结构下，线性表的存储空间不便于扩充。

再次，在实际应用中，往往是同时有多个线性表共享计算机的存储空间，例如，在一个处理中，可能要用到若干个线性表(包括栈与队列)。在这种情况下，存储空间的分配将是一个难题。如果将存储空间平均分配给各线性表，则有可能造成有的线性表的空间不够用，而有的线性表的空间根本用不着或用不满，这就使得在有的线性表空间无用而处于空闲的情况下，另外一些线性表的操作由于"上溢"而无法进行。这种情况实际上是计算机的存储空间得不到充分利用。如果多个线性表共享存储空间，对每一个线性表的存储空间进行动态分配，则为了保证每一个线性表的存储空间连续且顺序分配，会导致在对某个线性表进行动态分配存储空间时，必须要移动其他线性表中的数据元素。这就是说，线性表的顺序存储结构不便于对存储空间的动态分配。

由于线性表的顺序存储结构存在以上这些缺点，因此，对于大的线性表，特别是元素变动频繁的大线性表不宜采用顺序存储结构，而是采用下面将要介绍的另一种存储方式——链式存储结构，简称为**链表**(Linked List)。

假设数据结构中的每一个数据结点对应于一个存储单元，这种存储单元称为存储结点，简称**结点**。在链式存储方式中，要求每个结点由两部分组成：一部分用于存放数据元素值，称为**数据域**；另一部分用于存放指针，称为**指针域**。指针域中存储的信息称为**指针**或**链**，其中，指针用于指向该结点的前一个或后一个结点(即前驱或后继)，n 个结点链接成一个链表。在链式存储结构中，存储数据结构的存储空间可以不连续，各数据结点的存储顺序与数据元素之间的逻辑关系可以不一致，而数据元素之间的逻辑关系是由指针域来确定的。

线性表的链式存储结构有单链表、双链表、循环链表。

2.3.1 链式存储的特点

1. 单链表

为了存储线性表中的每一个元素，正确表示结点之间的关系，一方面要存储数据元素的值，另一方面要存储各数据元素之间的前后继关系。因此，通常将存储空间中的每一个存储结点分为两部分：一部分用于存储数据元素的值，称为数据域；另一部分用于存放下一个数据元素的存储序号（即存储结点的地址），即指向后继结点，称为指针域。由此可知，在线性链表中，存储空间的结构如图 2.4 所示。其中，Data 是数据域，用来存放结点的值；Next 是指针域，用来存放结点的直接后继地址。由于链表中的每个结点只有一个链域，故将这种链表称为**单链表**。

在单链表中，用一个专门的指针 head 指向线性链表中第一个数据元素的结点（即存放线性表中第一个数据元素的存储结点的序号）。线性表中最后一个元素没有后继，因此，线性链表中最后一个结点的指针域为空（用 NULL 或 0 表示），表示链表终止。例如，如图 2.5 所示是一个线性链表示例。

data	next

图 2.4　链式存储结构

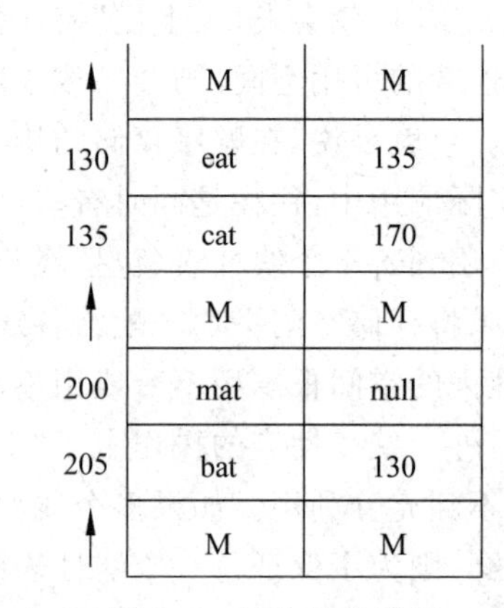

图 2.5　线性链表示例

其对应单链表的逻辑结构如图 2.6 所示。

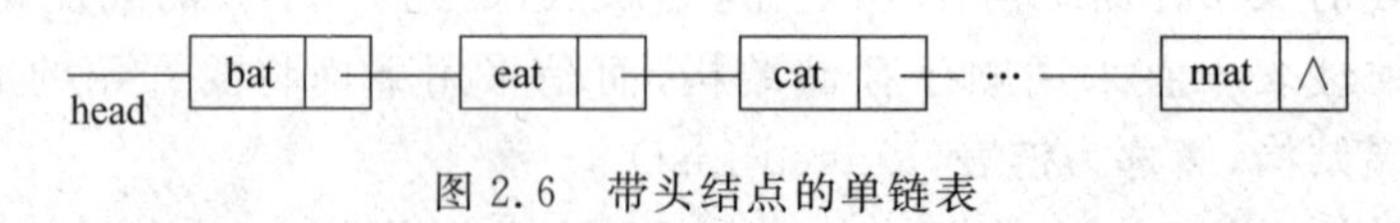

图 2.6　带头结点的单链表

一般来说，在线性表的链式存储结构中，各数据结点的存储序号是不连续的，并且各结点在存储空间中的位置关系与逻辑关系也不一致。在线性链表中，各数据元素之间的前后继关系是由各结点的指针域来指示的，指向线性表中第一个结点的指针 head 称为头指针，当 head=NULL（或 0）时称为空表。对于线性链表，可以从头指针开始，沿各结点的指针扫描到链表中的所有结点。

上面讨论的单链表中，每一个结点只有一个指针域，由这个指针只能找到后继结点，但不能找到前驱结点。因此,在这种线性链表中,只能顺指针向链尾方向进行扫描,这对于某些问题的处理会带来不便,因为在这种链接方式下,由某一个结点出发,只能找到它的后继,而为了找出它的前驱,必须从头指针开始重新寻找。

C 语言描述的单链表存储结构,其类型定义如下。

```
typedef struct  LNode {
    ElemType       data;
    struct LNode   * next;
} LNode, * LinkList;
```

假设 L 是 LinkList 类型的,它是单链表的头指针,指向表中第一个结点。

2. 循环链表

在单链表中,只有从头结点出发才能找到链表中的其他结点,当把最后一个结点的链域指向头结点,构成一个环时,称为**循环单链表**,如图 2.7 所示。在循环单链表中,只要指出表中任何一个结点的位置,就可以从它出发访问到表中其他所有的结点,而线性单链表做不到这一点。

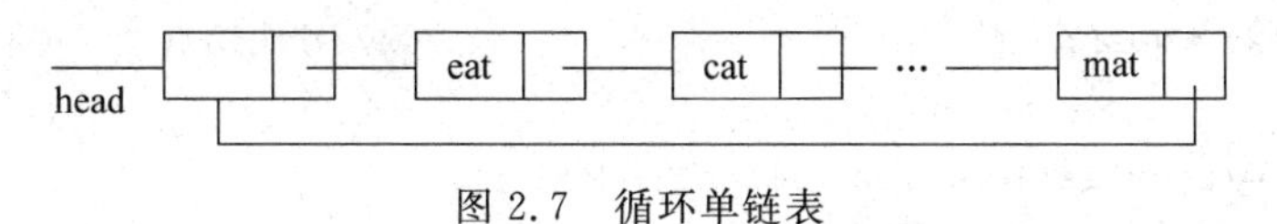

图 2.7 循环单链表

另外,由于在循环链表中设置了一个表头结点,因此,在任何情况下,循环链表中至少有一个结点存在,从而使空表与非空表的运算统一。循环链表的插入和删除的方法与线性单链表基本相同。但由循环链表的特点可以看出,在对循环链表进行插入和删除的过程中,实现了空表与非空表的运算统一。

3. 双向链表

为了弥补线性单链表的缺点,在某些应用中,对线性链表中的每个结点设置两个指针,一个称为左指针(Llink),用以指向其前驱结点;另一个称为右指针(Rlink),用以指向其后继结点。这样的线性链表称为**双向链表**,其逻辑状态如图 2.8 所示。

Llink	data	Rlink

图 2.8 双向链表示意图

C 语言描述的双向链表存储结构,其类型定义如下。

```
typedef struct DuLNode {
    ElemType data;
    struct DuLNode   * prior;
    struct DuLNode   * next;
} DuLNode, * DuLinkList
```

双向链表的"查询"操作和单链表相同,"插入"和"删除"时需要同时修改两个方向上的指针。

由于链表在空间上的合理利用以及插入、删除时不需移动元素等优点,因此,在很多场合下，链表是线性表的首选存储结构。然而，链表也存在某些问题：单链表的表长是一个隐含的值；在链表最后插入元素时，需遍历整个链表；在链表中，“位序”的概念已淡化，而被数据元素在线性链表中的“位置”概念所代替。

2.3.2 链表上的运算实现

以单链表为例，线性链表的运算主要有以下几个。

1. 线性链表的创建

链表是一个动态的结构，它不需要分配空间，因此生成链表的过程是一个个结点“逐个插入”的过程。例如，要逆序输入 n 个数据元素的值，建立带头结点的单链表，主要思路是首先建立一个头结点；逆序创建结点 a_i；每创建一个结点都将其插入到第一个结点位置上，直至插入 a_1 为止。

```
void CreateList_L(LinkList &L, int n) {
    L = (LinkList) malloc (sizeof (LNode));
    L->next =NULL;                                          //建头结点
    for (i =n; i >=1; --i) {
        p = (LinkList) malloc (sizeof (LNode));
        scanf(&p->data);
        p->next =L->next;  L->next =p;
    }
}//CreateList_L
```

从时间性能上看，链表创建的算法时间复杂度为 $O(n)$。

2. 在线性链表中查找指定元素

单链表是一种顺序存取的结构，为找到第 i 个数据元素，必须先找到第 $i-1$ 个数据元素。查找第 i 个数据元素的基本操作为：移动指针，比较 j 和 i。指针 p 始终指向线性表中第 j 个元素。

```
Status GetElem_L(LinkList L, int i, ElemType &e) {
    p =L->next;   j =1;
    while (p && j<i)  { p =p->next;  ++j;  }
        //顺指针查找,直到 p 指向第 i 个元素或 p 为空
    if ( !p || j>i )                                        //i>表长或 i<1
        return ERROR;                                       //第 i 个元素不存在
    e =p->data;                                             //取得第 i 个元素
    return OK;
}//GetElem_L
```

从时间性能上看，线性链表的查找算法时间复杂度为 $O(\text{ListLength}(L))$。

3. 线性链表的插入

在对线性链表进行插入或删除的运算中，总是首先需要找到插入或删除的位置，这就需要对线性链表进行扫描查找，在线性链表中寻找包含指定元素值的前一个结点。当找到包含指定元素的前一个结点后，就可以在该结点后插入新结点或删除该结点后的一个结点。

线性链表的插入是指在链式存储结构下的线性表中插入一个新元素。为了要在线性链表中插入一个新元素，首先要给该元素分配一个新结点，以便用于存储该元素的值。然后将存放新元素值的结点链接到线性链表中指定的位置。

在 p 指针后插入新结点，其插入过程如图 2.9 所示。

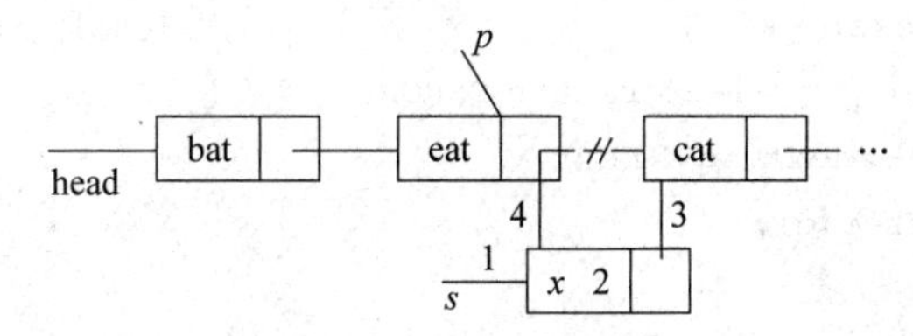

图 2.9 线性链表的插入

由线性链表的插入过程可以看出，线性链表在插入过程中不发生数据元素移动的现象，只需改变有关结点的指针即可，从而提高了插入的效率。

```
Status ListInsert_L(LinkList L, int i, ElemType e) {
    //L为带头结点的单链表的头指针
    p =L;    j =0;
    while (p && j <i-1)  { p =p->next;  ++j; }    //找前驱(i-1)
    if (!p || j >i-1) return ERROR;               //i >l+1 或 i<1
    s = (LinkList) malloc ( sizeof (LNode));
    s->data =e;
    s->next =p->next;        p->next =s;
    return OK;
}//ListInsert_L
```

从时间性能上看，线性链表的插入算法时间复杂度为 $O(\text{ListLength}(L))$。

4. 线性链表的删除

线性链表的删除是指在链式存储结构下的线性表中删除包含指定元素的结点。为了在线性链表中删除包含指定元素的结点，首先要在线性链表中找到这个结点，然后将要删除结点放回到存储池。

假设可利用的线性链表如图 2.10 所示。现在要在线性链表中删除包含元素 x 的结点，其删除过程如下。

(1) 在线性链表中寻找包含元素 x 的前一个结点，设该结点序号为 p。

(2) 将结点 p 后的结点 r 从线性链表中删除。

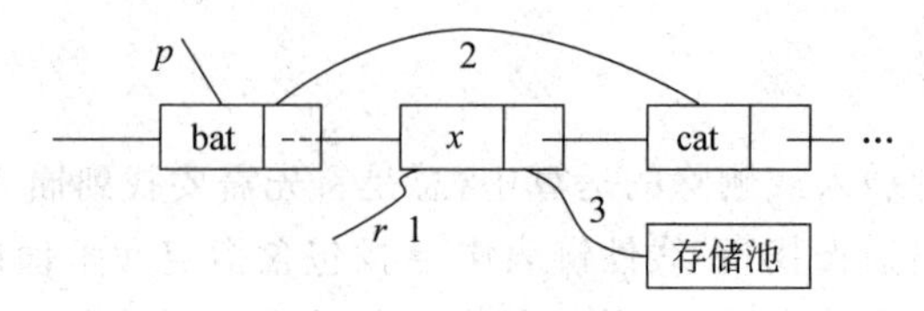

图 2.10　线性链表删除

(3) 将结点 r 送回存储池。此时,线性链表的删除运算完成。

```
Status ListDelete_L(LinkList L, int i, ElemType &e) {
    p =L; j =0;
    while (p->next && j <i-1)
        { p =p->next; ++j; }                       //找前驱(i-1)
    if (!(p->next) || j >i-1) return ERROR;
    q =p->next; p->next =q->next;
    e =q->data; free(q);
    return OK;
}//ListDelete_L
```

从时间性能上看,线性链表的删除算法时间复杂度为 $O(\text{ListLength}(L))$。

小结

本章的基本内容是:线性表的逻辑结构定义和各种存储结构的描述方法;在线性表的两类存储结构(即顺序表和链表)上如何实现基本操作。

(1) 线性表是一种比较简单的数据结构,它是 n 个结点的有限序列。线性表常用的存储方式有两种:顺序存储结构和链式存储结构。

(2) 线性表的顺序存储是利用结点的存储位置来反映结点的逻辑关系,结点的逻辑次序与存储空间中的物理次序一致,因而只要确定了线性表中起始结点的存储位置,即可方便地计算出任一结点的存储位置,所以可以实现结点的随机访问。在顺序表中只需存放结点自身的信息,因此,存储密度大、空间利用率高。但在顺序表中,结点的插入、删除运算可能需要移动许多其他结点的位置,一些长度变化较大的线性表必须按照最大需要的空间分配存储空间,这些都是线性表顺序存储结构的缺点。

(3) 线性表的链式存储是通过结点之间的链接而得到的,结点之间的逻辑次序与存储空间中的物理次序不一定相同,是通过给结点附加一个指针域来表示结点之间的逻辑关系。根据连接方式又可以分为:单向链表,双向链表和循环链表等。

(4) 单向链表由一个数据域(Data)和一个指针域(Next)组成,数据域用来存放结点的信息;指针域指出表中下一个结点的地址。在单向链表中,只能从某个结点出发找它的后继结点。单向链表最大的优点是表的扩充容易、插入和删除操作方便,而缺点是每个结点中的指针域需要额外占用空间,比较浪费存储空间。

(5) 将单链表加以改进可得到循环链表和双向链表。在循环链表中,使最后一个结点的指针指向头结点(或开始结点)的地址,形成一个首尾连接的环,所以从任一结点开始都可以扫描此线性表中的每个结点。

(6) 双向链表由一个数据域(Data)和两个指针域(Llink 和 Rlink)组成,既有指向直接后继的指针,又有指向直接前趋的指针,它的优点是既能找到结点的前驱,又能找到结点的后继。

习题

2.1 什么是线性表?线性表的逻辑结构是什么?

2.2 线性表有哪两种存储结构?各自的优缺点是什么?

第3章　特殊线性表

本章学习目标

- 理解栈的定义及存储结构。
- 理解队列的定义及存储结构。
- 理解串的定义及存储结构。

本章介绍栈、队列和串等在软件设计中常用的几种数据结构，它们的逻辑结构和线性表相同。其特点在于运算受到了限制：栈按“后进先出”的规则进行操作，队列按“先进先出”的规则进行操作，故称运算受限制的线性表；串的特殊性体现在组成串的结点是单个字符，所以存储时有一些特殊的技巧。

3.1　栈

3.1.1　栈的定义

栈实际上也是线性表，只不过是一种特殊的线性表。在这种特殊的线性表中，其插入与删除运算都只在线性表的一端进行。即在这种线性表的结构中，一端是封闭的，不允许插入与删除元素；另一端是开口的，允许插入与删除元素。在顺序存储结构下，对这种类型线性表的插入与删除运算是不需要移动表中其他数据元素的。这种线性表称为栈。**栈**(Stack)是限定在一端进行插入与删除的线性表，其示意图如图3.1所示。

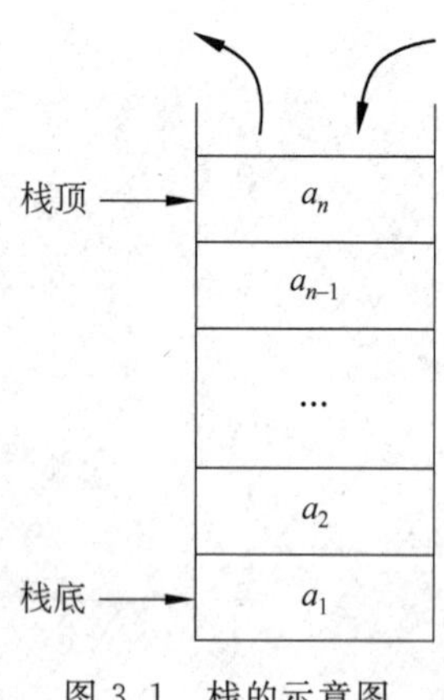

图3.1　栈的示意图

在栈中，允许插入与删除的一端称为**栈顶**，而不允许插入与删除的另一端称为**栈底**。栈顶元素总是最后被插入的元素，从而也是最先能被删除的元素；栈底元素总是最先被插入的元素，从而也是最后才能被删除的元素。即栈是按照“**先进后出**”(First In Last Out，**FILO**)或“**后进先出**”(Last In First Out，**LIFO**)的原则组织数据的，因此，栈也被称为“先进后出”表或“后进先出”表。通常用指针top来指向栈顶的位置，用指针bottom指向栈底的位置。往栈中插入一个元素称为入栈运算，从栈中删除一个元素(即删除栈顶元素)称为出栈运算。栈的操作只能在栈顶进行，栈顶指针top动态反映了栈中元素的变化情况。

栈这种数据结构在日常生活中也是很常见的。例如，子弹夹就是一种栈的结构，最后压入的子弹总是最先被弹出，而最先压入的子弹最后才能被弹出。又如，在用一端为封闭另一端为开口的容器装物品时，也是遵循“先进后出”或“后进先出”原则的。

抽象数据类型栈的定义如下。

```
ADT Stack {
    数据对象:D={ ai | ai∈ElemSet, i=1,2,…,n,n≥0 }
    数据关系:R={ <ai-1,ai>|ai-1,ai∈D,i=2,…,n }
                              约定 an 端为栈顶,a1 端为栈底。
    基本操作:P={初始化栈,销毁栈,入栈,…}
} ADT Stack
```

栈的基本操作有以下几种。

(1) 初始化操作：InitStack(&S)。

初始条件：栈 S 不存在。

操作结果：构造一个空栈。

(2) 销毁操作：DestroyStack(&S)。

初始条件：栈 S 已存在。

操作结果：栈 S 被销毁。

(3) 插入元素操作：Push(&S, e)。

初始条件：栈 S 已存在。

操作结果：插入元素 e 为新的栈顶元素。

(4) 删除元素操作：Pop(&S, &e)。

初始条件：栈 S 已存在且非空。

操作结果：删除 S 的栈顶元素，用 e 返回其值。

3.1.2 栈的存储及运算实现

与一般的线性表一样，在程序设计语言中，用一维数组 $S(1:m)$ 作为入栈出栈的顺序存储空间，其中，m 为栈的最大容量。通常，栈底指针指向栈空间的低地址一端(即数组的起始地址这一端)。如图 3.2 所示，图 3.2(a)是容量为 10 的栈顺序存储空间，栈中已有 6 个元素；图 3.2(b)与图 3.2(c)分别为入栈与出栈后的状态。

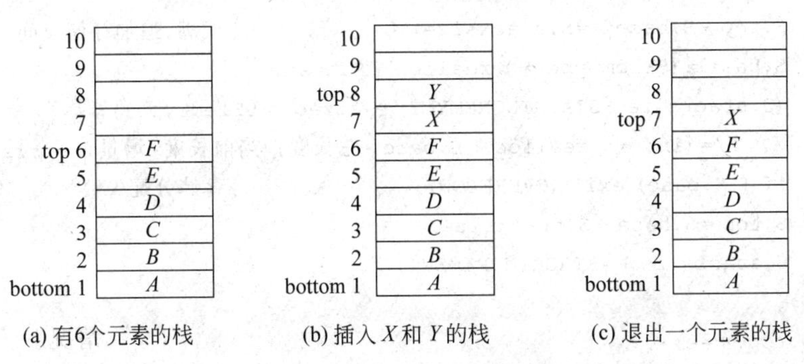

图 3.2 入栈和出栈示意图

和线性表类似，栈也有两种存储表示方法，即顺序栈和链栈。以顺序栈为例，栈的顺序存储结构，其类型定义如下。

```
#define STACK_INIT_SIZE 100;
#define STACKINCREMENT 10;
typedef struct {
    SElemType * base;
    SElemType * top;
    int  stacksize;                                    //当前可用容量
} SqStack;
```

栈的基本运算有 4 种：初始化、入栈、出栈与读栈顶元素。下面分别介绍在顺序存储结构下栈的这几种运算。

1. 初始化运算

```
Status InitStack (SqStack &S) {
    //构造一个空栈 S
    S.base = (SElemType * )malloc(STACK_INIT_SIZE * sizeof(SElemType));
    if (!S.base) exit (OVERFLOW);                      //存储分配失败
    S.top =S.base;
    S.stacksize =STACK_INIT_SIZE;
    return OK;
}
```

2. 入栈运算

入栈运算是指在栈顶位置插入一个新元素。这个运算有两个基本操作：首先将栈顶指针进 1(即 top+1)，然后将新元素插入到栈顶指针指向的位置。当栈顶指针已经指向存储空间的最后一个位置时，说明栈空间已满，不可能再进行入栈操作。这种情况称为栈“上溢”错误。

```
Status Push (SqStack &S, SElemType e) {
    if (S.top - S.base >=S.stacksize) {               //栈满，追加存储空间
        S.base = (SElemType * ) realloc ( S.base,
        (S.stacksize +STACKINCREMENT) * sizeof (SElemType));
            //= (int * ) realloc ( S.base, 总长度)(当前长度+增量) * sizeof (int)
        if (!S.base) exit (OVERFLOW);                  //存储分配失败
        S.top =S.base +S.stacksize;
        S.stacksize +=STACKINCREMENT;
    }
    * S.top++=e;
    return OK;
}
```

3. 出栈运算

出栈运算是指取出栈顶元素并将其赋给一个指定的变量。这个运算有两个基本操作：首先将栈顶元素(栈顶指针指向的元素)赋给一个指定的变量，然后将栈顶指针退1(即top－1)。当栈顶指针为0时，说明栈空，不可能进行出栈操作。这种情况称为栈“下溢”错误。

```
Status Pop (SqStack &S, SElemType &e) {
    //若栈不空，则删除S的栈顶元素，用e返回其值，并返回OK
    if (S.top ==S.base)  return ERROR;
    e = * --S.top;
    return OK;
}
```

4. 读栈顶元素

读栈顶元素是指将栈顶元素赋给一个指定的变量。必须注意，这个运算不会删除栈顶元素，只是将它的值赋给一个变量，因此，在这个运算中，栈顶指针不会改变。当栈顶指针为0时，说明栈空，读不到栈顶元素。

```
Status GetTop (SqStack S, SElemType &e) {
    //若栈不空，则用e返回S的栈顶元素，并返回OK，否则返回ERROR
    if (S.top ==S.base)  return ERROR;
    e = * (S.top -1);
    return OK;
}//GetTop
```

3.2 队列

3.2.1 队列的定义

在计算机系统中，如果一次只能执行一个用户程序，则在需要执行多个用户程序时，这些用户程序必须先按照到来的顺序进行排队等待。这通常是由计算机操作系统来进行管理的。在操作系统中，用一个线性表来组织管理用户程序的排队执行，其原则有以下几点。

(1) 初始时线性表为空；

(2) 当有用户程序到来时，将该用户程序加入到线性表的末尾进行等待；

(3) 当计算机系统执行完当前的用户程序后，就从线性表的头部取出一个用户程序执行。

由此可以看出，在这种线性表中，需要加入的元素总是插入到线性表的末尾，并且又总是从线性表的头部取出(删除)元素。这种线性表称为队列。

队列(Queue)是指允许在一端进行插入而在另一端进行删除的线性表。允许插入的一端称为**队尾**,通常用一个称为尾指针(rear)的指针指向队尾元素,即尾指针总是指向最后被插入的元素;允许删除的一端称为**队头**,通常用一个称为头指针(front)的指针指向队头元素。显然,在队列这种数据结构中,最先插入的元素将最先能够被删除,反之,最后插入的元素将最后才能被删除。因此,队列又称为"**先进先出**"的线性表,它体现了"先来先服务"的原则。在队列中,队尾指针 rear 与排头指针 front 共同反映了队列中元素动态变化的情况。图 3.3 是具有 6 个元素的队列示意图。

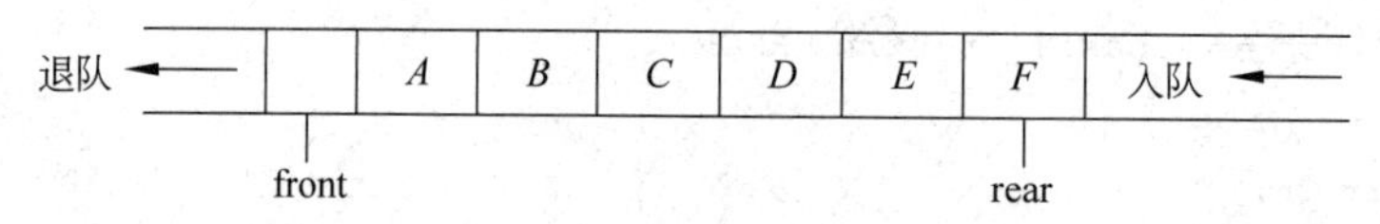

图 3.3　6 个元素的队列示意图

向队列的队尾插入一个元素称为入队运算,从队列的队头删除一个元素称为出队运算。由图 3.4 可以看出,在队列的末尾插入一个元素(入队运算)只涉及队尾指针 rear 的变化,而要删除队列中的队头元素(出队运算)只涉及队头指针 front 的变化。

与栈类似,在程序设计语言中,用一维数组作为队列的顺序存储空间。

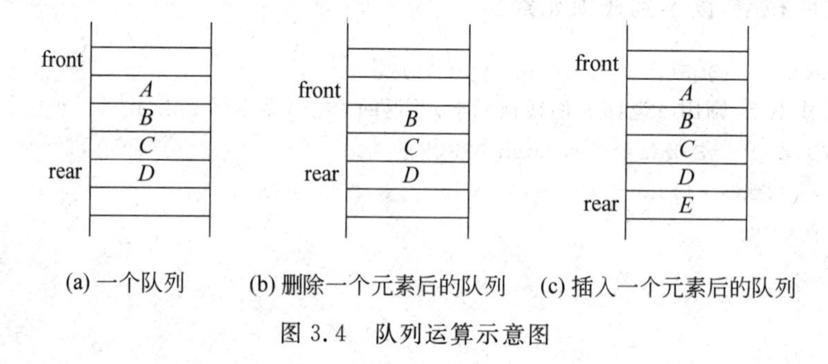

图 3.4　队列运算示意图

抽象数据类型队列的定义如下。

```
ADT Queue {
    数据对象:D={ ai | ai∈ElemSet, i=1,2,…,n,n≥0 }
    数据关系:R={ <ai-1,ai>|ai-1,ai∈D,i=2,…,n }
              约定其中 a1 端为队头,an端为队尾
    基本操作:P={初始化队列,入队操作,出队操作,… }
} ADT Queue
```

队列的基本操作有以下几种。

(1) 初始化操作：InitQueue(&Q) 。

初始条件：队列 Q 不存在。

操作结果：构造一个空队列 Q。

(2) 读队头元素：GetHead(Q, &e)。

初始条件：Q 为非空队列。

操作结果：用 e 返回 Q 的队头元素。

(3) 入队操作：EnQueue(&Q, e)。

初始条件：队列 Q 已存在。

操作结果：插入元素 e 为 Q 的新的队尾元素。

(4) 出队操作：DeQueue(&Q, &e)。

初始条件：Q 为非空队列。

操作结果：删除 Q 的队头元素，并用 e 返回其值。

3.2.2 队列的存储及运算实现

和线性表类似，队列也可以有两种存储表示：循环队列和链队列。在实际应用中，队列的顺序存储结构一般采用循环队列的形式。

1. 循环队列

所谓**循环队列**，就是将队列存储空间的最后一个位置绕到第一个位置，队列循环使用，如图 3.5 所示。在循环队列结构中，当存储空间的最后一个位置已被使用而再要进行入队运算时，只要存储空间的第一个位置空闲，便可将元素加入到第一个位置，即将存储空间的第一个位置作为队尾。在循环队列中，用队尾指针 rear 指向队列中的队尾元素，用队头指针 front 指向队头元素的前一个位置，因此，从队头指针 front 指向的后一个位置直到队尾指针 rear 指向的位置之间所有的元素均为队列中的元素。循环队列的初始状态为空，即 rear = front = m，如图 3.6 所示。

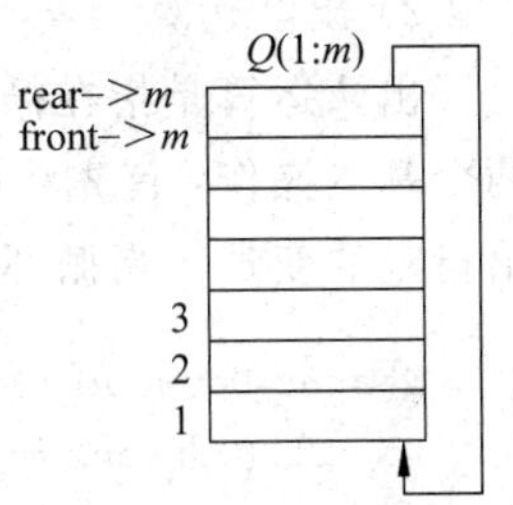

图 3.5 循环队列存储空间示意图

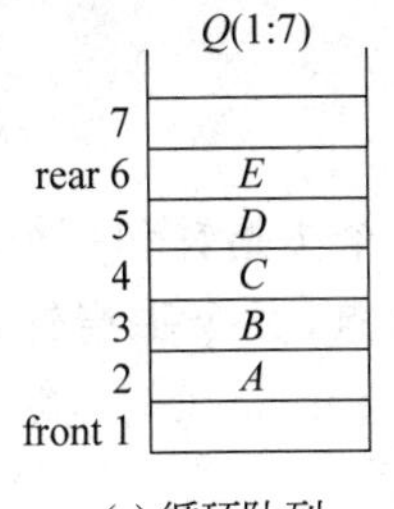

(a) 循环队列

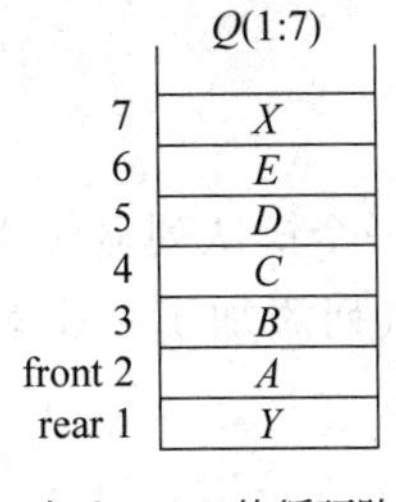

(b) 加入 X、Y 的循环队列

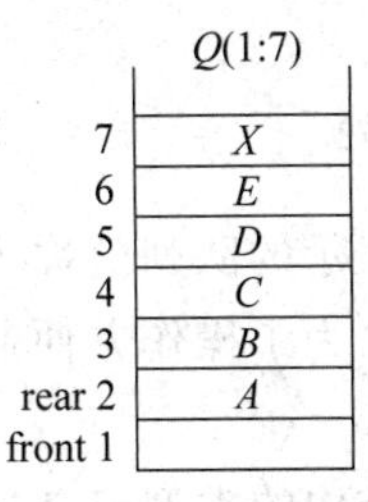

(c) 退出一个元素的循环队列

图 3.6 循环队列运算

队列的顺序存储结构和顺序栈类似。由于队列的操作是在两端进行的，为了方便操作，采用以下的顺序存储结构，其类型定义为：

```
#define MAXQSIZE  100                           //最大队列长度
typedef struct {
    QElemType   *base;                          //队列的基地址
```

```
    int  front;                                          //头指针
    int  rear;                                           //尾指针
} SqQueue;
```

循环队列主要有两种基本运算：入队运算和出队运算。

1）入队运算

入队运算是指在循环队列的队尾加入一个新元素。这个运算有两个基本操作：首先将队尾指针加1(即rear+1)，然后将新元素插入到队尾指针指向的位置。当循环队列非空且队尾指针等于队头指针时，说明循环队列已满，不能进行入队运算，该情况称为“上溢”。

```
Status EnQueue (SqQueue &Q, ElemType e) {
    if ((Q.rear+1) %MAXQSIZE ==Q.front)
        return ERROR;                                    //队列满
    Q.base[Q.rear] =e;
    Q.rear = (Q.rear+1) %MAXQSIZE;
    return OK;
}
```

2）出队运算

出队运算是指在循环队列的队头位置退出一个元素并赋给指定的变量。这个运算有两个基本操作：首先将队头指针进1(即front=front+1)；然后将队头指针指向的元素赋给指定的变量。当循环队列为空时，不能进行出队运算，这种情况称为“下溢”。

```
Status DeQueue (SqQueue &Q, ElemType &e) {
    if (Q.front ==Q.rear)  return ERROR;
    e =Q.base[Q.front];
    Q.front = (Q.front+1) %MAXQSIZE;
    return OK;
}
```

2. 链队列

用链表表示的队列简称为**链队列**。一个链队列显然需要一个头指针和一个尾指针才能唯一确定。为了操作方便起见，给链队列添加了一个表头结点，并令头指针指向表头结点。

链队列结构的类型定义如下：

```
typedef struct QNode {                                   //结点类型
    QElemType      data;
    struct QNode  * next;
} QNode, * QueuePtr;
typedef struct {                                         //链队列类型
    QueuePtr  front;                                     //队头指针
    QueuePtr  rear;                                      //队尾指针
} LinkQueue;
```

1）初始化操作

```
Status InitQueue (LinkQueue &Q) {
    //构造一个空队列 Q
    Q.front =Q.rear = (QueuePtr)malloc(sizeof(QNode));
    if (!Q.front) exit (OVERFLOW );                    //存储分配失败
    Q.front->next =NULL;
    return OK;
}
```

2）入队运算

```
Status EnQueue (LinkQueue &Q, QElemType e) {
    //插入元素 e 为 Q 的新的队尾元素
    p = (QueuePtr) malloc (sizeof (QNode));
    if (!p) exit (OVERFLOW);                           //存储分配失败
    p->data =e; p->next =NULL;
    Q.rear->next =p; Q.rear =p;
    return OK;
}
```

3）出队运算

```
Status DeQueue (LinkQueue &Q, QElemType &e) {
    if (Q.front ==Q.rear) return ERROR;
    p =Q.front->next; e =p->data;
    Q.front->next =p->next;
    if (Q.rear ==p) Q.rear =Q.front;
    free (p); return OK;
}
```

3.3 串

3.3.1 串的定义

串(String)是字符串的简称。它是一种在数据元素的组成上具有一定约束条件的线性表，即要求组成线性表的所有数据元素都是字符，所以，人们经常又这样定义串：串是有限长的字符序列。串一般记作：

$$s='a_1 a_2 \cdots a_n' \quad (n \geqslant 0)$$

其中，s 是串的名称，用单引号括起来的字符序列是串的值；a_i 可以是字母、数字或其他字符；串中字符的数目 n 被称作串的**长度**。当 $n=0$ 时，串中没有任何字符，其串的长度为 0，通常被称为**空串**。

串中任意连续的字符组成的子序列被称为该串的**子串**。包含子串的串又被称为该子串的**主串**。通常称字符在序列中的序号为该字符在串中的**位置**。称两个串是**相等**的，当且仅当两个串的长度相等，并且各个对应的字符也都相同。

抽象数据类型串的定义如下。

```
ADT String {
    数据对象：D={ a_i | a_i ∈ CharacterSet, i=1,2,…,n, n≥0 }
    数据关系：R={ <a_{i-1}, a_i> | a_{i-1}, a_i ∈ D, i=2,…,n }
    基本操作：P={初始化串，串的连接，串的比较，… }
} ADT String
```

串的基本操作有以下几种。

(1) 清除操作：ClearString (&S)。

初始条件：串 S 存在。

操作结果：将 S 清为空串。

(2) 定位操作：Index (S, T, pos)。

初始条件：串 S 和 T 存在，T 是非空串，$1 \leqslant pos \leqslant StrLength(S)$。

操作结果：若 S 在第 pos 位置后存在和 T 值相同的子串，则返回第一次出现 T 的位置；否则返回 0。

例如：S='aabcababcaabca', T='abc'

Index(S, T, 4) = 7;

Index(S, T, 12) = 0;

(3) 串替换操作：Replace (&S, T, V)。

初始条件：串 S,T 和 V 均已存在，且 T 是非空串。

操作结果：用 V 替换主串 S 中出现的所有与(模式串)T 相等的不重叠的子串。

例如：S='aabcababcaabca',T='abc',V= 'S'

Replace(&S, T, V)；经置换后得到 S='aSabSaSa'

(4) 串插入操作：StrInsert (&S, pos, T)。

初始条件：串 S 和 T 存在，$1 \leqslant pos \leqslant StrLength(S)+1$。

操作结果：在 S 的第 pos 个字符前插入 T。

例如：S='chater',T='rac',

则执行 StrInsert(S, 4, T)之后得到 S='character'。

(5) 串删除操作：StrDelete (&S, pos, len)。

初始条件：串 S 存在，$1 \leqslant pos \leqslant StrLength(S)-len+1$。

操作结果：从串 S 中第 pos 个字符起删除长度为 len 的子串。

(6) 串连接操作：Concat (&T, S_1, S_2)。

初始条件：串 S_1 和 S_2 存在。

操作结果：用 T 返回由 S_1 和 S_2 连接而成的新串。

例如：Concat (T, 'I','am a student')

求得：T= 'I am a student'。

(7) 求子串：SubString (&Sub, S, pos, len)。

初始条件：串 S 存在，1≤pos≤StrLength(S) 且 0≤len≤StrLength(S)－pos＋1。

操作结果：用 Sub 返回串 S 的第 pos 个字符起长度为 len 的子串。

例如：SubString (sub, 'indoor', 3, 4)

求得：sub = 'door'。

对于串的基本操作集可以有不同的定义方法，在使用高级程序设计语言中的串类型时，应以该语言的参考手册为准。串的逻辑结构和线性表极为相似，区别仅在于串的数据对象约束为字符集。而串的基本操作和线性表有很大差别：在线性表的基本操作中，大多以“单个元素”作为操作对象；在串的基本操作中，通常以“串的整体”作为操作对象。

3.3.2 串的存储

在程序设计语言中，如果串只是作为输入或输出的常量出现，则只需存储此串的串值，即字符序列即可。但在多数非数值处理的程序中，串也以变量的形式出现。

串的定长顺序存储类似于线性表的顺序存储结构，其定义表示为：

```
#define  MAXSTRLEN  255                          //用户可在 255 以内定义最大串长
typedef unsigned char  SString [MAXSTRLEN +1];   //0 号单元存放串的长度
```

串的实际长度可在这个预定义长度的范围内随意设定，超过预定义长度的串值则被舍去，称为“截断”。按这种串的表示方法实现串的运算时，其基本操作为“字符序列的复制”。

小结

本章介绍了三种特殊的线性表：栈、队列和串，它们的逻辑结构和线性表相同，其特点在于运算受到了限制。

(1) 栈是一种运算受限的线性表，它只允许在栈顶进行插入和删除等运算。栈又称为后进先出(Last In First Out)的线性表，简称 LIFO 结构。

(2) 栈适合采用顺序存储结构，通过栈顶指针能够访问到栈顶元素和进行插入、删除等运算。

(3) 队列是一种运算受限的线性表，它的运算限制与栈不同，它是一种只允许在一端进行插入操作，而在另一端进行删除操作的线性表。队列是一种先进先出(First In First Out)的线性表，简称 FIFO。允许插入的一端称为队尾，允许删除的一端称为队头。

(4) 队列也适合采用顺序和链式两种存储结构。在顺序队列中，存储空间是首尾相接的一个环，故称为循环队列。队列的链式存储结构，其实也就是线性表的单链表，只不过它只能尾进头出而已，我们把它简称为链队列。

(5) 串也同样是线性表中的一种，只是它的特殊性在于组成串的结点是单个字符，所以存储时有一些特殊的技巧。

习题

3.1　简述栈和线性表的差别。

3.2　简述队列和栈这两种数据结构的相同点和异同点。

3.3　串通常有几种存储方法?

第4章　数　　组

本章学习目标

- 理解数组的定义。
- 理解数组的存储结构。
- 了解常见的一些特殊矩阵：对称矩阵和稀疏矩阵。

第2章和第3章讨论的线性表中的数据元素都是非结构的原子类型，元素的值是不可再分的。本章介绍推广的线性表——数组，表中的数据元素本身也可能是一种数据结构。本章将着重研究二维数组，因为其应用相对比较广泛。

4.1　数组的定义

数组是人们很熟悉的一种数据结构，可以看作一种特殊的线性表，即线性表中的数据元素本身也是一个线性表，数组中各元素具有统一的类型。作为一种数据结构，数组的特点是结构中的元素本身可以是具有某种结构的数据，但属于同一数据类型。例如，一维数组可以看作一个线性表，二维数组可以看作“数据元素是一维数组”的一维数组。以此类推，若二维数组中的元素又是一个一维数组结构，则称作三维数组。线性表结构是数组结构的一个特例，而数组结构又是线性表结构的扩展。如图4.1所示是一个 m 行 n 列的二维数组。

$$A_{m\times n}=\begin{pmatrix} a[0][0] & a[0][1] & \cdots & a[0][m-1] \\ a[1][0] & a[1][1] & \cdots & a[1][m-1] \\ a[2][0] & a[2][1] & \cdots & a[2][m-1] \\ \vdots & \vdots & \ddots & \vdots \\ a[n-1][0] & a[n-1][1] & \cdots & a[n-1][m-1] \end{pmatrix}$$

图4.1　二维数组

其中，A 是数组结构的名称，整个数组元素可以看成是由 m 个行向量和 n 个列向量组成的，其元素总数为 $m\times n$。在C语言中，二维数组中的数据元素可以表示成 a[表达式1][表达式2]，表达式1和表达式2被称为下标表达式，比如 $a[i][j]$。数组结构在创建时就确定了组成该结构的行向量数目和列向量数目。

抽象数据类型数组的定义如下。

```
ADT Array {
    数据对象：D = {aij | 1≤i≤m, 1≤j≤n}
```

```
    数据关系:R = {ROW, COL}
            ROW = {<a_{i,j}, a_{i+1,j}> | 1≤i≤m, 1≤j≤n}
            COL = {<a_{i,j}, a_{i,j+1}> | 1≤i≤m, 1≤j≤n-1}
    基本操作:P= {数组构造操作,数组赋值操作,数组销毁操作,…}
} ADT Array
```

数组上的基本操作有以下几种。

(1) 二维数组构造操作：InitArray(&A, 2, bound1, bound2)。

操作结果：构造二维数组 A,并返回 OK。

(2) 数组销毁操作：DestroyArray(&A)。

操作结果：销毁数组 A。

(3) 二维数组赋值操作：Value(A, &e, index1, index2)。

初始条件：A 是二维数组,e 为元素变量,随后是两个下标值。

操作结果：若各下标不超界,则所指定的 A 的元素值赋给 e,并返回 OK。

由于数组一旦建立,数组中的数据元素个数和数据元素之间的关系就不能再发生变化,所以数组一般不做插入、删除数据元素的操作。在数组中通常做下面两种操作。

(1) 取值操作：读取对应元素。

(2) 赋值操作：修改对应元素。

4.2 数组的存储及运算实现

从理论上讲,数组结构也可以使用两种存储结构,即顺序存储结构和链式存储结构。然而,由于数组结构没有插入、删除元素的操作,所以使用顺序存储结构更为适宜。换句话说,一般的数组结构不使用链式存储结构。组成数组结构的元素可以是多维的,但存储数据元素的内存单元地址是一维的,因此,在存储数组结构之前,需要解决将多维关系映射到一维关系的问题。由于使用一组连续的存储单元存放数组的数据元素就有次序的约定问题,所以对应地有两种顺序映像的方式：以行序为主序和以列序为主序,如图 4.2 所示。

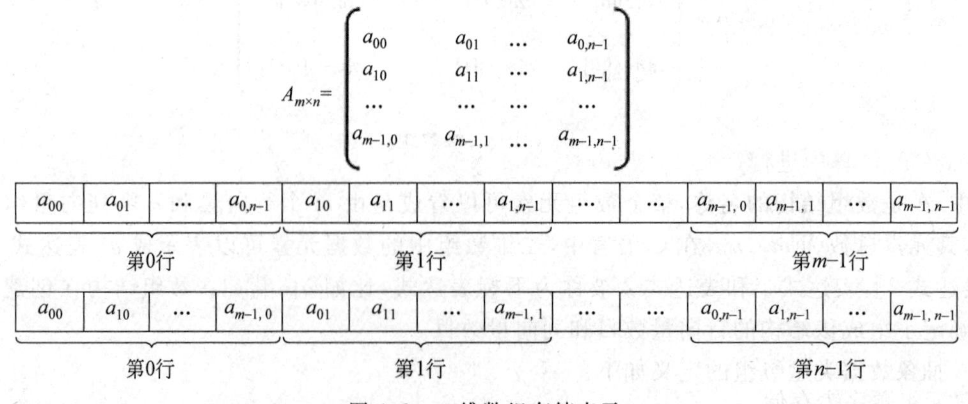

图 4.2　二维数组存储表示

矩阵是在很多科学与工程计算中会遇到的数学模型。对于一个矩阵结构,用一个二维数组来表示是非常恰当的，但在有些情况下，常见到一些特殊矩阵，如对称矩阵和稀疏矩阵。对于这些特殊矩阵，应该充分利用元素值的分布规律，将其进行压缩存储，从而节省存储这些特殊矩阵的存储空间。选择压缩存储的方法应遵循两条原则：一是尽可能地压缩数据量，二是压缩后仍然可以比较容易地进行各项基本操作。

1. 对称矩阵

若一个 n 阶方阵 A 中的元素满足下述性质：$a_{ij}=a_{ji}(1\leqslant i\leqslant n,\ 1\leqslant j\leqslant n)$，则称 A 为**对称矩阵**。由于对称矩阵中的元素关于主对角线对称，因此在存储对称矩阵时可只存储其上三角或下三角中的元素，这样就可以节约近一半的存储空间。对称矩阵的存储顺序如图 4.3 所示。

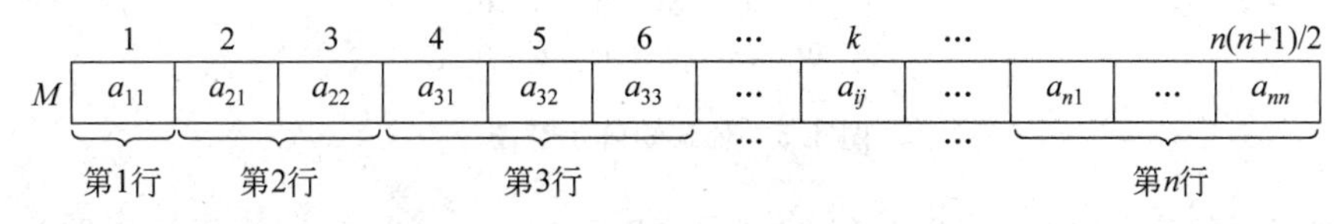

图 4.3　n 阶对称矩阵的压缩存储

如图 4.4 所示，有对称矩阵 A，可得按照以行为主的顺序将其压缩存储的结果。

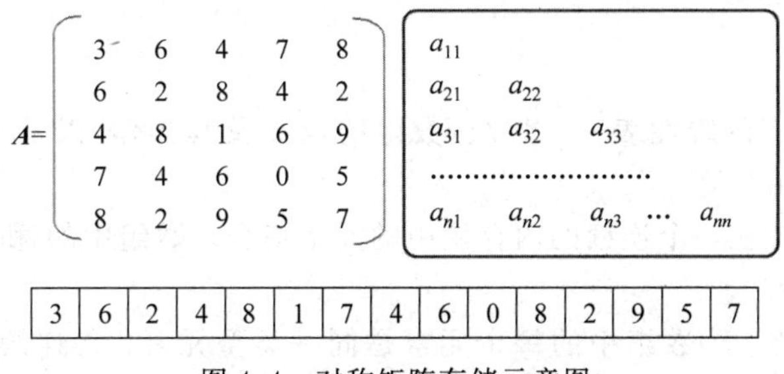

图 4.4　对称矩阵存储示意图

2. 稀疏矩阵

假设 m 行 n 列的矩阵含 t 个非零元素，则称 $\delta=\frac{t}{m\times n}$ 为**稀疏因子**。通常认为 $\delta\leqslant 0.05$ 的矩阵为**稀疏矩阵**。

以常规方法，即以二维数组表示高阶的稀疏矩阵时会产生很多问题：零值元素占了很大空间；计算中进行了很多和零值相关的运算，遇除法时还需判别除数是否为零。为此提出另外一种存储方法，仅存放非零元素。但对于这类矩阵，通常零元素分布没有规律，为了能找到相应的元素，所以仅存储非零元素的值是不够的，还要记下它所在的行和列。于是采用如下方法：将非零元素所在的行、列以及它的值构成一个三元组 (i,j,v)，然后再按某种规律存储这些三元组，这种方法可以节约存储空间。

假设以顺序存储结构来表示三元组表，则可得稀疏矩阵的压缩存储方法。稀疏矩阵的三元组顺序表存储表示如下。

```
#define MAXSIZE 100
typedef struct {
```

```
    int  i, j;                              //该非零元素的行下标和列下标
    ElemType  e;                            //该非零元素的值
} Triple;                                   //三元组类型
typedef union {
    Triple  data[MAXSIZE +1];               //data[0]未用
    int     mu, nu, tu;                     //行,列及非零个数
} TSMatrix;                                 //稀疏矩阵类型
```

例如,稀疏矩阵 **A** 如图 4.5 所示。

$$A=\begin{pmatrix} 0 & 12 & 9 & 0 & 0 & 0 \\ 0 & 0 & 0 & 0 & 0 & 0 \\ -3 & 0 & 0 & 0 & 0 & 14 \\ 0 & 0 & 24 & 0 & 0 & 0 \\ 0 & 18 & 0 & 0 & 0 & 0 \end{pmatrix}$$

图 4.5　稀疏矩阵示意图

下列三元组表：((1,2,12), (1,3,9), (3,1,－3), (3,6,14), (4,3,24), (5,2,18)),加上(5,6,6)(行,列,非零元素个数),便可作为矩阵 **A** 的另一种描述。

小结

本章介绍了推广的线性表——数组,数组的定义及其操作,以及常见的一些特殊矩阵：对称矩阵和稀疏矩阵。

(1) 数组是存储在一个连续的内存块中的元素集合。数组中的每个元素必须是相同的数据类型。

(2) 数组的特点：①数组中的每个元素是同一类型元素；②连续的内存地址空间；③数组大小一旦确定不可更改。

(3) 数组分为一组数组、二维数组和多维数组。

(4) 数组一般不做插入、删除数据元素的操作。

(5) 数组的基本操作主要是元素的读取和更新。

(6) 数组也可以使用两种存储结构,即顺序存储结构和链式存储结构。由于数组没有插入、删除元素的操作,所以使用顺序存储结构更为适宜。

(7) 数组的存储方式有两种：以行序为主序和以列序为主序的映像方式。

(8) 常见的特殊矩阵有对称矩阵和稀疏矩阵。对于这些特殊矩阵,应充分利用元素值的分布规律,将其进行压缩存储,从而节省存储这些特殊矩阵的存储空间。

(9) 选择压缩存储的方法应遵循两条原则：一是尽可能地压缩数据量,二是压缩后仍然可以比较容易地进行各项基本操作。

习题

4.1　简述数组和一般线性表的差别。

4.2　简述对称矩阵和稀疏矩阵这两种特殊矩阵的存储方式。

第5章　树与二叉树

本章学习目标

- 掌握树的定义及相关术语。
- 理解二叉树的定义及性质。
- 了解二叉树的存储结构。
- 掌握二叉树遍历的基本方法。

本章介绍的树状结构是一类重要的非线性结构，也是一种分层结构，其中以二叉树最为常用。因为在实际应用中，对于给定的问题，许多是能够抽取层级模型的，而树和二叉树是处理层次模型的典型结构。因此，我们研究树和二叉树的存储与应用是非常有实际意义的。

5.1　树

5.1.1　树的定义

树是一种简单的非线性结构。在树这种数据结构中，所有数据元素之间的关系具有明显的层次特性。图 5.1 表示了一棵一般的树。由图 5.1 可以看出，在用图形表示树这种数据结构时，很像自然界中的树，只不过是一棵倒长的树，因此，这种数据结构就用“树”来命名。

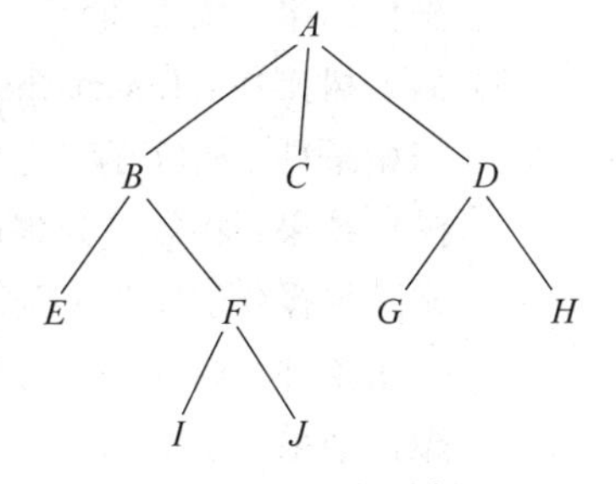

图 5.1　一般的树

在树的图形表示中，总是认为在用直线连起来的两端结点中，上端结点是前驱，下端结点是后继。这样表示前后继关系的箭头就可以省略。

树(Tree)是 $n(n\geqslant 0)$ 个有限数据元素的集合。当 $n=0$ 时，称这棵树是空树。在一棵非空树 T 中：

(1) 有一个特殊的数据元素称为树的根结点，根结点没有前驱结点。

(2) 当 $n>1$ 时，除根结点之外的其余数据元素被分为 $m(m>0)$ 个互不相交的集合 $T_1, T_2, \cdots, T_m$，其中每一个集合 $T_i(1\leqslant i\leqslant m)$ 本身又是一棵树。树 $T_1, T_2, \cdots, T_m$ 称为这个根结点的**子树**。

从树的定义可以看出，树具有下面两个特点。

(1) 树的根结点没有前驱结点，除根结点之外的所有结点有且只有一个前驱结点。

(2) 树中所有结点可以有零个或多个后继结点。

在现实世界中,能用树这种数据结构表示的例子有很多。例如,图 5.2 中的树表示了学校行政关系结构。由于树具有明显的层次关系,因此,树与二叉树都可以用树这种数据结构来描述。在所有的层次关系中,人们最熟悉的是血缘关系,按血缘关系可以很直观地理解树结构中各数据元素结点之间的关系,因此,在描述树结构时,也经常使用血缘关系中的一些术语。

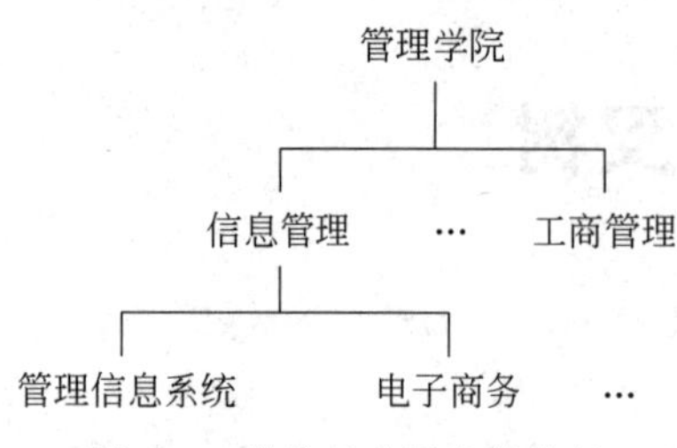

图 5.2　学校行政层次结构树

抽象数据类型树的定义如下。

```
ADT Tree {
    数据对象 D:D 是具有相同特性的数据元素的集合。
    数据关系 R:若 D 为空集,则称为空树。否则:
        (1)在 D 中存在唯一的称为根的数据元素 root;
        (2)当 n>1 时,其余结点可分为 m (m>0)个互不相交的有限集 T1, T2, …, Tm,其中每一
        个子集本身又是一棵符合本定义的树,称为根 root 的子树。
    基本操作:P={初始化树,销毁树,插入树,删除树,… }
} ADT Tree
```

树的基本操作有以下几种。

(1) 初始化操作:InitTree (&T)。

初始条件:树 T 不存在。

操作结果:构造空树 T。

(2) 销毁操作:DestroyTree (&T)。

初始条件:树 T 存在。

操作结果:销毁树 T。

(3) 插入树操作:InsertChild(&T, &p, i, c)。

初始条件:树 T 存在。

操作结果:将以 c 为根的树插入为结点 p 的第 i 棵子树。

(4) 删除树操作:DeleteChild(&T, &p, i)。

初始条件:树 T 存在。

操作结果:删除结点 p 的第 i 棵子树。

5.1.2　相关术语

下面介绍树这种数据结构中的一些基本术语。

(1) **根结点**:在树结构中,每一个结点只有一个前驱,称为父结点,没有前驱的结点只有一个,称为树的根结点,简称为树的根。例如,在图 5.1 中,结点 A 是树的根结点。

(2) **叶子结点**:在树结构中,每一个结点可以有多个后继,它们都称为该结点的子结点。没有后继的结点称为叶子结点。例如,在图 5.1 中,结点 C、E、G、H、I、J 均为叶子结点。

(3) **度**：在树结构中，一个结点所拥有的后继个数称为该结点的度。例如，在图 5.1 中，根结点 A 的度为 3；结点 B 的度为 2；叶子结点的度为 0。在树中，所有结点中的最大的度称为树的度。例如，图 5.1 所示的树的度为 3。前面已经说过，树结构具有明显的层次关系，即树是一种层次结构。在树结构中，一般按如下原则分层：根结点在第 1 层，同一层上所有结点的所有子结点都在下一层。例如，在图 5.1 中，根结点 A 在第 1 层；结点 B、C、D 在第 2 层；结点 E、F、G、H 在第 3 层；结点 I、J 在第 4 层。树的最大层次称为树的深度。例如，如图 5.1 所示的树的深度为 4。

(4) **孩子、双亲、兄弟**：在树中，以某结点的一个子结点为根构成的树称为该结点的一棵子树。树中某个结点的子树之根称为该结点的孩子，相应地，该结点称为孩子的双亲或父亲。例如，在图 5.1 中，结点 B、C、D 是 A 的孩子；A 是 B 结点的双亲。同一个双亲的孩子称为兄弟，E、F 是兄弟，B、C、D 是兄弟。

(5) **有序树和无序树**：如果一棵树中结点的各子树之间存在确定的次序关系，称这棵树为有序树；反之，则称为无序树。

5.2 二叉树

二叉树是树状结构的另一个重要类型，许多实际问题抽象出来的数据结构往往是二叉树的形式，即使是一般的树也能简单地转换成二叉树。二叉树的结构规律性强，其存储结构及其算法都较为简单，因此，二叉树特别重要。

5.2.1 二叉树的定义

二叉树(Binary Tree)是一种很有用的非线性结构，它是 $n(n\geqslant 0)$个结点的有限集合，它或者是空集($n=0$)，或者由一个根结点及两棵互不相交的、分别称为这个根的左子树和右子树的二叉树组成。

二叉树具有以下两个特点。

(1) 非空二叉树只有一个根结点；

(2) 每一个结点最多有两棵子树，且分别称为该结点的左子树与右子树。

由以上特点可以看出，在二叉树中，每一个结点的度最大为 2，即所有子树(左子树或右子树)也均为二叉树，而树结构中的每一个结点的度可以是任意的。另外，二叉树中的每一个结点的子树被明显地分为左子树与右子树。在二叉树中，一个结点可以只有左子树而没有右子树，也可以只有右子树而没有左子树。当一个结点既没有左子树也没有右子树时，该结点即是叶子结点。如图 5.3 所示是一棵深度为 4 的二叉树。

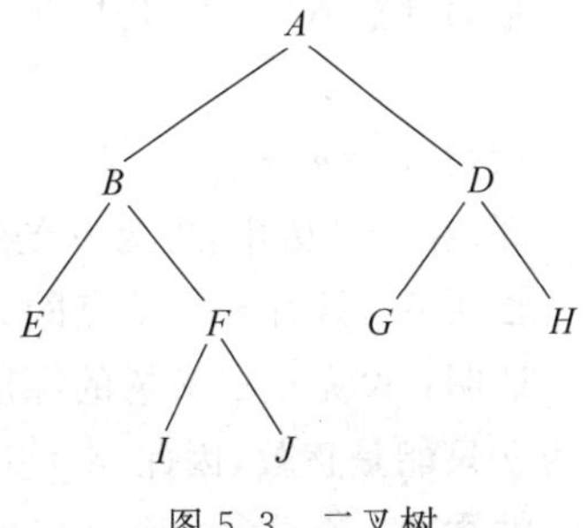

图 5.3 二叉树

5.2.2 二叉树的性质

二叉树具有下列重要特性。

性质 1 在二叉树的第 k 层上，最多有 2^{k-1} 个结点。

根据二叉树的特点，这个性质是显然的。

性质 2 深度为 k 的二叉树最多有 2^k-1 个结点。

深度为 k 的二叉树是指二叉树共有 k 层。根据性质 1，只要将第 1 层到第 k 层上的最大的结点数相加，就可以得到整个二叉树中结点数的最大值，即

$$1+2^1+2^2+\cdots+2^{k-1}=2^k-1$$

一棵深度为 k 且有 2^k-1 个结点的二叉树称为**满二叉树**。完全二叉树是由满二叉树而引出来的。对于深度为 k，有 n 个结点的二叉树，当且仅当其每一个结点都与深度为 k 的满二叉树中编号从 1 至 n 的结点一一对应时称为**完全二叉树**。即除第 k 层外，其他各层 $(1\sim k-1)$ 的结点数都达到最大个数，第 k 层所有的结点都连续集中在最左边，这就是完全二叉树。

性质 3 在任意一棵二叉树中，度为 0 的结点(即叶子结点)总是比度为 2 的结点多一个，即

$$n_0=n_2+1$$

对于这个性质说明如下：假设二叉树中有 n_0 个叶子结点，n_1 个度为 1 的结点，n_2 个度为 2 的结点，则二叉树中总的结点数为

$$n=n_0+n_1+n_2 \tag{5-1}$$

在二叉树中除了根结点外，其余每一个结点都有唯一的一个分支进入。设二叉树中所有进入分支的总数为 m，则二叉树中总的结点数为 n，除了根结点，其余结点都有一个分支进入，即 $n=m+1$。

又由于二叉树中这 m 个进入分支是分别由非叶子结点射出的，其中度为 1 的每个结点射出一个分支，度为 2 的每个结点射出两个分支，因此，二叉树中所有度为 1 与度为 2 的结点射出的分支总数为 n_1+2n_2。而在二叉树中，总的射出分支数应与总的进入分支数相等，即 $m=n_1+2n_2$，于是得

$$n=n_1+2n_2+1 \tag{5-2}$$

最后比较式(5-1)和式(5-2)，有

$$n_0+n_1+n_2=n_1+2n_2+1$$

化简后得 $n_0=n_2+1$。

即，在二叉树中，度为 0 的结点(即叶子结点)总是比度为 2 的结点多一个。

性质 4 具有 n 个结点的完全二叉树的深度为 $\lfloor\log_2 n\rfloor+1$。

证明：设完全二叉树的深度为 k，则根据性质 2 得 $2^{k-1}\leqslant n<2^k$，即 $k-1\leqslant\log_2 n<k$，因为 k 只能是整数，因此，$k=\lfloor\log_2 n\rfloor+1$。

性质 5 若对含 n 个结点的完全二叉树从上到下且从左至右进行 $1\sim n$ 的编号，则对完全二叉树中任意一个编号为 i 的结点，有：

(1) 若 $i=1$,则该结点是二叉树的根,无双亲;否则,其双亲结点编号为$\lfloor i/2 \rfloor$,其左孩子结点编号为 $2i$,右孩子结点编号为 $2i+1$。

(2) 若 $2i>n$,则该结点无左孩子。

(3) 若 $2i+1>n$,则该结点无右孩子。

5.2.3 二叉树的存储结构

二叉树也可以采用两种存储方式:顺序存储结构和链式存储结构。

二叉树的顺序存储表示可描述为:

```
#define MAX_TREE_SIZE 100                          //二叉树的最大结点数
typede TElemType  SqBiTree[MAX_TREE_SIZE];         //0号单元通常不用
SqBiTree bt;
```

这种存储结构适用于完全二叉树。其存储形式用一组连续的存储单元按照完全二叉树的每个结点“自上而下、从左至右”编号的顺序存放结点内容。一棵完全二叉树(满二叉树)如图 5.4 所示。

将这棵二叉树存到数组中,相应的下标对应其同样的位置,如图 5.5 所示。

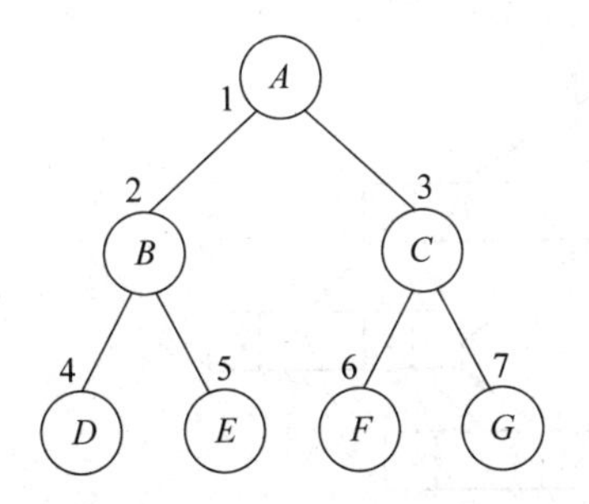

图 5.4 完全二叉树示意图

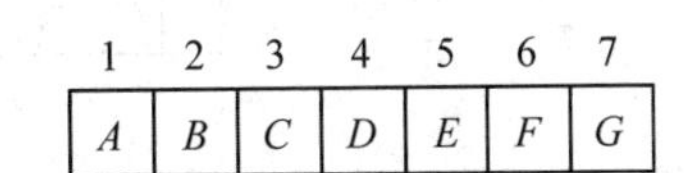

图 5.5 完全二叉树的顺序存储示意图

根据二叉树的性质 5,完全二叉树和满二叉树采取顺序存储方式,树中结点的序号可以唯一地反映出结点之间的逻辑关系,即可以做到唯一复原二叉树。对于一般二叉树,只有将各层空缺处统统补上“虚结点”,其内容为空,才能将其改造成一棵完全二叉树。若空缺结点较多,势必造成空间利用率的下降,使树的插入、删除不便。在这种情况下,就应该考虑使用链式存储结构。

二叉树的链式存储结构中最常用的是二叉链表和三叉链表。二叉链表的每个结点有一个数据域和两个指针域,一个指针指向左孩子,另一个指针指向右孩子。常见的二叉树结点结构及存储结构描述如图 5.6 所示,二叉链表具有不浪费空间,插入、删除方便等特点。

其中,lchild 和 rchild 是分别指向该结点左孩子和右孩子的指针,data 是数据元素的内容。二叉树的链式存储表示可描述为:

```
typedef struct BiTNode {                           //结点结构
    TElemType data;
    struct BiTNode  *lchild, *rchild;              //左右孩子指针
```

```
} BiTNode, *BiTree;
```

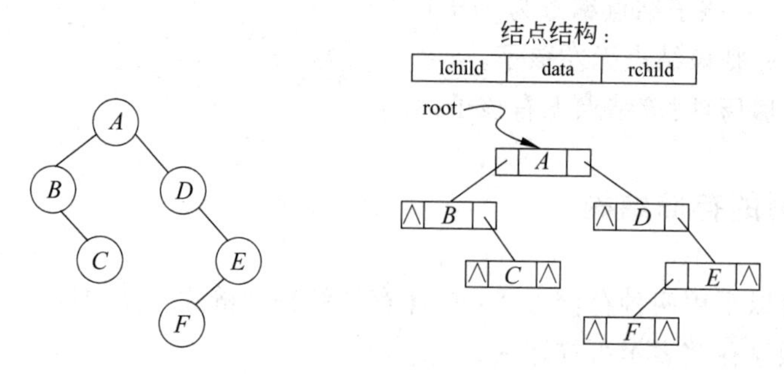

图 5.6　二叉链表的存储结构

这种存储结构的特点是寻找孩子结点容易，寻找双亲结点比较困难。因此，若需要频繁地寻找双亲结点，可以给每个结点添加一个指向双亲结点的指针域，便可以采用三叉链表的形式，其结点结构及存储结构描述如图 5.7 所示。

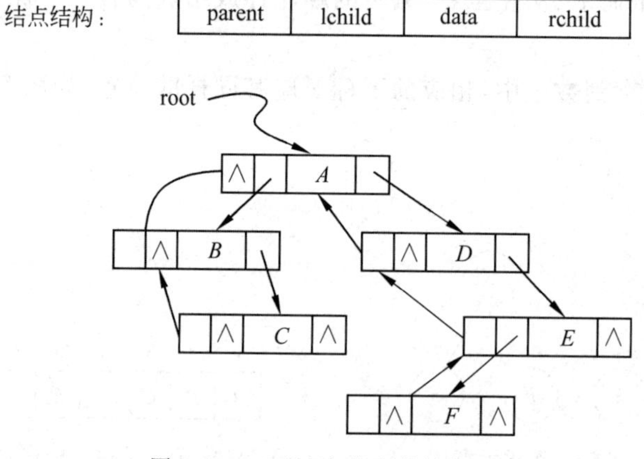

图 5.7　三叉链表的存储结构

其中，data 是数据域，parent、lchild 和 rchild 都是指针域，分别存放指向双亲、左孩子和右孩子的指针。

5.3　二叉树的遍历

遍历指按某条搜索路线遍访每个结点且不重复(又称周游)。它是树结构插入、删除、修改、查找和排序运算的前提，是二叉树一切运算的基础和核心。二叉树是一种非线性的数据结构，在对它进行操作时，总是需要逐一对每个数据元素实施操作，这样就存在一个操作顺序问题。由二叉树的递归定义可知，二叉树是由三个基本单元组成：根结点、左子树和右子树。由此提出了三种二叉树遍历的搜索路径：先(根)序遍历，中(根)序遍历，后(根)序遍历。

1. 先序遍历算法的递归描述

先序遍历的递归过程为：若二叉树为空树，则遍历结束；否则，

(1) 访问根结点;
(2) 先序遍历根结点的左子树;
(3) 先序遍历根结点的右子树。
二叉树先序遍历算法的递归描述为:

```
void Preorder (BiTree T, void( * visit)(TElemType& e))
{   if (T) {
        visit(T->data);                              //访问结点
        Preorder(T->lchild, visit);                  //遍历左子树
        Preorder(T->rchild, visit);                  //遍历右子树
    }
}
```

2. 中序遍历算法的递归描述

中序遍历的递归过程为:若二叉树为空树,则遍历结束;否则,
(1) 中序遍历根结点的左子树;
(2) 访问根结点;
(3) 中序遍历根结点的右子树。
二叉树中序遍历算法的递归描述为:

```
void Inorder (BiTree T)
{
    if (T) {
        Inorder(T->lchild);                          //遍历左子树
        printf(T->data);                             //访问结点
        Inorder(T->rchild);                          //遍历右子树
    }
}
```

3. 后序遍历算法的递归描述

后序遍历的递归过程为:若二叉树为空树,则遍历结束;否则,
(1) 后序遍历根结点的左子树;
(2) 后序遍历根结点的右子树;
(3) 访问根结点。
二叉树后序遍历算法的递归描述为:

```
void Postorder (BiTree T)
{
    if (T) {
        Postorder(T->lchild);                        //遍历左子树
        Postorder(T->rchild);                        //遍历右子树
        printf(T->data);                             //访问结点
    }
}
```

可见，遍历二叉树的算法中的基本操作是访问结点，不论按哪一种次序进行遍历，对含 n 个结点的二叉树，其时间复杂度均为 $O(n)$。

小结

本章主要介绍树、二叉树的概念及遍历方法等。

(1) 树是一种非线性的数据结构，是若干结点的集合，由唯一的根结点和若干棵互不相交的子树构成。其中每一棵子树又是一棵树，也是由唯一的根结点和若干棵互不相交的子树组成的，由此可知：树的定义是递归的。树的结点数目可以为 0，为 0 的时候是一棵空树。

(2) 树是一种层次数据结构，第一层只有一个结点，称为树根结点，其后每一层都是上一层相应结点的后继结点。每个结点可以有任意多个后继结点，但除树根结点外，每个结点有并且只能有一个前驱结点。树中结点的前驱结点称为该结点的父亲或双亲，后继结点称为该结点的孩子。

(3) 二叉树是一种特殊的树状结构，它的特点是每个结点最多只有两棵子树，并且二叉树的子树有左右之分，其次序不能任意颠倒。

(4) 二叉树的存储结构分为顺序存储结构和链式存储结构两种。顺序存储最适合于完全二叉树，使用顺序存储结构要从数组下标为 1 开始。

(5) 二叉树的遍历是指按一定的规则和次序访问树中的每个结点，且每个结点只能被访问一次。它包括先序、中序、后序三种不同的遍历次序。

习题

5.1 写出如图 5.8 所示的树的叶子结点、非叶子结点、各结点的度和树深。

5.2 已知一棵二叉树如图 5.9 所示，给出树的先序遍历序列、中序遍历序列和后序遍历序列。

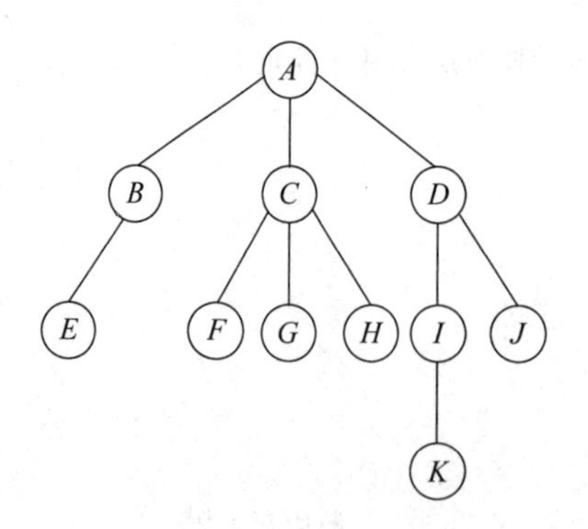

图 5.8 一般树的示例

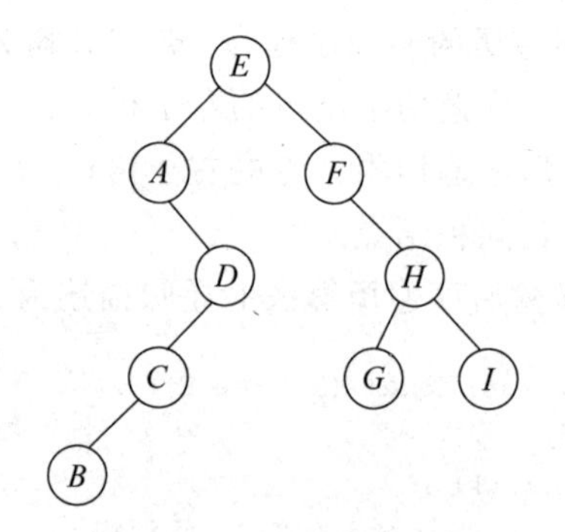

图 5.9 二叉树的示例

第6章　图

本章学习目标

- 掌握图的定义及相关术语。
- 了解图的存储结构。
- 理解图的遍历的基本方法。

本章介绍的图是一种较线性表和树更为复杂的数据结构。线性表反映的是数据元素之间的一对一的相邻关系，树反映的是数据元素之间的一对多的层次关系，而图反映的是数据元素之间的多对多的网状关系。图结构可以描述各种复杂的数据对象，因此图的应用极为广泛，已渗入到诸如语言学、逻辑学、物理、化学、电信工程、计算机科学以及数学的其他分支中。图在现实世界中应用较为广泛，比如，城市交通网、通信网、客户之间的供求关系网等。在本章中将详细介绍图的存储表示及其基本操作的实现。

6.1　图的定义和术语

图是一种比线性表和树更加复杂的数据结构。线性表和树可以看成是两种特殊的图。线性表中，数据元素之间呈现一种线性关系，即每个元素只有一个直接前驱和一个直接后继；树结构中，结点之间是一种层次关系，即每个结点只有一个直接前驱，但可有多个直接后继；图结构中，每个结点既可以有多个直接前驱，也可以有多个直接后继。

图是 n ($n \geqslant 0$)个元素的有限集。图可以表示成二元组的形式，即

$$\text{Graph} = (V, E)$$

其中，V 是图中数据元素的集合，通常称为**顶点集**；E 是数据元素之间关系的集合，通常称为**边集**。

抽象数据类型图的定义如下。

```
ADT Graph {
    数据对象 V:V是具有相同特性的数据元素的集合,称为顶点集。
    数据关系 R:
        R = {VR}
        VR= {<v,w> | v,w∈V且 P(v,w), <v,w>表示从 v到 w的弧,
            谓词 P(v,w)定义了弧<v,w>的意义或信息}
    基本操作:P= {初始化图,销毁图,插入图顶点,… }
} ADT Graph
```

图是由 V 和 VR 构成的数据结构。图的基本操作有以下几种。

(1) 初始化操作：CreatGraph(&G, V, VR)。

初始条件：图 G 不存在。

操作结果：按定义(V, VR)构造图。

(2) 销毁操作：DestroyGraph(&G)。

初始条件：图 G 存在。

操作结果：销毁图 G。

(3) 插入图顶点操作：InsertVex(&G, v)。

初始条件：图 G 存在，v 和图中顶点有相同特征。

操作结果：在图 G 中增添新顶点 v。

(4) 增添弧操作：InsertArc(&G, v, w)。

初始条件：图 G 存在，v 和 w 是 G 的两个顶点。

操作结果：在 G 中增添弧 $<v,w>$，若 G 是无向的，则还增添对称弧 $<w,v>$。

(5) 删除弧操作：DeleteArc(&G, v, w)。

初始条件：图 G 存在，v 和 w 是 G 的两个顶点。

操作结果：在 G 中删除弧 $<v,w>$，若 G 是无向的，则还删除对称弧 $<w,v>$。

图的相关术语如下。

有向图：由于“弧”是有方向的，因此顶点对 $<v, w>$ 是有序的。由顶点集和弧集构成的图称为有向图。

无向图：若 $<v, w>\in VR$ 必有 $<w,v>\in VR$，则称 (v,w) 为顶点 v 和顶点 w 之间存在一条边。由顶点集和边集构成的图称作无向图。

权：与图的边或弧相关的数称为权。

网：带权的图称作网。弧带权的图称作有向网，边带权的图称作无向网。

子图：如果图 $G=(V,\{VR\})$ 和图 $G'=(V',\{VR'\})$ 满足 $V'\subseteq V$ 且 $VR'\subseteq VR$，则称 G' 为 G 的子图。

无向完全图：n 个顶点的无向图，如含有 $n(n-1)/2$ 条边，则称为无向完全图。

有向完全图：n 个顶点的有向图，若含有 $n(n-1)$ 条弧，则称为有向完全图。

稀疏图、稠密图：若边或弧的个数 $e<n\log n$，则称为稀疏图，否则称为稠密图。

关联：边 (v,w) 或弧 $\langle v,w\rangle$ 与顶点 v 和 w 相关联。

邻接点：在无向图中若存在边 (v,w)，则称顶点 v 和 w 互为邻接点。

顶点的度：与顶点 v 相关联的边的条数，记作 TD(v)。

顶点的入度：以 v 为终点的有向边的条数，记作 ID(v)。

顶点的出度：以 v 为始点的有向边的条数，记作 OD(v)。

路径：设图 $G=(V,\{VR\})$ 中，若从顶点 v_i 出发，沿一些边经过一些顶点到达顶点 v_j，则称所经过的边和顶点为从顶点 v_i 到顶点 v_j 的路径。它经过的边应属于{VR}，它经过的顶点应属于 V。

路径长度：图的路径长度是指此路径上边的条数，网的路径长度是指路径上各边的权之和。

简单路径：序列中顶点不重复出现的路径。

简单回路：序列中第一个顶点和最后一个顶点相同的路径。

连通图：若无向图 G 中任意两个顶点之间都有路径相通，则称此图为连通图。

连通分量：若无向图为非连通图，则图中各个极大连通子图称作此图的连通分量。

强连通图：对于有向图，若任意两个顶点之间都存在一条有向路径，则称此有向图为强连通图。

强连通分量：对于有向图，若非强连通图，其各个极大强连通子图称作它的强连通分量。

生成树：假设一个连通图有 n 个顶点和 e 条边，其中，$n-1$ 条边和 n 个顶点构成一个极小连通子图，称该极小连通子图为此连通图的生成树。

6.2 图的存储表示

图是一种结构复杂的数据结构，表现在不仅各个顶点的度可以千差万别，而且顶点之间的逻辑关系也错综复杂。因此无论采用什么方法建立图的存储结构，都要完整、准确地反映这两方面的信息。

下面介绍几种常用图的存储结构。

1. 图的数组(邻接矩阵)存储表示

图的邻接矩阵表示法是用一个一维数组来存放顶点的信息，再用一个二维数组来存放边或弧的信息的表示方法，又称为数组表示法。常采用矩阵的形式来描述边或弧的信息。邻接矩阵的类型定义如下。

```
#define INFINITY INT_MAX                    //最大值∞
#define MAX_VER_NUM 20                      //最大顶点个数
typedef enum {DG, DN, UDG, UDN} GraphKind;
                                            //类型标志{有向图,有向网,无向图,无向网}
typedef struct ArcCell {                    //弧的定义
    VRType adj;                             //顶点关系类型
    InfoType  * info;                       //该弧相关信息的指针
} ArcCell, AdjMatrix[MAX_VER_NUM] [MAX_VER_NUM];
typedef struct {                            //图的定义
    VertexType vexs[MAX_VER_NUM];           //顶点信息
    AdjMatrix    arcs;                      //弧的信息
    int   vexnum, arcnum;                   //顶点数,弧数
    GraphKind   kind;                       //图的种类标志
} MGraph;
```

设无向图 $G=(V,E)$ 有 n 个顶点，顶点序号依次为 $0,l,\cdots,n-1$，用一维数组存储 n 个顶点的信息，用 n 阶的方阵存储顶点之间的边。假设该矩阵的名称为 A，则当 (v_i,v_j) 是该无向图中的一条边时，$A[i,j]=A[j,i]=1$；否则，$A[i,j]=A[j,i]=0$。定义一个大小为 n 的一维数组 $a[n]$ 存储顶点信息。G 的二维邻接矩阵可定义为：

$$A_{ij}=\begin{cases}0, & (i,j)\notin \mathrm{VR}\\ 1, & (i,j)\in \mathrm{VR}\end{cases}$$

若 G 是网，则其邻接矩阵可定义为：

$$A_{ij}=\begin{cases}W_{ij}, & 若\ i\neq j\ 且 <i,j>\in E\ 或 (i,j)\in E\\ \infty, & 若\ i\neq j\ 且 <i,j>\notin E\ 或 (i,j)\notin E\\ 0, & 若\ i==j\end{cases}$$

这里，W_{ij} 表示边上的权值；∞代表一个计算机允许的、大于所有边上权值的正整数。

无向图 G_1 用数组表示法表示如图 6.1 所示。

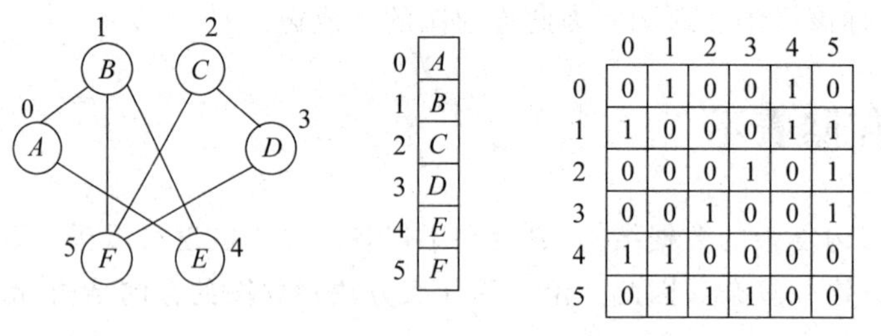

图 6.1　无向图 G_1 的数组表示

建立一有向网 G_2，用数组表示法表示如图 6.2 所示。

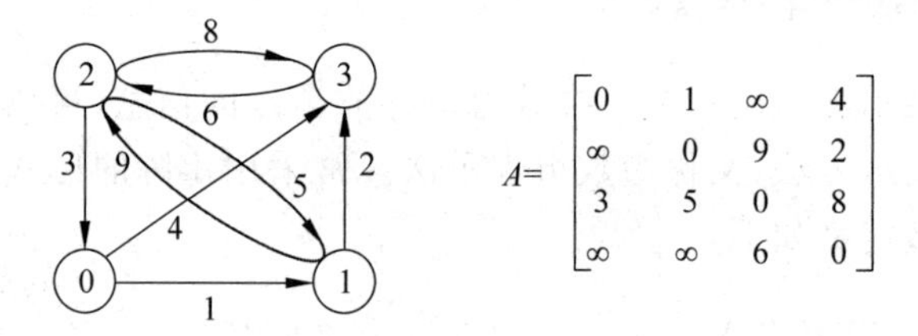

图 6.2　有向网 G_2 的数组表示

2. 图的邻接表存储表示

邻接表是图的一种链式存储方法，以单链表来记录各顶点的邻接点及边(弧)的信息。每个链表上设头结点，数据域存放的是该顶点的信息，指针域指向第一个与之相邻接的顶点所对应的边或弧的信息结点。data 是顶点内容，firstarc 是指向第一条边或弧结点的指针。adjvex 是该边或弧依附的顶点在数组中的下标，nextarc 是指向下一条边或弧结点的指针。顶点的结点结构和弧的结点结构如图 6.3 所示。

顶点的结点结构

data	firstarc

弧的结点结构

adjvex	nextarc

图 6.3　邻接矩阵表示的结点结构

邻接表数据类型简单定义如下。

```
const MAX_VER_NUM 20;                    //最大顶点个数
typedef struct VNode {
```

```
    VertexType data;                        //顶点信息
    ArcNode * firstarc;                     //指向第一条依附该顶点的弧
} VNode, AdjList[MAX_VER_NUM];
typedef struct ArcNode {
    int adjvex;                             //该弧所指向的顶点的位置
    struct ArcNode * nextarc;               //指向下一条弧的指针
} ArcNode;
```

图的结构定义如下。

```
typedef struct {
    AdjList vertices;
    int vexnum, arcnum;
    int kind;                               //图的种类标志
} ALGraph;
```

建立一无向图 G_3 及其邻接表表示如图 6.4 所示。

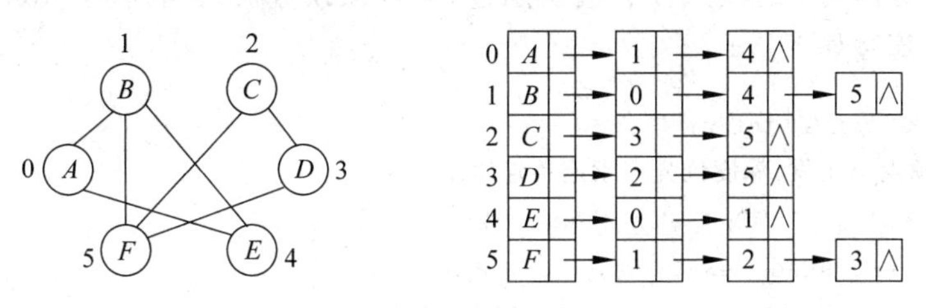

图 6.4 无向网 G_3 及其邻接表表示

6.3 图的遍历

与线性表及树的遍历类似，图的遍历就是按照某种顺序依次访问图的所有顶点，而且每个顶点仅访问一次。图的遍历也是现实当中经常遇到的问题，例如选择旅游路线等。本节给出了两种遍历图的基本方法：深度优先搜索算法和广度优先搜索算法，这两种方法都适用于有向图和无向图。

1. 深度优先搜索遍历

深度优先搜索遍历是从图中某个顶点 V_0 出发，访问此顶点，然后依次从 V_0 的各个未被访问的邻接点出发深度优先搜索遍历图，直至图中所有和 V_0 有路径相通的顶点都被访问到。显然，这是一个递归的搜索过程。深度优先搜索遍历连通图的过程类似于树的先根遍历。

下面讨论如何实现深度优先搜索遍历算法。

从图中某一起始顶点 v 出发，访问它的未被访问的邻接点；依次进行类似的访问，直至到达所有的邻接顶点都被访问过的顶点 u 为止。接着，退回一步，即看刚访问过的顶点是否还有没被访问过的邻接点。如有，则访问此顶点，之后再进行与前述类似的访问；如没有，就再退回一步进行搜索。重复上述过程，直到连通图中所有顶点都被访问过为止。深度优先搜索遍历过程如图 6.5 所示，访问顺序为：$v_0 \to v_1 \to v_3 \to v_7 \to v_4 \to v_2 \to v_5 \to v_6$。

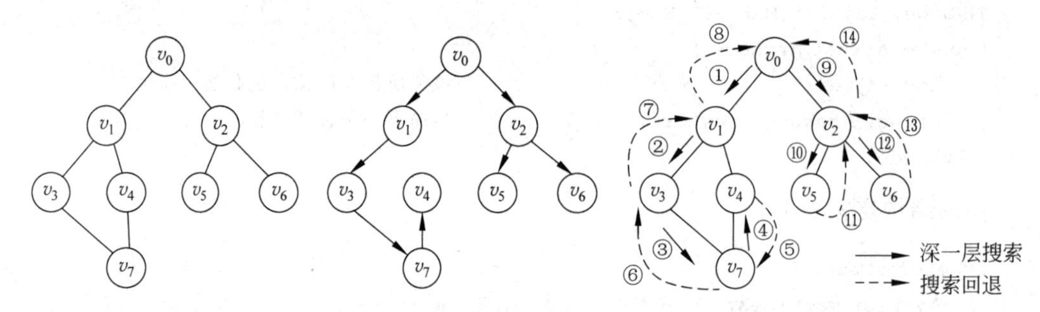

图 6.5　深度优先搜索遍历过程

为了便于在算法中区分顶点是否已被访问过，需要创建一个一维数组 visited[0..$n-1$](n 是图中顶点的数目)，用来设置访问标志，其初始值 visited[i]($0 \leqslant i \leqslant n-1$)为"0"，表示邻接表中下标值为 i 的顶点没有被访问过，一旦该顶点被访问，将 visited[i]置成"1"。深度优先遍历算法如下。

```
void DFS(Graph G, int v) {
    //从顶点 v 出发,深度优先搜索遍历连通图 G
    visited[v] =TRUE;   VisitFunc(v);
    for( w=FirstAdjVex(G, v);
            w!=NULL; w=NextAdjVex(G,v,w) )
        if (!visited[w])  DFS(G, w);
            //对 v 的尚未访问的邻接顶点 w 调用 DFS
}//DFS
```

首先将图中每个顶点的访问标志设为 FALSE，之后搜索图中每个顶点，如果未被访问过，则以该顶点为起始点，进行深度优先搜索遍历，否则继续检查下一顶点。

```
void DFSTraverse(Graph G, Status (*Visit)(int v)) {     //对图 G 做深度优先遍历
    VisitFunc =Visit;
    for (v=0; v<G.vexnum; ++v) visited[v] =FALSE;       //访问标志数组初始化
    for (v=0; v<G.vexnum; ++v) if (!visited[v])  DFS(G, v);
                                                        //对尚未访问的顶点调用 DFS
}
```

2. 广度优先搜索遍历

类似于树的按层次遍历，对图的广度优先搜索遍历方法描述为：从图中某个顶点 v 出发，在访问了 v 之后，依次访问 v 的各个未曾访问过的邻接点，之后按这些顶点被访问的先后次序依次访问它们的未曾访问过的邻接点，直至图中所有和 v 有路径相通的顶点都被访问到。若此时图中尚有顶点未被访问，则另选图中一个未曾被访问的顶点作起始点，重复上述过程，直至图中所有顶点都被访问到为止。广度优先搜索遍历过程如图 6.6

所示，访问顺序为：$v_0 \rightarrow v_1 \rightarrow v_2 \rightarrow v_3 \rightarrow v_4 \rightarrow v_5 \rightarrow v_6 \rightarrow v_7$。

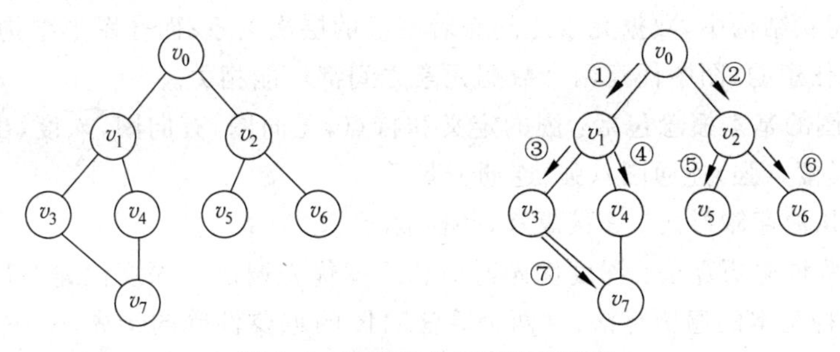

图 6.6 广度优先搜索遍历过程

下面讨论实现广度优先搜索遍历算法需要考虑的几个问题。

(1) 在广度优先搜索遍历中，要求先被访问的顶点其邻接点也被优先访问，因此，必须对每个顶点的访问顺序进行记录，以便后面按此顺序访问各顶点的邻接点。应利用一个队列结构记录顶点访问顺序，就可以利用队列结构的操作特点，将访问的每个顶点入队，然后再依次出队，并访问它们的邻接点。

(2) 在广度优先遍历搜索过程中，同深度优先遍历搜索一样，为了避免重复访问某个顶点，也需要创建一个一维数组 visited[0..$n-1$](n 是图中顶点的数目)，用来记录每个顶点是否已经被访问过。

广度优先遍历算法如下。

```
void BFSTraverse(Graph G, Status (*Visit)(int v)){
    for (v=0; v<G.vexnum; ++v) visited[v] =FALSE;          //初始化访问标志
    InitQueue(Q);                                         //置空的辅助队列 Q
    for ( v=0; v<G.vexnum; ++v )
        if ( !visited[v]) {                               //v 尚未访问
            visited[v] =TRUE; Visit(v);                   //访问 v
            EnQueue(Q, v);                                //v 入队列
            while (!QueueEmpty(Q))  {
                DeQueue(Q, u);                            //队头元素出队并置为 u
                for(w=FirstAdjVex(G, u); w>=0; w=NextAdjVex(G,u,w))
                if ( ! visited[w])  {
                    visited[w]=TRUE;  Visit(w);
                    EnQueue(Q, w);                        //访问的顶点 w 入队列
                }//if
            }//while
        }
}//BFSTraverse
```

小结

本章主要介绍图的定义及相关术语，图的存储表示的概念，图的遍历方法以及应用等。

（1）图是一种较线性表和树更为复杂的数据结构。在线性表中，数据元素之间仅有线性关系；在树状结构中，数据元素之间有着明显的层次关系；而在图形结构中，结点之间的关系可以是任意的，图中任意两个数据元素之间都可能相关。

（2）有关图的基本概念包括：图的定义和特点，无向图，有向图，入度，出度，完全图，生成图，路径长度，（强）连通图，（强）连通分量等。

（3）图的几种存储形式：邻接矩阵，邻接表等。

（4）图的两种遍历算法：深度优先遍历和广度优先遍历。深度优先遍历和广度优先遍历是图的两种基本的遍历算法，这两个算法对图的重要性等同于先序、中序、后序遍历对于二叉树的重要性。

习题

6.1　已知带权有向图如图 6.7 所示，画出该图的邻接矩阵存储结构。

6.2　已知图的结构如图 6.8 所示，给出图的深度优先遍历序列和广度优先遍历序列。

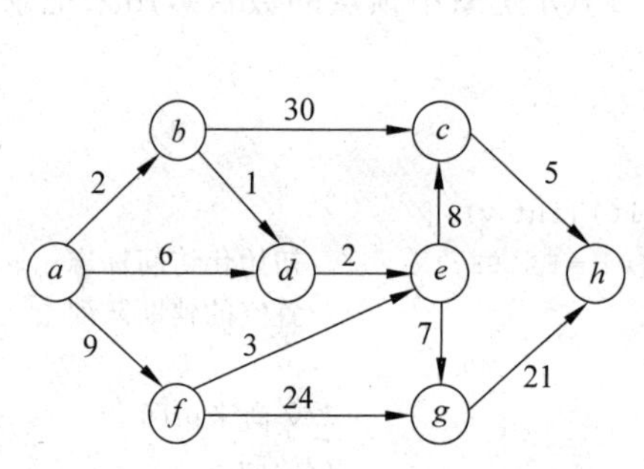

图 6.7　带权有向图的示例

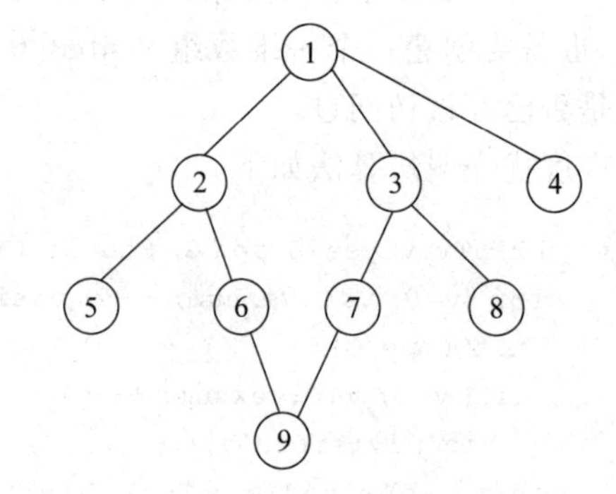

图 6.8　图的遍历示例

第7章 查　　找

本章学习目标

- 掌握静态查找、动态查找和哈希查找的基本思路。
- 了解静态查找、动态查找和哈希查找的性能分析方法。

在日常生活中，人们几乎每天都要进行“查找”。如在英汉字典中查找某个英文单词对应的中文解释；快递员送件按照收件人的地址确定投递位置等。查找是计算机应用中最常用的操作。据统计，商业计算机应用系统花费在这方面的计算时间超过25%。因此，查找算法的优劣对系统的运行效率影响极大。本章将系统地讨论各种查找方法。

7.1 基本概念

查找(Searching)：也称检查，是指在数据结构中找出满足某种条件的结点。例如，学生花名册中存放着全体学生记录，每个记录包括学生的学号、姓名、性别、出生年月、住址等信息。按学号或姓名查询学生的有关信息，就是数据查找问题，也称查表。

查找表(Search Table)是由同一类型的数据元素(或记录)构成的集合。由于“集合”中的数据元素之间存在着松散的关系，因此查找表是一种应用灵活的结构。

对查找表经常进行的操作有：①查询，查询特定记录是否存在于查找表中；②检索，找出某个特定记录的各种属性；③插入，在查找表中插入一个记录；④删除，从查找表中删去某个记录。若对查找表只做前两种操作，则称此类查找表为**静态查找表**。若有时在查询之后，还需要将不存在于查找表中的数据元素插入到查找表中，或者将存在于查找表中的数据元素删除，则称此类查找表为**动态查找表**。

关键字(Key)：是数据元素中某个数据项的值，用以标识一个数据元素。若此关键字可以识别唯一的一个记录，则称为“**主关键字**”。若此关键字能识别若干记录，则称为“**次关键字**”。根据给定的某个值，在查找表中确定是否有关键字等于给定值的数据元素，若查找表中存在与给定值相等的记录，则称“**查找成功**”，或返回整个记录的信息，或返回记录的位置；若查找表中不存在与给定值相等的记录，则称“**查找不成功**”，返回0。

由于查找表中的数据元素之间不存在明显的组织规律，因此不便于查找。因此，经常需要在数据元素之间人为地附加某种确定的关系，以提高查找的效率。例如，在英汉字典中查找某个英文单词时，不需要从字典中的第一个单词开始比较，因为字典是按照单词的首字母在字母表中的次序编排的，所以只要根据待查单词中的首字母在字母表中的位置便能查到该单词。

7.2 静态查找表

静态查找表可以有不同的组织方式，其中最简单的是线性表。本节主要介绍在线性表上查找的三种方法，即顺序查找、折半查找和索引查找。为了方便讨论，以顺序表作为静态查找表，抽象数据类型静态查找表的定义如下。

```
ADT StaticSearchTable {
    数据对象 D:D 是具有相同特性的数据元素的集合。每个数据元素含有类型相同的关键字，可
            唯一标识数据元素。
    数据关系 R:数据元素同属一个集合。
    基本操作 P:P={静态查找表构造，销毁表操作，…}
} ADT StaticSearchTable
```

静态查找表上的基本操作有以下几种。

(1) 静态查找表构造操作：Create(&ST, n)。

初始条件：静态查找表 ST 不存在。

操作结果：构造一个含有 n 个数据元素的静态查找表 ST。

(2) 销毁表操作：Destroy(&ST)。

初始条件：静态查找表 ST 存在。

操作结果：销毁表 ST。

(3) 查找操作：Search(ST, key)。

初始条件：静态查找表 ST 存在，key 为和查找表中元素的关键字类型相同的给定值。

操作结果：若 ST 中存在其关键字等于 key 的数据元素，则函数值为该元素的值或在表中的位置，否则为“空”。

静态查找表在不同的表示方法中，实现查找操作的方法也不同。

7.2.1 顺序查找

顺序查找又称线性查找，是最基本的查找方法之一。以顺序表或线性链表表示静态查找表，则 Search 函数可用顺序查找来实现。本节只讨论在顺序存储结构中的实现，静态查找表的顺序存储结构如下。

```
typedef struct {
    ElemType * elem;                        //数据元素的基地址，0 号单元留空
    int    length;                          //表的长度
} SSTable;
```

顺序查找的实现方法为：从表的一端开始，向另一端逐个进行记录的关键字和给定值的比较，若某个记录的关键字和给定值比较相等，则查找成功，并给出数据元素在表中的位置；若整个表检测完，其关键字和给定值比较都不等，则表明表中没有所查记录，查找

不成功。此查找过程可用以下算法描述。

```
int location( SqList L, ElemType& e, Status (* compare)(ElemType, ElemType)) {
    k =1;
    p =L.elem+1;
    while ( k<=L.length &&!(* compare)(* p, e))) { k++,p++; }
    if ( k<=L.length)  return k;
    else  return 0;
} //location
```

改进后的顺序查找算法如下。

```
int Search_Seq(SSTable ST, KeyType key) {
    ST.elem[0].key =key;                          //"哨兵"
    for (i=ST.length; ST.elem[i].key!=key;--i);   //从后往前找
    return i;                                     //找不到时,i 为 0
} //Search_Seq
```

分析以上两个算法,都是查找成功时返回 key 值在查找表中的位置,失败时返回 0。改进前算法依据数据可能存在的位置可对表进行正反两个方向的搜索,以提高效率;改进后算法一般从反方向进行搜索,简化了算法。在此,下标为 0 的单元起到一个"监视哨"的作用。当然,监视哨也可设置在下标高端处,查找成功时,返回值为对应的下标值,失败时可返回高端下标值或 0。

为了确定记录在查找表中的位置,需和给定关键字进行比较的次数的期望值称为查找算法的平均查找长度。在等概率查找的情况下,顺序表查找的平均查找长度为$(n+1)/2$。

在实际的数据查询系统中,记录被查找的频率或机会并不是均等的。一般情况下,为了提高效率,把经常查找的记录尽量放在后面,则可降低平均查找长度。若查找概率无法事先测定,则查找过程采取的改进办法是在每次查找之后,将刚刚查找到的记录直接移至表尾的位置上。

顺序查找的优点是算法简单且适用面广,对查找表的结构无任何要求。无论是用顺序表还是用链表来存放记录,也无论记录之间是否按关键字已排序,都可以使用这种查找方法。顺序查找的缺点是查找效率低,尤其不适合表内元素较多时的查找。

7.2.2 折半查找

折半查找也称为二分查找,这是一种效率较高的查找方法。上述顺序查找表的查找算法简单,但平均查找长度较大,特别不适用于表长较大的查找表。若以有序表(以升序为例)表示静态查找表,则查找过程可以基于"折半"进行。

折半查找(或二分查找)的思想为:在有序表中,取中间元素作为比较对象,若给定值与中间元素的关键字相等,则查找成功;若给定值小于中间元素的关键字,则在中间元素的左半区继续查找;若给定值大于中间元素的关键字,则在中间元素的右半区继续查找。不断重复上述查找过程，直到查找成功，或所查找的区域无数据元素，查找失败。

折半查找算法如下。

```
int Search_Bin ( SSTable ST, KeyType key ) {
    low =1;  high =ST.length;                              //置区间初值
    while (low <=high) {
        mid = (low +high) / 2;
        if(EQ (key, ST.elem[mid].key) )
            return  mid;                                   //找到待查元素
        else if ( LT (key, ST.elem[mid].key) )
            high =mid -1;
        else  low  =mid +1;
    }//while
    return 0;                                              //顺序表中不存在待查元素
} //Search_Bin
```

在等概率条件下，折半查找成功时的平均查找长度为 $\log_2(n+1)-1$。折半查找的效率较高，但它要求查找表要按顺序存储，且按关键字有序。排序本身是一种很费时的运算，一般采用最高效的排序方法也要花费 $O(n\log_2 n)$的时间。顺序存储结构不适合经常做插入和删除操作。因此，折半查找特别适合于一经建立就很少改动而又经常需要查找的顺序表。

7.2.3 索引查找

索引顺序查找又称分块查找，是对顺序查找的一种改进。在此查找法中，除表本身以外，还需建立一个"索引表"。一般情况下，索引是一个有序表，索引表按关键字有序，则表或者有序或者分块有序。这里的"分块有序"指的是第二个子表中所有记录的关键字值均大于第一个子表中的最大关键字值，第三个子表中的所有关键字值均大于第二个子表中的最大关键字值，以此类推。查找时，先用给定值在索引表中检测索引项，以确定所要进行的查找在查找表中的查找分块(由于索引项按关键字有序，可用顺序查找或者折半查找)，然后再对该分块进行顺序查找。索引查找示例如图 7.1 所示。

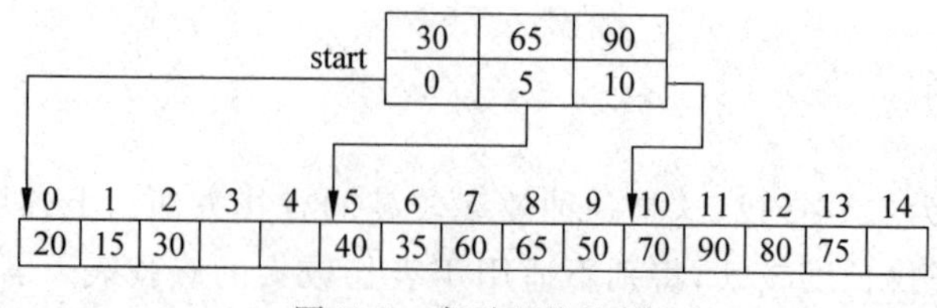

图 7.1　索引查找示例

索引表是按索引值递增(或递减)有序，索引值域用来存储对应块的最大关键字，而主表中块内的关键字排列是无序的。索引顺序表的查找过程是：首先由索引确定记录所在区间;然后在顺序表的某个区间内进行查找。可见,索引顺序查找的过程也是一个缩小区间的查找过程。索引顺序查找的平均查找长度=查找“索引”的平均查找长度+查找“顺序表”的平均查找长度。

7.3 动态查找表

7.2节介绍的三种查找方法的特点是在查找过程中对找到的元素可以读取其属性,更新其值,一般不对查找表进行插入和删除元素操作,所以,常采用静态查找表作为存储结构。如果在查找过程中还要进行插入和删除操作,则采用动态查找表作为存储结构。动态查找表的表结构是在查找过程中动态生成的,如果被查找的值与查找表记录的关键字值相等,则可能要进行删除操作,否则可能要进行插入操作。通常以树或者二叉树作为动态查找表的组织形式。

抽象数据类型动态查找表的定义如下。

```
ADT DynamicSearchTable {
    数据对象 D:D是具有相同特性的数据元素的集合。每个数据元素含有类型相同的关键字。
    数据关系 R:数据元素同属一个集合。
    基本操作 P:P={初始化动态查找表,销毁动态查找表,查找操作,… }
} DynamicSearchTable
```

动态查找表的基本操作有以下几种。

(1) 初始化操作:InitDSTable(&DT)。

初始条件:动态查找表DT不存在。

操作结果:构造一个空的动态查找表DT。

(2) 销毁操作:DestroyDSTable(&DT)。

初始条件:动态查找表DT存在。

操作结果:销毁动态查找表DT。

(3) 查找操作:SearchDSTable(DT,key)。

初始条件:动态查找表DT存在,key是和关键字类型相同的给定值。

操作结果:若DT中存在其关键字等于key的数据元素,则函数值为该元素的值或在表中的位置,否则为“空”。

(4) 插入操作:InsertDSTable(&DT, *e*)。

初始条件:动态查找表DT存在,*e*为待插入的数据元素。

操作结果:若DT中不存在其关键字等于*e*.key的数据元素,则将*e*插入到DT中。

(5) 删除操作:DeleteDSTable(&DT, key)。

初始条件:动态查找表DT存在,key是和关键字类型相同的给定值。

操作结果:若DT中存在其关键字等于key的数据元素,则删除之。

动态查找表的结构本身是在查找中动态生成的,即在查找过程中尚需进行“插入”或“删除”的操作。因此,表示动态查找表的结构应不仅便于查找,还应便于插入和删除。

7.3.1 二叉排序树

1. 定义

二叉排序树(Binary Sort Tree):也叫二叉查找树。它或是一棵空树;或者是具有如下特性的二叉树。

(1) 若它的左子树不空,则左子树上所有结点的值均小于根结点的值;

(2) 若它的右子树不空,则右子树上所有结点的值均大于根结点的值;

(3) 它的左、右子树也都是二叉排序树。

通常,取二叉链表作为二叉排序树的存储结构,其定义如下。

```
typedef struct BiTNode {                              //结点结构
    TElemType  data;
    struct BiTNode  * lchild, * rchild;               //左右孩子指针
} BiTNode, * BiTree;
```

2. 构造二叉排序树

通常,二叉排序树是由依次输入的数据元素序列构造而成的,构造的方法如下。设$R=\{R_1,R_2,\cdots,R_n\}$为一组记录,可以按下列的方法来建立二叉排序树。

(1) 令 R_1 为二叉树的根;

(2) 若 $R_2.\text{key}<R_1.\text{key}$,则令 R_2 为 R_1 的左子树的根结点;否则令 R_2 为 R_1 的右子树的根结点;

(3) 对 $R_3,R_4,\cdots,R_n$ 递归重复步骤(2)。

3. 二叉排序树的查找算法

从其定义可见,二叉排序树的查找过程为:若二叉排序树为空,则查找不成功;否则,

(1) 若给定值等于根结点的关键字,则查找成功;

(2) 若给定值小于根结点的关键字,则继续在左子树上进行查找;

(3) 若给定值大于根结点的关键字,则继续在右子树上进行查找。

上述查找过程的算法描述如下。

```
Status SearchBST ( BiTree T, KeyType key, BiTree f, BiTree &p ) {
    //在根指针 T 所指二叉排序树中递归地查找其关键字等于 key 的数据元素,若查找成功,则
      返回 p 指向的结点,并返回函数值为 TRUE
    //若查找不成功,返回 p 指向最后访问的结点,并返回函数值为 FALSE,指针 f 指向当前访
      问的结点的双亲,其初始调用值为 NULL
    if (!T) { p =f;  return FALSE; }                              //查找不成功
    else if ( EQ(key, T->data.key) ) { p =T;  return TRUE; }  //查找成功
    else if ( LT(key, T->data.key) ) return SearchBST (T->lchild, key, T, p );
                                                              //在左子树中继续查找
```

```
    else return SearchBST (T->rchild, key, T, p );          //在右子树中继续查找
} //SearchBST
```

4. 二叉查找树的插入算法

根据动态查找表的定义,“插入”操作在查找不成功时才进行。其特点是,若二叉查找树为空树,则新插入的结点为新的根结点;否则,新插入的结点必为一个新的叶子结点,其插入位置由查找过程得到。其算法描述如下。

```
Status Insert BST(BiTree &T, ElemType e ) {
    //二叉查找树中不存在关键字 e.key 时,插入元素值为 e 的结点,并返回 TRUE;
    //否则,不进行插入并返回 FALSE
    if (!SearchBST ( T, e.key, NULL, p ))  {                 //查找不成功
        s = (BiTree) malloc (sizeof (BiTNode));              //为新结点分配空间
        s->data =e;  s->lchild =s->rchild =NULL;
        if  ( !p )  T =s;                                    //插入 s 为新的根结点
        else if ( LT(e.key, p->data.key) )  p->lchild =s;    //插入 * s 为 * p 的左孩子
        else p->rchild =s;                                   //插入 * s 为 * p 的右孩子
        return TRUE;                                         //插入成功
    }
    else return FALSE;
}//Insert BST
```

5. 二叉查找树的删除算法

和插入相反,删除在查找成功之后进行,并且要求在删除二叉查找树上某个结点之后,仍然保持二叉查找树的特性。可分为以下三种情况讨论。

(1) 若被删除的结点是叶子结点:其双亲结点中相应指针域的值改为“空”。

(2) 若被删除的结点只有左子树或者只有右子树:其双亲结点的相应指针域的值改为指向被删除结点的左子树或右子树。

(3) 若被删除的结点既有左子树,也有右子树:以其前驱替代之,然后再删除该前驱结点。

其算法描述如下。

```
Status DeleteBST (BiTree &T, KeyType key ) {
    if (!T) return FALSE;                               //不存在关键字等于 key 的数据元素
    else {
        if ( EQ (key, T->data.key) ) {return Delete (T);}
                                                        //找到关键字等于 key 的数据元素
        else if ( LT (key, T->data.key) ) return DeleteBST ( T->lchild, key );
                                                        //继续在左子树中进行查找
        else  return DeleteBST ( T->rchild, key );  //继续在右子树中进行查找
    }
} //DeleteBST
```

6. 查找性能的分析

二叉树的优点是：二叉树是动态生成的，采用链表结构，因此插入、删除、查找方便，二叉查找树的平均查找长度为 $O(\log_2 n)$，在查找速度上与折半查找相差不大，因此，适合经常做插入、删除和查找的表。

7.3.2 平衡二叉树

从前面的讨论可知，二叉排序树的查找效率与二叉排序树结点插入的次序有关。但是，结点插入的先后次序是不确定的，这就要求我们找到一种动态平衡的方法，对于任意给定的关键字序列都能构造一棵形态均匀的二叉排序树。动态平衡技术的基本思路是：每当插入一个结点时，若破坏了树的平衡性，则找出其中最小不平衡子树，在保持排序树特性的前提下，调整最小不平衡子树中各接点之间的连接关系，以达到新的平衡。

平衡二叉树(Balanced Binary Tree)：它或者是一棵空树，或者是具有下列性质的二叉树：它的左子树和右子树都是平衡二叉树，并且树中每个结点的左、右子树深度之差的绝对值不大于1。

在平衡树上进行查找的过程和二叉排序树相同，因此，查找过程中和给定值进行比较的关键字的个数不超过平衡树的深度 $h \approx \log_2(n)$。在平衡二叉树上进行查找时，和关键字进行比较的次数是和 $\log_2(n)$ 等数量级的，即在平衡树上进行查找的时间复杂度为 $O(\log_2(n))$。

7.4 哈希表的查找

1. 哈希表

以上两节讨论的表示查找表的各种结构的共同特点是：记录在表中的位置和它的关键字之间不存在一个确定的关系，因此，查找的过程为将给定值依次和关键字集合中各个关键字进行比较，查找的效率取决于和给定值进行比较的关键字个数。用这类方法表示的查找表，其平均查找长度都不为零，不同查找方法的差别仅在于比较顺序的不同。

对于频繁使用的查找表，希望平均查找长度为零或尽量接近零，即不经过任何比较，可直接存取所查记录。那么只有一个办法，就是预先知道所查关键字在表中的位置，即要求记录在表中位置和其关键字之间存在一种确定的关系，使每个关键字和结构中一个唯一的存储位置相对应。例如，为每年招收的1000名新生建立一张查找表，其关键字为学号，其值的范围为××000～××999（前两位为年份）。若以下标为000～999的顺序表表示之，则查找过程可以简单进行：取给定值（学号）的后三位，不需要经过比较便可直接从顺序表中找到待查关键字。但是，对于动态查找表而言：①表长不确定；②在设计查找表时，只知道关键字所属范围，而不知道确切的关键字。因此在一般情况下，需在关键字与记录在表中的存储位置之间建立一个函数关系，以 $H(\text{key})$ 作为关键字为 key 的记录在表中的位置，通常称这个函数 H(key)为**哈希函数**。

根据设定的哈希函数 H(key)和所选中的处理冲突的方法，将一组关键字映像到一个有限的、地址连续的地址集（区间）上，并以关键字构造的哈希函数值作为相应记录在表中的存储位置，如此构造所得的查找表称为"哈希表"。简单地说，哈希表是基于哈希函数建立的一种查找表。

2. 哈希函数的构造

一个好的哈希函数应满足下列条件：①哈希函数应是简单的，能在较短的时间内计算出结果；②哈希函数的定义域必须包括需要存储的全部关键字，如果哈希表允许有 m 个地址时，其值域必须为 $0 \sim m-1$；③哈希函数计算出来的地址应能均匀分布在整个地址空间中。

常用的构造哈希函数的方法有以下几个。

1）直接定址法

哈希函数为关键字的线性函数 $H(\text{key})=a\times \text{key}+b$($a$，$b$ 为常数)，这类函数是一对一的映射，一般不会产生冲突。但是，它要求哈希地址空间的大小与关键字集合的大小相同，因此，对于较大的关键字集合不适用。

例如，有一组关键字：{942148，941269，940527，941630，941805，941558，942047，940001}，哈希函数为

$H(\text{key})=\text{key}-940000$

$H(942148)=2148$　　$H(941269)=1269$

$H(940527)=527$　　$H(941630)=1630$

$H(941805)=1805$　　$H(941558)=1558$

$H(942047)=2047$　　$H(940001)=1$

可以按计算出的地址存放记录。

2）数字分析法

假设关键字集合中的每个关键字都是由 s 位数字组成($u_1, u_2, \cdots, u_s$)，分析关键字集中的全体，并从中提取分布均匀的若干位或它们的组合作为地址。此方法仅适合于能预先估计出全体关键字的每一位上各种数字出现的频度的情况。

3）平方取中法

以关键字的平方值的中间几位作为存储地址。求"关键字的平方值"的目的是"扩大差别"，同时平方值的中间各位又能受到整个关键字中各位的影响。此方法适合于关键字中的每一位都有某些数字重复出现频度很高的现象。

4）折叠法

此方法把关键字自左到右分成位数相等的几部分，每一部分的位数应与哈希表地址位数相同，只有最后一部分的位数可以短一些。各部分的数据叠加起来，得到哈希地址。折叠法适合于关键字的数字位数特别多的情况，例如，身份证号码作关键字。

5）除留余数法

设哈希表中允许地址数为 m，取一个不大于 m，但最接近于或等于 m 的质数 p 作为

除数，利用哈希函数把关键字转换成哈希地址。设定哈希函数为：$H(\text{key})=\text{key}\%p(p\leqslant m)$，其中，“%”是整数除法取余的运算，$p\leqslant m$（表长）并且 p 应为不大于 m 的素数或是不含 20 以下的质因子。

例如，有一个关键字 key=962148，散列表大小 $m=25$，即 HT[25]。取质数 $p=23$。则哈希地址为 $H(962148)=962148\ \%23=12$，可以按计算出的地址存放记录。需要注意的是：哈希函数计算出来的地址范围是 0～22。地址 23 和 24，只可能在处理冲突时达到。

6）随机数法

设定哈希函数为：$H(\text{key})=\text{Random}(\text{key})$，其中，Random 为伪随机函数。通常，此方法用于对长度不等的关键字构造哈希函数。实际造表时，采用何种方法构造哈希函数取决于建表的关键字集合的情况（包括关键字的范围和形态），总的原则是使产生冲突的可能性降到尽可能地小。

3. 处理冲突的方法

一个“好”的哈希函数只能尽量减少冲突，而不能避免冲突，因此如何处理发生的冲突是建哈希表不可缺少的一个方面。处理冲突的实际含义是为产生冲突的地址寻找下一个哈希地址。通常使用的处理冲突的方法有下列几种。

1）开放定址法

开放定址法就是为产生冲突的地址 $H(\text{key})$ 求得一个尚未被记录占用的位置。地址序列：H_0，H_1，H_2，…，$H_s(1\leqslant s\leqslant m-1)$，其中，$H_0=H(\text{key})$，$H_i=(H(\text{key})+d_i)\bmod m(i=1,2,\cdots,s)$，对增量 d_i 有三种取法：①线性探测再散列，$d_i=c\times i$，最简单的情况是 $c=1$；②平方探测再散列，$d_i=1^2,-1^2,2^2,-2^2,\cdots$；③随机探测再散列，$d_i=i\times H_2(\text{key})$（又称双散列函数探测），或者 d_i 是一组伪随机数列。

2）链地址法

链地址法的基本思路是将所有哈希地址相同的记录都链接在同一链表中。因此在这种方法中，哈希表的每个单元中存放的不再是对象，而是相应同义词单链表的头指针。

4. 哈希表的查找及其分析

在哈希表上进行查找的过程和哈希造表的过程基本一致。给定 K 值，根据造表时设定的哈希函数求得哈希地址，若表中此位置上没有记录，则查找不成功；否则比较关键字，若和给定值相等，则查找成功；否则根据造表时设定的处理冲突的方法找“下一地址”，直至哈希表中某个位置为“空”或者表中所填记录的关键字等于给定值时为止。

从查找过程得知，哈希表查找的平均查找长度实际上并不等于零。因此决定哈希表查找的平均查找长度的因素有以下三个：①选用的哈希函数；②选用的处理冲突的方法；③哈希表饱和的程度，装载因子值的大小 $\alpha=n/m$（n：记录数，m：表的长度）。

一般情况下，可以认为选用的哈希函数是“均匀”的，则在讨论平均查找长度时，可不考虑它的因素。因此，哈希表的平均查找长度是处理冲突方法和装载因子的函数。在哈希函数相同的情况下，处理冲突的方法不同，平均查找长度也不同。对开放定址处理冲突的哈希表而言，表长必须大于或等于记录数，并且表中已填入的记录越多，继续插入发生冲突的可能性就越大。而链地址处理冲突不会出现这种情况，它的平均查找长度主要取决于哈希函数本身。用哈希表构造查找表时，可以选择一个适当的装填因子 α，使得平均查找长度限定在某个范围内，这是哈希表的特点。

小结

本章主要介绍静态查找、动态查找和哈希查找的基本思路、实现方法及性能分析方法。

(1) 查找(Searching)就是根据给定的某个值，在查找表中确定一个其关键字等于给定值的数据元素(或记录)。

(2) 查找表(Search Table)是同一类型的数据元素(或记录)构成的集合。

(3) 查找表按照操作方式分为两大类：静态查找表和动态查找表。

(4) 静态查找表分为顺序查找、折半查找和索引查找三种查找方法。顺序查找的思想是逐个比较，直到找到或者查找失败。折半查找又称二分查找，其思想是对于已经按照一定顺序排列好的列表，每次都用关键字和中间的元素对比，然后判断是在前半部分还是后半部分还是就是中间的元素，然后继续用关键字和中间的元素对比。索引查找的思想是把无序的列表分成若干子块，然后建立一个索引表，记录每个子块中的某个关键字，然后用关键字和这个索引表进行对比。该索引表还存储子块的起始位置，所以可以使用折半查找或者顺序查找确定关键字所在的子块位置。进入子块后，使用顺序查找法查找。

(5) 二叉排序树的特点是：①若它的左子树非空，则左子树上所有结点的值均小于它的根结点的值；②若它的右子树非空，则右子树上所有结点的值均大于(或大于或等于)它的根结点的值；③它的左、右子树也分别为二叉排序树。查找的时候，中序遍历二叉树，得到一个递增有序序列。查找思路类似于折半查找。

(6)平衡二叉排序树，首先它也是二叉排序树，但是还要具有如下性质：①左子树和右子树的深度之差的绝对值小于等于1；②左子树和右子树也是平衡二叉树。

(7) 哈希查找的思想：首先在元素的关键字 k 和元素的存储位置 p 之间建立一个对应关系 H，使得 $p=H(k)$，H 称为哈希函数。创建哈希表时，把关键字为 k 的元素直接存入地址为 $H(k)$ 的单元；以后当查找关键字为 k 的元素时，再利用哈希函数计算出该元素的存储位置 $p=H(k)$，从而达到按关键字直接存取元素的目的。难点在于处理冲突的方式：①开放定址法；②链地址法。

习题

7.1 设计一个程序，输出在顺序表{3,6,2,10,1,8,5,7,4,9}中采用顺序查找方法查找关键字5的过程。

7.2 编写算法，利用折半查找算法在一个有序表中插入一个元素 x，并保持表的有序性。

第8章 排 序

本章学习目标

- 掌握各种排序方法的基本思路和实现算法。
- 了解各种排序方法的基本性能和分析方法。

排序是数据处理中一种最常用的操作，是将任一文件中的记录通过某种方法整理成为按(记录)关键字有序排列的处理过程。为了便于查找，通常希望计算机中的数据表示按关键字有序。如有序表的折半查找，查找效率较高。另外，二叉排序树的构造过程本身就是一个排序过程。因此，学习和研究各种排序方法是计算机工作者的重要课题之一。

8.1 基本概念

排序(Sorting)：排序是将一批(组)任意次序的记录重新排列成按关键字有序的记录序列的过程。其定义为：给定一组记录序列$\{R_1,R_2,\cdots,R_n\}$，其相应的关键字序列是$\{K_1,K_2,\cdots,K_n\}$。确定$1,2,\cdots,n$的一个排列$p_1,p_2,\cdots,p_n$，使其相应的关键字满足如下非递减(或非递增)关系：$K_{p1}\leqslant K_{p2}\leqslant\cdots\leqslant K_{pn}$的序列$\{K_{p1},K_{p2},\cdots,K_{pn}\}$，这种操作称为排序。

关键字K_i可以是记录R_i的主关键字，也可以是次关键字或若干数据项的组合。若关键字K_i是主关键字，则对于任意待排序序列，经排序后得到的结果是唯一的；若关键字K_i是次关键字，排序后得到的结果可能不唯一。

排序的稳定性：如果在待排序的记录序列中有两个或两个以上数据元素的关键字值相同：$K_i=K_j(i\neq j,i,j=1,2,\cdots,n)$，且在排序前$R_i$先于$R_j(i<j)$，经过排序后，这些数据元素的相对次序保持不变：记录序列仍然是R_i先于R_j，则称这种排序算法是稳定的，否则称之为不稳定的。

根据在排序过程中待排序的所有数据元素是否全部被放置在内存中，可将排序方法分为内部排序和外部排序两大类。**内部排序**是指在排序的整个过程中，待排序的所有数据元素全部被放置在内存中；**外部排序**是指由于待排序的数据元素个数太多，不能同时放置在内存，而需要将一部分数据元素放置在内存，另一部分数据元素放置在外设上，整个排序过程需要在内外存之间多次交换数据才能得到排序的结果。本章只讨论常用的内部排序方法。内部排序的方法很多，但就全面性能而言，还没有一种公认为最好的。每种算法都有其优点和缺点，分别适合不同的数据量和硬件配置。按所用的标准不同，排序方法可分为5大类：插入排序，交换排序，选择排序，归并排序和基数排序。本章只讨论前4类。

评价排序算法效率的方法主要有两个：执行时间和所需的辅助空间。执行时间指在数据量规模一定的条件下，算法执行所消耗的平均时间。对于排序操作，时间主要消耗在关键字之间的比较和数据元素的移动上，因此可以认为高效率的排序算法应该具有尽可能少的比较次数和尽可能少的数据元素移动次数。辅助存储空间是指在数据量规模一定的条件下，除了存放待排序数据元素占用的存储空间之外，执行算法所需要的其他存储空间。理想的空间效率是算法执行期间所需要的辅助空间与待排序的数据量无关。

待排序记录序列可以用顺序存储结构和链式存储结构表示。在本章的讨论中，将待排序的记录序列用顺序存储结构表示，即用一维数组实现。其定义如下所示。

```
#define MAXSIZE 20
typedef int KeyType ;                //定义关键字类型为整数类型(也可以为其他类型)
typedef struct {
    KeyType key ;                    //关键字项
    InfoType otherinfo ;             //其他数据项
} RecordType;
typedef struct {
    RecordType r[MAXSIZE +1] ;       //r[0]闲置或者作为哨兵单元
    int length ;                     //顺序表长度
} SqList ;                           //顺序表类型
```

8.2 插入排序

插入排序的主要思路是不断地将待排序的数值插入到有序段中，使有序段逐渐扩大，直至所有数值都进入有序段中的位置。

8.2.1 直接插入排序

1. 基本思想

直接插入排序(Straight Insertion Sort)是一种比较简单的排序方法，是以“玩桥牌者”的方法为基础的。即在考察记录 R_i 之前，设以前的所有记录 $R_1, R_2, \cdots, R_{i-1}$ 已排好序，然后将 R_i 插入到已排好序的诸记录的适当位置。

它的基本思想是依次将记录序列中的每一个记录插入到有序段中，使有序段的长度不断地扩大。其具体的排序过程可以描述如下：首先将待排序记录序列中的第一个记录作为一个有序段，将记录序列中的第二个记录插入到上述有序段中形成由两个记录组成的有序段，再将记录序列中的第三个记录插入到这个有序段中，形成由三个记录组成的有序段，……以此类推，每一趟都是将一个记录插入到前面的有序段中。假设当前处理第 i 个记录，则应该将这个记录插入到由前 $i-1$ 个记录组成的有序段中，从而形成一个由 i 个记录组成的按关键字值排列的有序序列，直到所有记录都插入到有序段中。一共需要经过 $n-1$ 趟就可以将初始序列的 n 个记录重新排列成按关键字值大小排列的有序序列。

例如，设有关键字序列为 7,4,－2,19,13,6，直接插入排序的过程如图 8.1 所示。

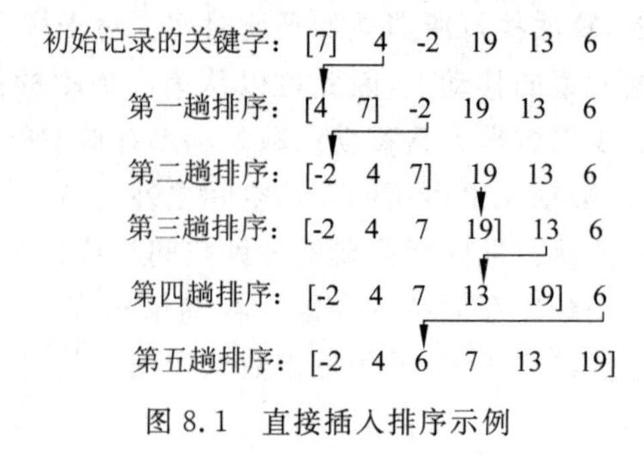

图 8.1　直接插入排序示例

2. 算法实现

完整的直接插入排序算法描述如下。

```
void StraightInsertSort ( SqList &L )
{   int i,j;                                          //对顺序表 L 做直接插入排序
    for ( i =2; i <=L.length; ++i )                   //直接在原始无序表 L 中排序
    if (LT(L.R[i].key, L. R[i-1].key))                //若 L.r[i]较小则插入有序子表内
    {   L. R[0]=L.R[i];                               //先将待插入的元素放入"哨兵"位置
        L.R[i]=L.R[i-1];                              //子表元素开始后移
        for ( j=i-2; LT(L.R[0].key, L.R[j].key); --j )
        L.R[j+1]=L.R[j];                              //只要子表元素比哨兵大就不断后移
        L.R[j+1]=L.R[0];                              //直到子表元素小于哨兵,将哨兵值送入
                                                      //当前要插入的位置(包括插入到表首)
    }
}
```

直接插入排序算法简单，容易实现，是一种稳定的排序方法，只需要一个记录大小的辅助空间用于存放待插入的记录(在 C 语言中，我们利用了数组中的 0 单元)和两个 int 型变量。当待排序记录较少时，排序速度较快，但是，当待排序的记录数量较大时，大量的比较和移动操作将使直接插入排序算法的效率降低；然而，当待排序的数据元素基本有序时，直接插入排序过程中的移动次数大大减少，从而效率会有所提高。

3. 算法分析

(1) 最好情况：若待排序记录按关键字从小到大排列(正序)，算法中的内循环无须执行，则一趟排序时：关键字比较次数 1 次，记录不需要移动，则整个排序的关键字比较次数为 $n-1$，记录移动次数为 0。

(2) 最坏情况：若待排序记录按关键字从大到小排列(逆序)，则一趟排序时：算法中的内循环体执行 $i-1$ 次，关键字比较 i 次，记录移动 $i+1$ 次。则就整个排序而言，比较次数为 $(n+2)(n-1)/2$，移动次数为 $(n+4)(n-1)/2$。一般地，认为待排序的记录可能出现的各种排列的概率相同，则取以上两种情况的平均值，作为排序的关键字比较次数和记录移动次数，约为 $n^2/4$。由此，直接插入排序的时间复杂度为 $O(n^2)$ 。

8.2.2 希尔排序

1. 基本思想

希尔排序(Shell Sort)又称缩小增量法，是一种分组插入排序方法。其基本思想是将待排序的记录划分成几组，从而减少参与直接插入排序的数据量，当经过几次分组排序后，记录的排列已经基本有序，这个时候再对所有的记录实施直接插入排序。

具体步骤可以描述如下：①先取一个正整数 $d_1(d_1<n)$ 作为第一个增量，将全部 n 个记录分成 d_1 组，把所有相隔 d_1 的记录放在一组中，即对于每个 $k(k=1, 2, \cdots, d_1)$，$R[k]$，$R[d_1+k]$，$R[2d_1+k]$，…分在同一组中，在各组内进行直接插入排序。这样的一次分组和排序过程称为一趟希尔排序；②取新的增量 $d_2<d_1$，重复①的分组和排序操作，直至所取的增量 $d_i=1$ 为止，即所有记录放进一个组中排序为止。

例如，设有 10 个待排序的记录，关键字分别为 9, 13, 8, 2, 5, <u>13</u>, 7, 1, 15, 11，增量序列是 5, 3, 1，希尔排序的过程如图 8.2 所示。

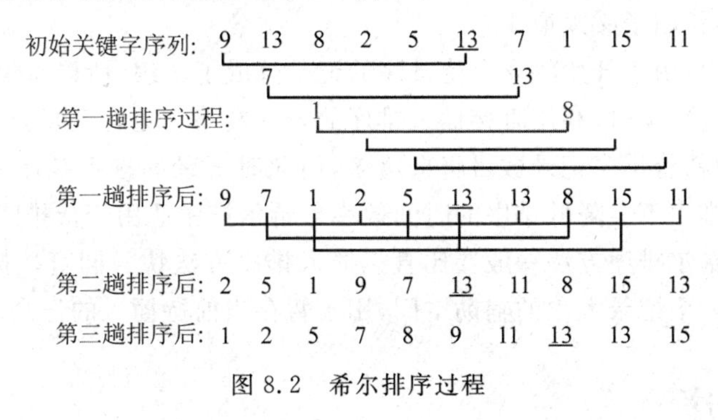

图 8.2 希尔排序过程

2. 算法实现

分别让每个记录参与相应分组中的排序：若分为 d 组，前 d 个记录就应该分别构成由一个记录组成的有序段，从 $d+1$ 个记录开始，逐一将每个记录 $R[i]$插入到相应组中的有序段中。其算法可以如下实现。

先给出一趟希尔排序的算法，类似直接插入排序。

```
void ShellPass(Sqlist &L, int d)            //对顺序表 L 进行一趟希尔排序，增量为 d
{   int j, k;
    for (j=d+1; j<=L.length; j++)
    {   L.R[0]=L.R[j];                       //设置监视哨兵
        k=j-d;
        while(k>0&&LT(L.R[0].key, L.R[k].key) )
        { L.R[k+d]=L.R[k]; k=k-d;}
        L.R[k+d]=L.R[0];
```

```
    }
}
```

然后再根据增量数组 dk 进行希尔排序。

```
void ShellSort(Sqlist &L, int dk[], int t)
                              //按增量序列 dk[0 … t-1],对顺序表 L 进行希尔排序
{   int m ;
    for (m=0; m<=t; m++)
    ShellPass(L, dk[m]) ;
}
```

3. 算法分析

希尔排序是一种不稳定的排序方法。希尔排序时效分析很难,关键字的比较次数与记录移动次数依赖于步长因子序列的选取,特定情况下可以准确估算出关键字的比较次数和记录的移动次数。目前还没有人给出选取最好步长因子序列的方法。步长因子序列可以有各种取法,有取奇数的,也有取质数的,但需要注意:步长因子中除 1 外没有公因子,且最后一个步长因子必须取 1。

在希尔排序中,由于开始将 n 个待排序的记录分成了 d 组,所以每组中的记录数目将会减少。在数据量较少时,利用直接插入排序的效率较高。随着反复分组排序,d 值逐渐变小,每个分组中的待排序记录数目将会增多,但此时记录的排列顺序将更接近有序,所以利用直接插入排序不会降低排序的时间效率。希尔排序适用于待排序的记录数目较大时,在此情况下,希尔排序方法一般要比直接插入排序方法快。同直接插入排序一样,希尔排序也只需要一个记录大小的辅助空间,用于暂存当前待插入的记录。

8.3 交换排序

交换排序是指在排序过程中,主要是通过待排序记录序列中元素间关键字的比较,与存储位置的交换来达到排序目的的一类排序方法,其中最基本的是冒泡排序。

8.3.1 冒泡排序

1. 基本思想

冒泡排序(Bubble Sort)是交换排序中一种简单的排序方法。它的基本思想是依次比较相邻的两个记录的关键字,若两个记录是反序的(即前一个记录的关键字大于后前一个记录的关键字),则进行交换,直到没有反序的记录为止,最终达到有序化。其处理过程为:①将整个待排序的记录序列划分成有序区和无序区,初始状态有序区为空,无序区包括所有待排序的记录;②对无序区从前向后依次将相邻记录的关键字进行比较,若逆序则将其交换,从而使得关键字值小的记录向上"飘浮"(左移),关键字值大的记录好像石

块，向下“坠落”(右移)；③每经过一趟冒泡排序，都使无序区中关键字值最大的记录进入有序区，对于由 n 个记录组成的记录序列，最多经过 $n-1$ 趟冒泡排序，就可以将这 n 个记录重新按关键字顺序排列。

例如，设有 9 个待排序的记录，关键字分别为 23，38，22，45，23，67，31，15，41，冒泡排序的过程如图 8.3 所示。

初始关键字序列:	23	38	22	45	23	67	31	15	41
第一趟排序后:	23	22	38	23	45	31	15	41	67
第二趟排序后:	22	23	23	38	31	15	41	45	67
第三趟排序后:	22	23	23	31	15	38	41	45	67
第四趟排序后:	22	23	23	15	31	38	41	45	67
第五趟排序后:	22	23	15	23	31	38	41	45	67
第六趟排序后:	22	15	23	23	31	38	41	45	67
第七趟排序后:	15	22	23	23	31	38	41	45	67

图 8.3 冒泡排序过程

2. 算法实现

原始的冒泡排序算法是：对由 n 个记录组成的记录序列，最多经过 $n-1$ 趟冒泡排序，就可以使记录序列成为有序序列，第一趟定位第 n 个记录，此时有序区只有一个记录；第二趟定位第 $n-1$ 个记录，此时有序区有两个记录；以此类推。在冒泡排序过程中，一旦发现某一趟没有进行交换操作，就表明此时待排序记录序列已经成为有序序列，冒泡排序再进行下去已经没有必要，应立即结束排序过程。改进的冒泡排序算法如下。

```
void  BubbleSort (Sqlist &L)
{   int j,k,flag;                          //flag标记是否在某趟排序中没有发生交换
    for (j=0;j<L.length-1;j++)             //共有 n-1 趟排序
    {   flag=1;
        for (k=1;k<L.length-j;k++)         //一趟排序
        if (LT(L.R[k+1].key, L.R[k].key))
        {   flag=0;
            L.R[0]=L.R[k];L.R[k]=L.R[k+1];L.R[k+1]=L.R[0]; }
        if (flag==1) break;
    }
}
```

3. 算法分析

冒泡排序可以减少比较的次数，同时也减少了交换的次数。最好时间性能接近于 $O(n)$，但最坏时间性能仍为 $O(n^2)$，所以平均时间复杂性为 $O(n^2)$。

冒泡排序比较简单，当初始序列基本有序时，冒泡排序有较高的效率，反之效率较低；其次，冒泡排序只需要一个记录的辅助空间，用来作为记录交换的中间暂存单元。冒泡排

序是一种稳定的排序方法。

8.3.2 快速排序

1. 基本思想

快速排序(Quick Sort)又称为分区交换排序。其基本思想是：通过比较关键字、交换记录，以某个记录为界(该记录称为支点)，将待排序记录分隔成独立的两部分，其中一部分所有记录的关键字大于等于支点记录的关键字，另一部分所有记录的关键字小于支点记录的关键字。我们将待排序记录按关键字以支点记录分成两部分的过程，称为一次划分。对各部分不断划分，直到整个序列按关键字有序。

这种方法的每一次划分都要把排序表(或子表)的第一个元素放到它在表中的最终位置(即该元素的位置不需要再进行交换)。同时在这个元素的前面和后面各形成一个子表，在前子表中的所有元素的关键字都比该元素的关键字小，而在后子表中的都比它大。此后再对每个子表做同样步骤的操作，直到最后每个子表都只有一个元素，排序完成。

例如，设有 7 个待排序的记录，关键字分别为 29,38,22,45,23,67,31，一趟快速排序的过程如图 8.4 所示。

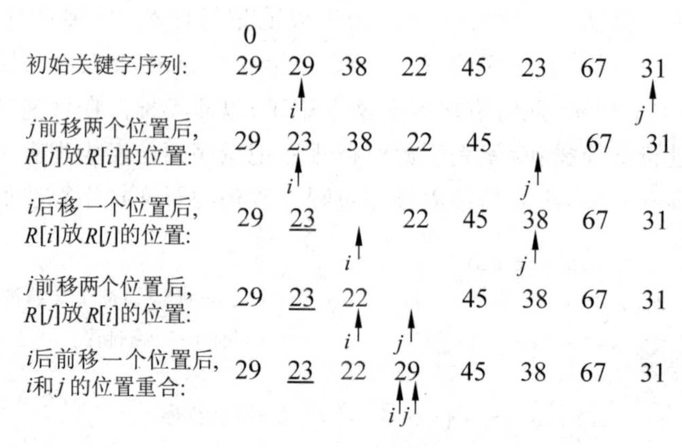

图 8.4 一次快速排序过程

2. 算法实现

快速排序是一个递归的过程，只要能够实现一趟快速排序的算法，就可以利用递归的方法对一趟快速排序后的左右分区域分别进行快速排序。

设待排序的记录序列是 $R[s\cdots t]$，在记录序列中任取一个记录(一般取 $R[s]$)作为参照(又称为基准或枢轴)，以 $R[s]$.key 为基准重新排列其余的所有记录，方法是：①所有关键字比基准小的放在 $R[s]$之前；②所有关键字比基准大的放在 $R[s]$之后。以 $R[s]$.key 最后所在位置 i 作为分界，将序列 $R[s\cdots t]$分成两个子序列，称为一趟快速排序。

一趟快速排序方法是从序列的两端交替扫描各个记录，将关键字小于基准关键字的记录依次放置到序列的前边；而将关键字大于基准关键字的记录从序列的最后端起，依次放置到序列的后边，直到扫描完所有的记录。设置指针 low 和 high，其初值分别为第一个和最后一个记录的位置。设两个变量 i,j，初始时令 i=low,j=high，以 R[low].key 作为基准(将 R[low]保存在 R[0]中）。①从 j 所指位置向前搜索：将 R[0].key 与 R[j].key 进行比较，若 R[0].key≤R[j].key，令 $j=j-1$，然后继续进行比较，直到 $i=j$ 或 R[0].key>R[j].key 为止；若 R[0].key>R[j].key，R[j]⇒R[i]，腾空 R[j]的位置，且令 $i=i+1$。②从 i 所指位置起向后搜索：将 R[0].key 与 R[i].key 进行比较，若 R[0].key≥R[i].key，令 $i=i+1$，然后继续进行比较，直到 $i=j$ 或 R[0].key<R[i].key 为止；若 R[0].key<R[i].key，R[i]⇒R[j]，腾空 R[i]的位置，且令 $j=j-1$。③重复①、②，直至 $i=j$ 为止，i 就是 R[0](基准)所应放置的位置。

(1) 一趟快速排序算法的实现算法如下。

```
int  QuickOnePass(Sqlist &L, int low, int high)
{   int i=low, j=high ;
    L.R[0]=L.R[i] ;                          //R[0]作为临时单元和哨兵
    do
    {   while (LQ(L.R[0].key, L.R[j].key)&&(j>i))
        j--;
        if (j>i) { L.R[i]=L.R[j] ; i++; }
        while (LQ(L.R[i].key, L.R[0].key)&&(j>i))
            i++;
        if (j>i)  { L.R[j]=L.R[i] ; j--; }
    } while(i!=j);                           //i=j 时退出扫描
    L.R[i]=L.R[0];
    return(i);
}
```

(2) 快速排序算法实现。

当进行一趟快速排序后，采用同样方法分别对两个子序列快速排序，直到子序列记录个数为 1 为止。

① 递归算法。

```
void QuickSort(Sqlist &L, int low, int high)
{   int k ;
    if (low<high) {
        k=QuickOnePass(L, low, high);
        QuickSort(L, low, k-1);
        QuickSort(L, k+1, high);
    }                                    //序列分为两部分后分别对每个子序列排序
}
```

② 非递归算法。

```
#define MAX_STACK 100
void QuickSort(Sqlist &L, int low, int high)
```

```
{   int k, stack[MAX_STACK], top=0;
    do { while (low<high)
         {   k=QuickOnePass (L,low,high);
             stack[++top]=high ; stack[++top]=k+1 ;
                                            //第二个子序列的上、下界分别入栈
             high=k-1 ;
         }
         if (top!=0)
         { low=stack[top--] ; high=stack[top--] ; }
    }while (top!=0&&low<high) ;
}
```

3. 算法分析

快速排序实质上是对冒泡排序的一种改进,它的效率与冒泡排序相比有很大的提高。在冒泡排序过程中是对相邻两个记录进行关键字比较和互换的,这样每次交换记录后,只能改变一对逆序记录,而快速排序则从待排序记录的两端开始进行比较和交换,并逐渐向中间靠拢,每经过一次交换,有可能改变几对逆序记录,从而加快了排序速度。到目前为止,快速排序是平均速度最快的一种排序方法,但当原始记录排列基本有序或基本逆序时,每一趟的基准记录有可能只将其余记录分成一部分,这样就降低了时间效率,所以快速排序适用于原始记录排列杂乱无章的情况。

快速排序的主要时间是花费在划分上,是一种不稳定的排序,在递归调用时需要占据一定的存储空间用来保存每一层递归调用时的必要信息。快速排序的平均时间复杂度是 $T(n)=O(n\log_2 n)$,空间复杂度是 $S(n)=O(\log_2 n)$。

8.4 选择排序

选择排序(Selection Sort)主要是每次从当前待排序的记录中选取关键字最小的记录,然后与待排序的记录序列中的第一个记录进行交换,直到整个记录序列有序为止。

1. 基本思想

下面介绍一种简单的选择排序(又称为直接选择排序),基本操作是:第一趟,从 n 个记录中找出关键字最小的记录与第一个记录交换;第二趟,从第二个记录开始的 $n-1$ 个记录中再选出关键字最小的记录与第二个记录交换;以此类推,第 i 趟,则从第 i 个记录开始的 $n-i+1$ 个记录中选出关键字最小的记录,然后和第 i 个记录进行交换,直到整个序列按关键字有序。

例如,设有关键字序列为 7,4,−2,19,13,6,直接选择排序的过程如图 8.5 所示。

初始记录的关键字:	7	4	-2	19	13	6
第一趟排序:	-2	4	7	19	13	6
第二趟排序:	-2	4	7	19	13	6
第三趟排序:	-2	4	6	19	13	7
第四趟排序:	-2	4	6	7	13	19
第五趟排序:	-2	4	6	7	13	19
第六趟排序:	-2	4	6	7	13	19

图 8.5 直接选择排序的过程

2. 算法实现

```
void SimpleSelectionSort(Sqlist &L)
{   int m, n, k;
    for (m=1; m<L.length; m++)
    {   k=m ;
        for (n=m+1; n<=L.length; n++)
        if ( LT(L.R[n].key, L.R[k].key) )   k=n ;
        if (k!=m)                              //记录交换
        {   L.R[0]=L.R[m]; L.R[m]=L.R[k];
            L.R[k]=L.R[0];
        }
    }
}
```

3. 算法分析

从算法可以看出，无论如何，比较的次数是固定不变的，为 $n(n-1)/2$，即时间复杂度是 $O(n^2)$。移动的次数与关键字值有关，若记录序列是基本有序的，则移动次数接近于0，即空间复杂度是 $O(1)$。简单选择排序算法简单，但是速度较慢，并且是一种不稳定的排序方法，但在排序过程中只需要一个用来交换记录的暂存单元。

8.5 归并排序

1. 基本思想

归并排序(Merging Sort)是另一类不同的排序方法。所谓归并是指将两个或两个以上的有序序列合并成一个新的有序序列。比如两堆扑克牌，都已按从小到大排好序，要将两堆合并为一堆且要求从小到大排序。归并排序的基本思想是将一个具有 n 个待排序记录的序列看成是 n 个长度为 1 的有序序列，然后进行两两归并，得到 $n/2$ 个长度为 2 的有序序列，再进行两两归并，得到 $n/4$ 个长度为 4 的有序序列，如此重复，直至得到一个长度为 n 的有序序列为止。通常，我们将两个有序段合并成一个有序段的过程称为 2-路归并。

例如，设有关键字序列为 23,38,22,45,23,67,31,15,41，归并排序的过程如图 8.6 所示。

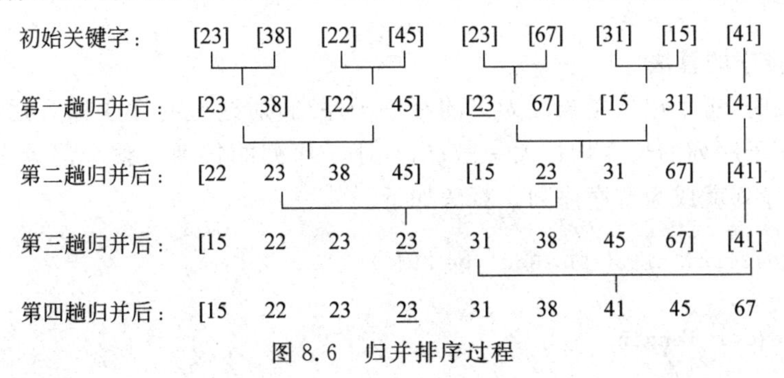

图 8.6 归并排序过程

2. 算法实现

2-路归并排序算法实现如下。

```
void Merge(RecType R[], RecType DR[], int k, int m, int h)
{   int p, q, n ; p=n=k, q=m+1 ;
    while ((p<=m)&&(q<=h))
    {   if (LQ(R[p].key, R[q].key) )          //比较两个子序列
        DR[n++]=R[p++] ;
        else DR[n++]=R[q++] ;
    }
    while (p<=m)                              //将剩余子序列复制到结果序列中
        DR[n++]=R[p++] ;
    while (q<=h)   DR[n++]=R[q++] ;
}
```

一趟归并排序都是从前到后,依次将相邻的两个有序子序列归并为一个,且除最后一个子序列外,其余每个子序列的长度都相同。设这些子序列的长度为 d,则一趟归并排序的过程是:从 $j=1$ 开始,依次将相邻的两个有序子序列 $R[j\cdots j+d\text{-}1]$和 $R[j+d\cdots j+2d\text{-}1]$进行归并;每次归并两个子序列后,$j$ 向后移动 $2d$ 个位置,即 $j=j+2d$;若剩下的元素不足两个子序列时,分为以下两种情况处理:①若剩下的元素个数$>d$,再调用一次上述过程,将一个长度为 d 的子序列和长度不足 d 的子序列进行归并;②若剩下的元素个数$\leqslant d$,将剩下的元素依次复制到归并后的序列中。

1) 一趟归并排序算法

```
void MergePass(RecType R[], RecType DR[], int d, int n)
{   int j=1 ;
    while ((j+2*d-1)<=n)
    {   Merge(R, DR, j, j+d-1, j+2*d-1) ;
        j=j+2*d ;
    }                                         //子序列两两归并
    if (j+d-1<n)                              //剩余元素个数超过一个子序列长度 d
        Merge(R, DR, j, j+d-1, n) ;
    else Merge(R, DR, j, n, n) ;              //剩余子序列复制
}
```

2) 归并排序的算法

开始归并时,每个记录是长度为 1 的有序子序列,对这些有序子序列逐趟归并,每一趟归并后有序子序列的长度均扩大一倍;当有序子序列的长度与整个记录序列长度相等时,整个记录序列就成为有序序列。算法如下。

```
void MergeSort(Sqlist &L, RecType DR[])
{   int d=1 ;
    while(d<L.length)
```

```
    {   MergePass(L.R, DR, d, L.length) ;
        MergePass(DR, L.R, 2 * d, L.length) ;
        d=4 * d ;
    }
}
```

3. 算法分析

具有 n 个待排序记录的序列的归并次数是 $\log_2 n$，而一趟归并的时间复杂度为 $O(n)$，则整个归并排序的时间复杂度无论是最好还是最坏情况均为 $O(n\log_2 n)$。在排序过程中，使用了辅助向量 DR，大小与待排序记录空间相同，则空间复杂度为 $O(n)$。归并排序是稳定的。

2-路归并排序的递归算法从程序的书写形式上看比较简单，但是在算法执行时，需要占用较多的辅助存储空间，即除了在递归调用时需要保存一些必要的信息外，在归并过程中还需要与存放原始记录序列同样数量的存储空间，以便存放归并结果，但与快速排序相比，它是一种稳定的排序方法。

小结

本章主要介绍各种排序方法的基本思路、算法实现及性能分析方法。

(1) 插入排序：依次将无序序列中的一个记录，按关键字值的大小插入到已排好序的一个子序列的适当位置，直到所有的记录都插入为止。具体的方法有：直接插入排序，希尔排序。

(2) 交换排序：对于待排序记录序列中的记录，两两比较记录的关键字，并对反序的两个记录进行交换，直到整个序列中没有反序的记录偶对为止。具体的方法有：冒泡排序、快速排序。

(3) 选择排序：不断地从待排序的记录序列中选取关键字最小的记录，放在已排好序的序列的最后，直到所有记录都被选取为止。

(4) 归并排序：利用"归并"技术不断地对待排序记录序列中的有序子序列进行合并，直到合并为一个有序序列为止。

各种内部排序方法的性能比较如表 8.1 所示。

表 8.1　内部排序方法性能比较

方法	平均时间	最坏所需时间	附加空间	稳定性
直接插入排序	$O(n^2)$	$O(n^2)$	$O(1)$	稳定的
希尔排序	$O(n^{1.3})$		$O(1)$	不稳定的
冒泡排序	$O(n^2)$	$O(n^2)$	$O(1)$	稳定的
快速排序	$O(n\log_2 n)$	$O(n^2)$	$O(\log_2 n)$	不稳定的

续表

方法	平均时间	最坏所需时间	附加空间	稳定性
选择排序	$O(n^2)$	$O(n^2)$	$O(1)$	不稳定的
归并排序	$O(n\log_2 n)$	$O(n\log_2 n)$	$O(n)$	稳定的

习题

8.1　有一组关键字序列(46,74,53,14,26,38,86,65,27,34),写出用下列排序法进行升序排序的每趟排序的结果。

(1) 直接插入排序法;

(2) 冒泡排序法;

(3) 快速排序法;

(4) 选择排序法;

(5) 归并排序法。

第二部分　数据库技术

第9章　数据库系统概述

本章学习目标

- 了解数据库发展的背景。
- 掌握数据库技术术语、数据库系统体系结构。
- 理解常见的数据模型，主要是关系模型的结构和约束条件。

随着人类社会的不断发展和进步，需要处理的数据量越来越大，如何对大量的数据进行存储、加工、传输和使用，已日益受到人们的广泛重视。数据库技术就是在这种形式下产生并发展的。现在数据库已是各项业务的基础，例如，数据库被应用于维护商业内部记录，在万维网上为顾客和客户显示数据，以及支持很多其他商业处理。数据库同样出现在很多科学研究中，天文学家、地理学家以及其他很多科学家搜集的数据也是用数据库表示的。此外，数据库也用在企业、行政部门。因此，数据库技术已成为当今计算机信息系统的核心技术，是计算机技术和应用发展的基础。经过几十年的发展，数据库技术已形成了较为完整的理论体系和实用技术。本章主要介绍数据库技术的发展和数据库系统涉及的最基本、最重要的概念，包括数据模型、数据库管理系统、数据库系统的组成等。

9.1　数据库系统的作用

9.1.1　数据与数据管理

在介绍数据库的基本概念之前，本节先介绍一些数据库常用的术语和基本概念。

1. 数据

描述事物的符号称为数据(Data)，如数值数据、文本数据和多媒体数据(如图形、图像、音频和视频)等。用数据描述的现实世界中的对象可以是实在的事物，如一个学生的情况可用学号、姓名、性别、年龄、系别、入学时间等描述：

```
(201823102,赵文,男,18,计算机专业,2018)
```

这里的学生记录就是数据。对于这条记录，了解其含义后将得到如下信息：赵文是个大学生，男，今年18岁，2018年考入计算机专业，而不了解含义的人则无法理解其描述。可见，数据形式本身还不能完全表达其内容，需要经过语义解释。因此数据和关于数据的解释是不可分的，数据的解释是对数据含义的说明，数据的含义称为数据的语义，数据与其语义是不可分的。

2. 数据库

数据库(DataBase,DB)是长期存储在计算机内有组织的共享的数据的集合。数据库中的数据按一定的数据模型组织、描述和储存。它可以供用户共享,具有尽可能小的冗余度和较高的数据独立性,使得数据存储最优,数据容易操作,并且具有完善的自我保护能力和数据恢复能力。数据库的特点如下。

1) 集成性

数据库把某特定应用环境中的各种应用相关的数据及其数据之间的联系全部集中地按照一定的结构形式进行存储,或者说,把数据库看成若干个性质不同的数据文件的联合和统一的数据整体。数据集中存放的好处是:一个数据只需一个备份,重复存储少,即消除了数据的冗余。没有数据冗余,也就能保证数据的一致。

2) 共享性

数据库中的一块块数据可为多个不同的用户所共享,即多个不同的用户,使用多种不同的语言,为了不同的应用目的,而同时存取数据库,甚至同时存取同一块数据,即多用户系统。

3. 数据库管理系统

数据库管理系统(DataBase Management System,DBMS)是位于用户与操作系统之间的一层数据管理软件,它是数据库系统的核心组成部分,用户在数据库系统中的一切操作,包括数据定义、查询、更新及各种控制,都是通过 DBMS 进行的。DBMS 就是实现把用户意义下的抽象的逻辑数据处理转换成计算机中的具体的物理数据的处理软件,这给用户带来很大的方便。

数据库管理系统是数据库系统的核心,是管理数据库的软件。有了数据库管理系统,用户就可以在抽象意义下处理数据,而不必顾及这些数据在计算机中的布局和物理位置。

4. 数据库系统

数据库系统(DataBase System,DBS)是指在计算机系统中引入数据库后的系统,一般由数据库、数据库管理系统(及其开发工具)、应用系统、数据库管理员和用户构成,如图 9.1 所示。

在不引起混淆的情况下,常常把数据库系统简称为数据库。数据库系统在整个计算机系统中的地位如图 9.2 所示。数据库应用系统是指系统开发人员利用数据库系统资源开发出来的,面向某一类实际应用的应用软件系统,例如财务管理系统、人事管理系统等。应用开发工具软件有 VC、VB、C++ 、JSP、Delphi 等。DBMS 有 Oracle、SQL Server、DB2、Sybase、Access 等。

5. 用户

用户(User)是指使用数据库的人,即对数据库进行存储、维护和检索等操作的人。用户大致可分为终端用户、应用程序员和数据库管理员。

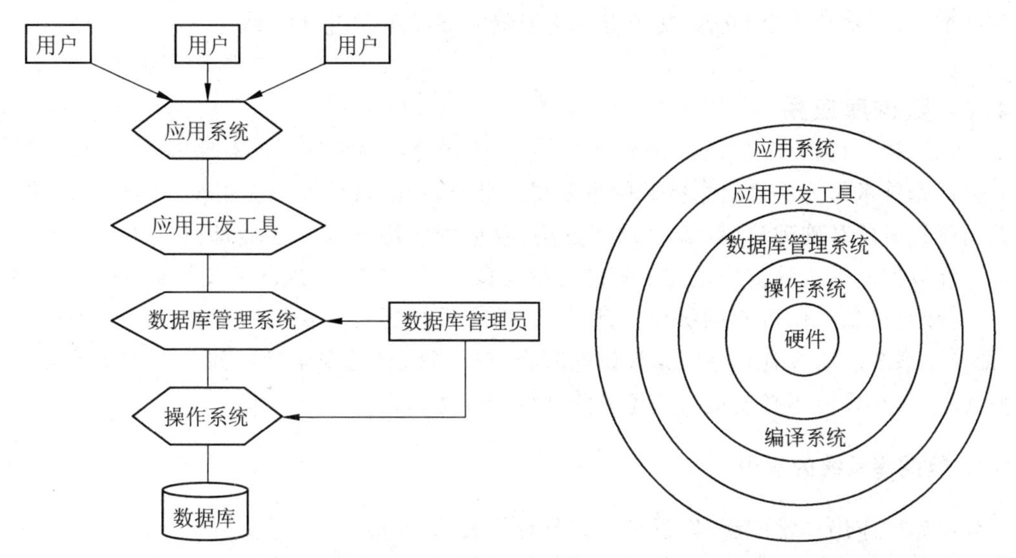

图 9.1　数据库系统各组成成分的关系　　　　图 9.2　数据库系统在计算机系统中的地位

1) 终端用户

终端用户(End User)主要是指使用数据库的各级管理人员、工程技术人员、科研人员,一般为非计算机专业人员。

2) 应用程序员

应用程序员负责为终端用户设计和编制应用程序,以便终端用户对数据库进行存取操作。

3) 系统分析员和数据库设计人员

系统分析员负责应用系统的需求分析和规范说明,要和用户及 DBA 相结合,确定系统的软硬件配置,并参与数据库系统的概要设计。数据库设计人员负责数据库中数据的确定、数据库各级模式的设计。数据库设计人员必须参加用户需求调查和系统分析,然后进行数据库设计。在很多情况下,数据库设计人员由数据库管理员担任。

4) 数据库管理员

在数据库系统环境下,有两类共享资源,一类是数据库,另一类是数据库管理系统软件。因此需要有专门的管理机构来监督和管理数据库系统。数据库管理员(DataBase Administrator,DBA)则是这个机构的一个(组)人员,负责全面管理和控制数据库系统。DBA 应自始至终参加整个数据库系统的研制开发工作,开发成功后,DBA 将全面负责数据库系统的管理、维护和正常使用。其职责如下。

(1) 参与数据库设计的全过程,决定数据库的结构和内容。

(2) 定义数据的安全性和完整性,负责分配用户对数据库的使用权限和口令管理。

(3) 监督控制数据库的使用和运行,改进和重新构造数据库系统。当数据库受到破坏时,应负责恢复数据库;当数据库的结构需要改变时,完成对数据库结构的修改。

因此,DBA 不仅要有较高的技术专长和较深的资历,并应具有了解和阐明管理要求的能力。特别对于大型数据库系统,DBA 极为重要。对于常见的微机数据库系统,通常只有一个用户，常常不设DBA，其职责由应用程序员或终端用户代替。

9.1.2 数据库应用

数据库技术作为现代信息技术的重要组成部分，伴随着计算机应用技术的迅速发展，在数据库技术的基础理论、数据库设计方法、数据库应用开发等方面都得到了长足的发展。设计数据库系统的目的是为了管理大量信息。对数据的管理既涉及信息存储结构的定义，又涉及信息操作机制的提供。此外，数据库系统还必须提供所存储信息的安全保证，即使在系统崩溃或有人企图越权访问时也应保障信息的安全性。如果数据将被多个用户共享，那么系统还必须设法避免可能产生的异常结果。

1. 数据库系统的应用

数据库的应用非常广泛，以下是一些具有代表性的应用。

(1) 银行业：用于存储客户的信息、账户、贷款以及银行的交易记录。

(2) 航空业：用于存储订票和航班的信息。航空业是最先以地理上分布的方式使用数据库的行业之一。

(3) 大学：用于存储学生的学籍、课程和成绩等信息。

(4) 信用卡交易：用于记录信用卡消费的情况和产生每月清单。

(5) 电信业：用于存储通话记录，产生每月账单，维护预付电话卡的余额和存储通信网络的信息。

(6) 金融业：用于存储股票、债券等金融票据的持有、出售和买入信息；也可用于存储实时的市场数据，以便客户能够进行联机交易，公司能够进行自动交易。

(7) 销售业：用于存储客户、产品及购买信息。

(8) 联机的零售商：用于存储销售数据，以及实时的订单跟踪，推荐品清单的生成，还有实时的产品评估的维护。

(9) 制造业：用于管理供应链，跟踪工厂中产品的生产情况、仓库和商店中产品的详细清单以及产品的订单。

(10) 人力资源：用于存储雇员工资、所得税和津贴的信息，以及产生工资单。

正如以上所列举的，数据库已经成为当今几乎所有企业不可缺少的组成部分。

在20世纪最后的40年中，数据库的使用在所有的企业中都有所增长。在早期，很少有人直接和数据库系统打交道，尽管没有意识到这一点，他们还是与数据库间接地产生联系，例如，通过打印的报表(如信用卡的对账单)或者通过代理(如银行的出纳员和机票预订代理等)间接与数据库发生关系。自动取款机的出现，使用户可以直接和数据库进行交互。计算机的电话界面(交互式语音应答系统)也使得用户可以直接和数据库进行交互，访问者可以通过拨号和按电话键来输入信息或选择可选项，来找出如航班的起降时间，或注册学校的课程等。

20世纪90年代末，互联网革命急剧地增加了用户对数据库的直接访问量。很多组织将他们访问数据库的电话界面改为Web界面，并提供了大量的在线服务和信息。例如，当用户访问一家在线书店，浏览一本书或一个音乐集时，其实是在访问存储在某个数据库中的数据。当确认了一个网上订购，用户订单也就保存在了某个数据库中。当用户访问一个银行网站，检索账户余额和交易信息时，这些信息也是从银行的数据库系统中取出来的。当用户访问一个网站时，关于用户的一些信息可能会从某个数据库中取出，并且选择出那些适合显示给用户的广告。此外，关于用户访问网络的数据也可能会存储在一个数据库中。

因此，尽管用户界面隐藏了访问数据库的细节，大多数人甚至没有意识到他们正在和一个数据库打交道，然而访问数据库已经成为当今几乎每个人生活中不可缺少的组成部分。

2. 常用的数据库管理系统

目前有许多数据库管理系统产品，如 Oracle、SQL Server、DB2、MySQL、Access 等，各以自己特有的功能在数据库市场上占有一席之地。下面简要介绍几种常用的数据库管理系统。

1) Oracle

Oracle 是 1983 年推出的世界上第一个开放式商品化关系型数据库管理系统，也是应用广泛、功能强大的数据库管理系统。它采用标准的结构化查询语言(SQL)，支持多种数据类型，提供面向对象存储的数据支持，具有第 4 代语言开发工具，支持 UNIX、Windows NT、OS/2、Novell 等多种平台。Oracle 作为一个通用的数据库管理系统，不仅具有完整的数据管理功能，还是一个分布式数据库系统，支持各种分布式功能，特别是支持 Internet 应用。除此之外，它还具有很好的并行处理功能。Oracle 产品主要由 Oracle 服务器产品、Oracle 开发工具、Oracle 应用软件组成，也有基于微机的数据库产品。作为一个应用开发环境，Oracle 提供了一套界面友好、功能齐全的数据库开发工具。Oracle 使用 PL/SQL 执行各种操作，具有可开放性、可移植性、可伸缩性等功能，主要满足对银行、金融、保险等企业、事业开发大型数据库的需求。Oracle 先后收购了 PeopleSoft(103 亿美元)和 BEA(80 多亿美元)，通过收购，实力大增。2007 年 11 月，Oracle 11g 正式发布，功能大大加强。Oracle 11g 是 Oracle 公司发布的一个比较重要的数据库版本，根据用户的需求实现了信息生命周期管理(Information Lifecycle Management)等多项创新。

2) SQL Server

SQL 即结构化查询语言(Structured Query Language)。SQL Server 最早出现在 1988 年，当时只能在 OS/2 操作系统上运行。2000 年 12 月，微软公司发布了 SQL Server 2000，该软件可以运行于 Windows NT/2000/XP 等多种操作系统之上，是支持客户机/服务器结构的数据库管理系统，它可以帮助各种规模的企业管理数据。2008 年第一季度发布的 SQL Server 2008 不仅对原有性能进行了改进，还添加了许多新特性，比如新添了数据集成功能，改进了分析服务、报告服务，以及 Office 集成等。

随着用户群的不断增大，SQL Server 在易用性、可靠性、可收缩性、支持数据仓库、系统集成等方面日趋完美。特别是 SQL Server 的数据库搜索引擎，可以在绝大多数的操作系统上运行，并针对海量数据的查询进行了优化。目前，SQL Server 已经成为应用最广泛的数据库产品之一。

3) DB2

1973年,IBM研究中心启动System R项目,为DB2的诞生打下了良好基础。DB2是IBM公司研制的一种关系型数据库系统,主要应用于大型应用系统,具有较好的可伸缩性,可支持从大型计算机到单用户环境,应用于OS/2、UNIX、Windows等平台。各种平台上的DB2有共同的应用程序接口,运行在一种平台上的程序可以很容易地移植到其他平台。DB2是基于SQL的关系型数据库产品。20世纪80年代初期,DB2的重点放在大型的主机平台上。到了20世纪90年代初,DB2发展到中型计算机、小型计算机以及微型计算机平台。DB2适用于各种硬件与软件平台。2001年,IBM以10亿美元收购了Informix数据库业务。DB2在关系型数据库中表现非常优秀,只不过商业化较重,所以感觉在大众的使用普遍性上并不是那么强,然而在行业内,DB2的用户主要分布在金融、商业、铁路、航空、医院、旅游等各个领域,以金融系统的应用最为突出。

4) Sybase

Sybase公司的第一个关系数据库产品是于1987年5月推出的Sybase SQL Server 1.0。Sybase首先提出Client/Server数据库体系结构的思想,并率先在Sybase SQL Server中实现。1987年,Sybase觉得单靠一家力量难以把SQL Server做到最强,于是联合微软共同开发。1994年,两家公司合作终止。截至此时,两家公司应该是都拥有一套完全相同的SQL Server代码。Sybase SQL Server后来为了与微软公司的Microsoft SQL Server相区分,改名叫Sybase ASE(Adaptive Server Enterprise)。现在的Sybase,产品策略已经有了调整,在移动数据库市场上,它的ASA(Adaptive Server Anywhere)占据了绝对的地位,拥有约70%以上的市场。同时,Sybase ASE仍然保持着大型数据库厂商的地位。在电信、交通、市政、银行等领域,拥有强大的市场。它的产品全是多平台支持。Sybase ASE又分出了Replication Server(复制服务器)、Sybase IQ等重量级产品,相当于对大型数据库市场又进行了细分。

5) MySQL

MySQL是一个开放源码的小型关联式数据库管理系统,开发者为瑞典MySQL AB公司。在2008年1月16日被Sun公司收购。而2009年,Sun又被Oracle收购。对于MySQL的前途,没有任何人抱乐观的态度。目前,MySQL被广泛地应用在Internet上的中小型网站中。由于其体积小、速度快、总体拥有成本低,尤其是开放源码这一特点,许多中小型网站为了降低网站总体拥有成本而选择了MySQL作为网站数据库。

MySQL是一个真正的多用户、多线程SQL数据库服务器,它是一个客户机/服务器结构的实现。MySQL是现在流行的关系数据库中的一种,相比其他的数据库管理系统来说,MySQL具有小巧、功能齐全、查询快捷等优点。MySQL的主要目标是快速、健壮和易用。关键是它是免费的,可以在Internet上免费下载,并可免费使用。MySQL对于一般中小型,甚至大型应用都能够胜任。

6) Access

Access是在Windows操作系统下工作的关系型数据库管理系统。它采用了Windows程序设计理念,以Windows特有的技术设计查询、用户界面、报表等数据对象,内嵌了 VBA(Visual Basic Application),具有集成的开发环境。Access 提供图形化的查询工具和屏幕、报表生成器,用户无须编程和了解 SQL 即可建立复杂的报表、界面,它会自动生成 SQL 代码。

Access 被集成到 Office 中,具有 Office 系列软件的一般特点,如菜单、工具栏等。与其他数据库管理系统软件相比,Access 更加简单易学,一个普通的计算机用户,即使没有程序设计语言基础,仍然可以快速地掌握和使用它。最重要的一点是,Access 的功能比较强大,足以应付一般的数据管理及处理需要,适用于中小型企业数据管理的需求。当然,在数据定义、数据安全可靠性、数据有效性控制等方面,它比前面几种数据库产品还是要逊色不少。

9.2 数据库处理技术的发展过程

随着计算机硬件和软件的发展,数据库技术从 20 世纪 60 年代末发展至今,已经有几十年的历史了。在这几十年的历程中,数据库技术在理论研究和应用上得到了不断发展和完善。计算机数据管理方法至今大致经历了 4 个阶段:人工管理阶段,文件系统阶段,数据库系统阶段和高级数据库阶段。

9.2.1 人工管理阶段

在人工管理阶段(20 世纪 50 年代中期以前),计算机主要用于科学计算,其他工作还没有展开。外部存储器只有磁带、卡片和纸带等,还没有磁盘等字节存取存储设备。软件只有汇编语言,没有操作系统和管理数据的软件,尚无数据管理方面的软件。数据处理方式是通过批处理来执行的,所有的数据完全由人工进行管理,因此这个阶段被称为人工管理阶段,这个阶段数据管理的特点如下。

(1) 数据不保存。因为该阶段计算机主要应用于科学计算,对于数据保存的需求尚不迫切,只是在计算某一课题时将数据输入,完成后得到结果,因此无须保存数据。

(2) 系统没有专用的软件对数据进行管理。数据需要由应用程序自己管理,没有相应的软件系统负责数据的管理工作。因此,每个应用程序不仅要规定数据的逻辑结构,而且要设计物理结构,包括存储结构、存取方法、输入方式等。因此程序员负担很重。

(3) 数据不共享。数据是面向程序的,一组数据只能对应一个程序。多个应用程序涉及某些相同的数据时,也必须各自定义,因此程序之间有大量的冗余数据。

(4) 数据不具有独立性。程序依赖于数据,如果数据的类型、格式或输入输出方式等逻辑结构或物理结构发生变化,必须对应用程序做出相应的修改。

在人工管理阶段,程序与数据之间的关系可用图 9.3 表示。

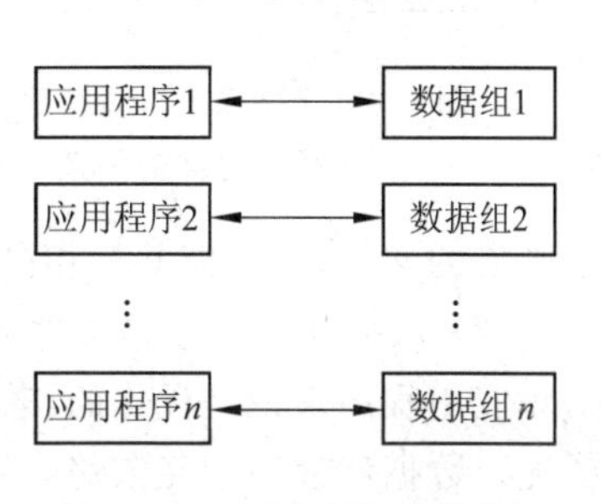

图 9.3 人工管理阶段程序与数据之间的关系

9.2.2 文件系统阶段

从 20 世纪 50 年代后期到 20 世纪 60 年代中期，计算机不仅用于科学计算，还大量应用于信息管理。大量的数据存储、检索和维护成为紧迫的需求。在硬件方面，有了磁盘、磁鼓等直接存储设备；在软件方面，出现了高级语言和操作系统，且操作系统中有了专门管理数据的软件，一般称之为文件系统，这样可以通过数据文件的存储进行数据的查询、插入、修改、删除等操作；在处理方式方面，不仅有批处理，也有联机实时处理。用文件系统管理数据的特点如下。

(1) 数据以文件形式可长期保存下来。由于计算机大量用于数据处理，数据需要长期保存在辅存上，以便用户可随时对文件进行查询、修改和增删等处理。

(2) 文件系统可对数据的存取进行管理。有专门的软件即文件系统进行数据管理，文件系统把数据组织成相互独立的数据文件，利用“按名访问，按记录存取”的管理技术，对文件进行修改、插入和删除的操作。因此，程序员只与文件名打交道，不必明确数据的物理存储，大大减轻了程序员的负担。

(3) 文件组织多样化。此时已出现顺序文件、链接文件、索引文件等，因而对文件的记录可顺序访问，也可随机访问，更便于存储和查找数据。但文件之间相互独立、缺乏联系。数据之间的联系要通过程序去构造。

(4) 程序与数据之间有一定独立性。由专门的软件即文件系统进行数据管理，程序和数据之间由软件提供的存取方法进行转换，数据存储发生变化不一定影响程序的运行，既可大大节省维护的工作量，又可减轻程序员的负担。

在文件系统阶段，程序与数据之间的关系可用图 9.4 表示。

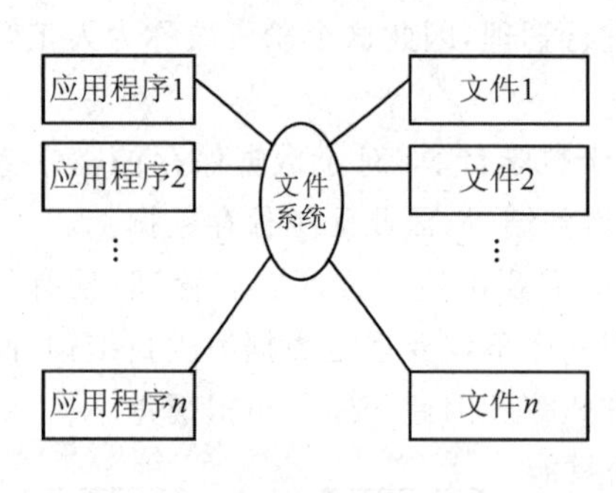

图 9.4 文件系统阶段程序与数据之间的关系

与人工管理阶段相比，文件系统阶段对数据的管理有了很大的进步，但一些根本性问题仍没有彻底解决，主要表现在以下三个方面。

(1) 数据冗余度大。由于数据的基本存取单位是记录，因此，程序员之间很难明白他人数据文件中数据的逻辑结构。理论上，一个用户可通过文件管理系统访问很多数据文件，然而实际上，一个数据文件只能对应于同一程序员的一个或几个程序，不能共享，即文件仍然是面向应用的。当不同的应用程序具有部分相同的数据时，也必须建立各自的文件，而不能共享相同的数据，因此数据的冗余度大，浪费存储空间。

(2) 数据独立性差。文件系统中的文件是为某一特定应用服务的，文件的逻辑结构对该应用程序来说是优化的，若要对现有的数据增加一些新的应用会很困难，系统不容易扩充。数据和程序相互依赖，一旦改变数据的逻辑结构，必须修改相应的应用程序。而应用程序如果发生变化，如改用另一种程序设计语言来编写程序，也需要修改数据结构。因此，数据和程序之间缺乏独立性。

(3) 数据一致性差。由于相同数据的重复存储、各自管理,在进行更新操作时,容易造成数据的不一致性。如某学校利用计算机对教职工的基本情况进行管理,各部门分别建立三个文件:职工档案文件、职工工资文件和职工保险文件。每一职工的电话号码在这三个文件中重复出现,这就是"数据冗余"。若某职工的电话号码需要修改,就要修改这三个文件中的数据,否则会引起同一数据在三个文件中不一样;该问题产生的原因主要是三个文件中的数据没有联系。若在职工档案文件中存放电话号码值,而其他文件中不存放电话号码值,而存放档案文件中电话号码值的位置作为"指针",则可消除文件系统的三个缺点。

9.2.3 数据库系统阶段

20世纪60年代后期,计算机硬件、软件有了进一步的发展。计算机应用于管理的规模更加庞大,数据量急剧增加;硬件方面出现了大容量磁盘,使计算机联机存取大量数据成为可能;硬件价格下降,而软件价格上升,使开发和维护系统软件的成本增加。文件系统的数据管理方法已无法适应开发应用系统的需要。为解决多用户、多个应用程序共享数据的需求,出现了统一管理数据的专门软件系统,即数据库管理系统。用数据库系统来管理数据比文件系统具有明显的优点,从文件系统到数据库系统,标志着数据管理技术的飞跃。

数据库系统管理数据的特点如下。

(1) 数据结构化。

数据结构化是数据库与文件系统的根本区别。有了数据库管理系统后,数据库中的任何数据都不属于任何应用。数据是公共的,结构是全面的。它是在对整个组织的各种应用(包括将来可能的应用)进行全局考虑后建立起来的总的数据结构。它是按照某种数据模型,将全组织的各种数据组织到一个结构化的数据库中,整个组织的数据不是一盘散沙,可表示出数据之间的有机关联。

比如要建立学生成绩管理系统,系统包含学生(学号,姓名,性别,系别,年龄)、课程(课程号,课程名)、成绩(学号,课程号,成绩)等数据,分别对应三个文件。若采用文件处理方式,因为文件系统只表示记录内部的联系,而不涉及不同文件记录之间的联系,要想查找某个学生的学号、姓名、所选课程的名称和成绩,必须编写一段不算简单的程序来实现。而采用数据库方式,数据库系统不仅描述数据本身,还描述数据之间的联系,上述查询可以非常容易地联机查到。

(2) 数据共享性高、冗余少,易扩充。

数据库系统从全局角度看待和描述数据,数据不再面向某个应用程序而是面向整个系统,因此数据可以被多个用户、多个应用共享使用。这样便减少了不必要的数据冗余,节约了存储空间,同时也避免了数据之间的不相容性与不一致性。所谓数据的不一致性是指同一数据不同副本的值不一样。采用人工管理或文件系统管理时,由于数据被重复存储,当不同的应用使用和修改不同的副本时就很容易造成数据的不一致。在数据库中共享数据,减少了由于数据冗余造成的不一致现象。

由于数据面向整个系统，是有结构的数据，不仅可被多个应用共享使用，而且容易增加新的应用，这就使得数据库系统弹性大，易于扩充，可以适应各种用户的要求。可以取整体数据的各种子集用于不同的应用系统，当应用需求改变或增加时，只要重新选取不同的子集或加上一部分数据便可以满足新的需求。

(3) 数据独立性高。

数据独立性是数据库领域中的一个常用术语，包括数据的逻辑独立性和数据的物理独立性。

数据的逻辑独立性是指用户的应用程序与数据库的逻辑结构是相互独立的，即当数据的总体逻辑结构改变时，数据的局部逻辑结构不变，由于应用程序是依据数据的局部逻辑结构编写的，所以应用程序不必修改，从而保证了数据与程序间的逻辑独立性。例如，在原有的记录类型之间增加新的联系，或在某些记录类型中增加新的数据项，均可确保数据的逻辑独立性。

数据的物理独立性是指用户的应用程序与存储在磁盘上的数据库中的数据是相互独立的，即当数据的存储结构改变时，数据的逻辑结构不变，从而应用程序也不必改变。例如，改变存储设备和增加新的存储设备，或改变数据的存储组织方式，均可确保数据的物理独立性。

(4) 有统一的数据控制功能。

数据库为多个用户和应用程序所共享，对数据的存取往往是并发的，即多个用户可以同时存取数据库中的数据，甚至可以同时存取数据库中的同一个数据。为确保数据库数据的正确有效和数据库系统的有效运行，数据库管理系统提供下述 4 方面的数据控制功能。

① 数据的安全性控制。

数据的安全性是指保护数据以防止不合法使用数据造成数据的泄漏和破坏，保证数据的安全和机密，使每个用户只能按规定，对某些数据以某些方式进行使用和处理。例如，系统提供口令检查或其他手段来验证用户身份，防止非法用户使用系统；也可以对数据的存取权限进行限制，只有通过检查后才能执行相应的操作。

② 数据的完整性控制。

数据的完整性是指系统通过设置一些完整性规则以确保数据的正确性、有效性和相容性。完整性控制将数据控制在有效的范围内，或保证数据之间满足一定的关系；有效性是指数据是否在其定义的有效范围，如月份只能用 1～12 的正整数表示；正确性是指数据的合法性，如年龄属于数值型数据，只能含 0,1,…,9，不能含字母或特殊符号；相容性是指表示同一事实的两个数据应相同，否则就不相容，如一个人不能有两个性别。

③ 并发控制。

多用户同时存取或修改数据库时，可能会发生相互干扰而提供给用户不正确的数据，并使数据库的完整性受到破坏，因此必须对多用户的并发操作加以控制和协调。

④ 数据恢复。

计算机系统出现各种故障是很正常的，数据库中的数据被破坏、丢失也是可能的。当数据库被破坏或数据不可靠时，系统应有能力将数据库从错误状态恢复到最近某一时刻的正确状态。

数据库系统阶段,程序与数据之间的关系可用图 9.5 表示。

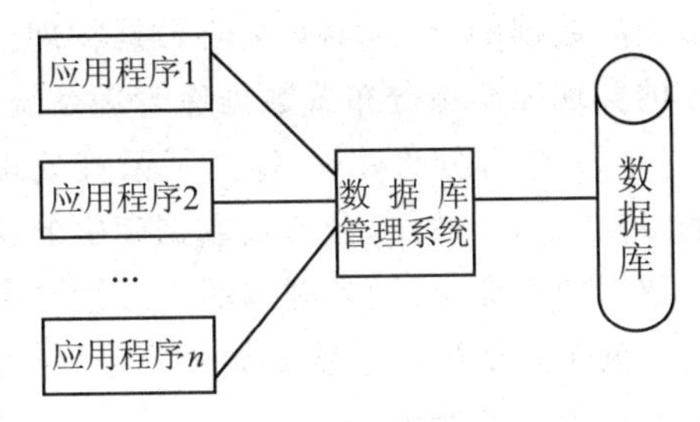

图 9.5 数据库系统阶段程序与数据之间的关系

从文件系统管理发展到数据库系统管理是信息处理领域的一个重大变化。在文件系统阶段,人们关注的是系统功能的设计,因此程序设计处于主导地位,数据服从于程序设计;而在数据库系统阶段,数据的结构设计成为信息系统首先关心的问题。数据库技术从 20 世纪 60 年代中期产生到今天,不过才几十年的发展历史,它的发展速度之快、使用范围之广,是其他技术所不能比拟的。数据库系统已经从 20 世纪 70 年代的网状、层次数据库系统,基本实现了数据管理的"集中控制与数据共享"这一目标。20 世纪 80 年代出现了以关系型数据库为代表的第二代数据库系统,如 Oracle、Sybase、Informix、Ingres 等关系数据库系统已广泛用于大型信息管理系统。如今数据库技术已经比较成熟,随着计算机软硬件的发展,数据库技术仍将不断向前发展。

9.2.4 高级数据库阶段

20 世纪 70 年代,层次、网状、关系型三大数据库系统奠定了数据库技术的概念、原理和方法的基础。一方面,20 世纪 80 年代以来,数据库技术在商业领域的巨大成功刺激了其他领域对数据库技术需求的迅速增长,这些新的领域为数据库应用开辟了新的天地。另一方面,在应用中提出的一些新的数据管理的需求也直接推动了数据库技术的研究和发展,尤其是面向对象数据库系统。另外,数据库技术不断与其他计算机分支结合,向高一级的数据库技术发展。例如,数据库技术与分布处理技术相结合,出现了分布式数据库系统;数据库技术与并行处理技术相结合,出现了并行数据库系统。

1. 分布式数据库技术

随着地理上分散的用户对数据共享的要求日益增强,以及计算机网络技术的发展,在传统的集中式数据库系统基础上产生和发展了分布式数据库系统。

分布式数据库系统不是简单地把集中式数据库安装在不同场地,用网络连接起来便实现了,而是具有自己的性质和特征。

分布式数据库系统主要具有以下特点。

(1) 数据的物理分布性和逻辑整体性。数据库中的数据物理上分布在各个场地,但逻辑上它们是一个相互联系的整体。

(2) 场地自治和协调。系统中的每个结点都具有独立性,可以执行局部应用请求(访问本地 DB);每个结点又是整个系统的一部分,可通过网络处理全局的应用请求,即可以执行全局应用(访问异地 DB)。

(3) 各地的计算机由数据通信网络相联系。本地计算机单独不能胜任的处理任务,可以通过通信网络取得其他DB和计算机的支持。

(4) 数据的分布透明性。在用户看来,整个数据库仍然是一个集中的数据库,用户不必关心数据的分片,不必关心数据物理位置分布的细节,不必关心数据副本的一致性,分布的实现完全由分布式数据库管理系统来完成。

(5) 适合分布处理,提高了系统处理效率和可靠性。数据复制技术是分布式数据库的重要技术。然而,分布式数据库中的这种数据冗余对用户是透明的,即用户不必知道冗余数据的存在,维护各副本的一致性也由系统来负责。

分布式数据库系统兼顾了集中管理和分布处理两个方面,因而具有良好的性能,具体结构如图9.6所示。

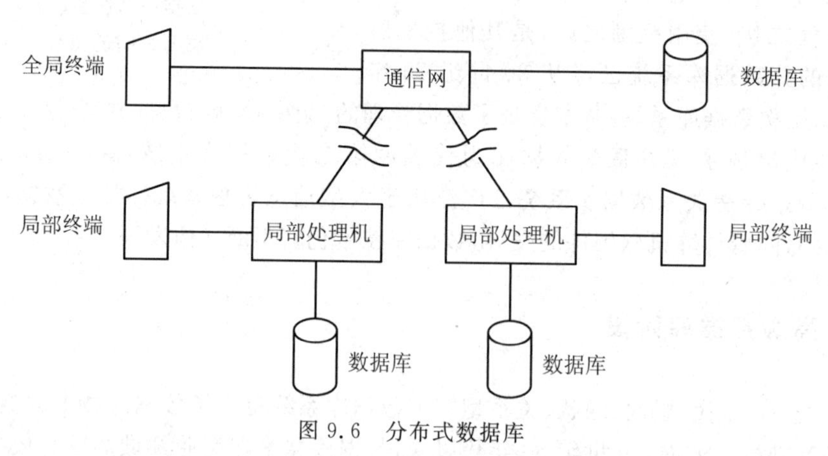

图9.6 分布式数据库

2. 面向对象数据库技术

在数据处理领域,关系数据库的使用已相当普遍,然而现实世界存在着许多具有更复杂数据结构的实际应用领域,而层次、网状和关系等三种模型对这些应用领域显得力不从心。例如多媒体数据、多维表格数据、CAD数据等应用问题,都需要更高级的数据库技术来表达,以便于管理、构造与维护大容量的持久数据,并使它们能与大型复杂程序紧密结合。而面向对象数据库正是适应这种形势发展起来的,它是面向对象的程序设计技术与数据库技术结合的产物。

面向对象数据库系统的主要特点如下。

(1) 对象数据模型能完整地描述现实世界的数据结构,能表达数据间嵌套、递归的联系。

(2) 具有面向对象技术的封装性(把数据与操作定义在一起)和继承性(继承数据结构和操作)的特点,提高了软件的可重用性。

3. 面向应用领域的数据库技术

数据库技术是计算机软件领域的一个重要分支,经过30多年的发展,已形成相当规模的理论体系和实用技术。为了适应数据库应用多元化的要求,在传统数据库基础上,结合各个应用领域的特点,人们开始研究适合该应用领域的数据库技术,如数据仓库、工程数据库、统计数据库、科学数据库、空间数据库、地理数据库等。

9.3 数据模型

数据模型(Data Model)是专门用来抽象、表示和处理现实世界中的数据和信息的工具。

计算机系统是不能直接处理现实世界的,现实世界只有在数据化后,才能由计算机系统来处理这些代表现实世界的数据。为了把现实世界的具体事物及事物之间的联系转换成计算机能够处理的数据,必须用某种数据模型来抽象和描述这些数据。数据模型是数据库系统的核心。通俗地讲,数据模型是现实世界的模拟。

数据模型应满足三方面要求:一是能比较真实地模拟现实世界;二是容易理解;三是容易在计算机上实现。在数据库系统中针对不同的使用对象和应用目的,采用不同的数据模型。

不同的数据模型实际上提供给我们模型化数据和信息的不同工具。根据模型应用的不同,可将模型分为两类,它们分别属于两个不同的层次,如图 9.7 所示。

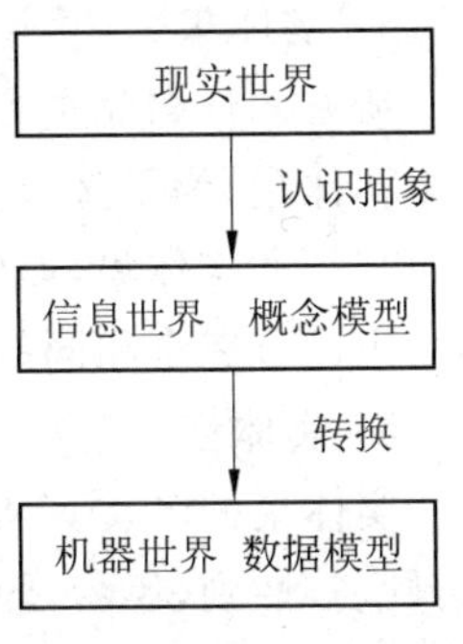

图 9.7 抽象的层次

第一类模型是概念模型,也称信息模型,它是一种独立于计算机系统的数据模型,完全不涉及信息在计算机中的表示,只是用来描述某个特定组织所关心的信息结构。概念模型是按用户的观点对数据和信息建模,强调其语义表达能力,概念应该简单、清晰、易于用户理解,它是对现实世界的第一层抽象,是用户和数据库设计人员之间进行交流的工具。这一类模型中最著名的是"实体-联系模型"。

第二类模型是数据模型,主要包括网状模型、层次模型、关系模型等,它是按计算机系统的观点对数据建模,是直接面向数据库的逻辑结构,是对现实世界的第二层抽象。这类模型直接与 DBMS 有关,称为"逻辑数据模型",一般又称为"结构数据模型"。这类模型有严格的形式化定义,以便于在计算机系统中实现。它通常有一组严格定义的无二义性语法和语义的数据库语言,人们可以用这种语言来定义、操纵数据库中的数据。

数据模型是数据库系统的核心和基础。各种机器上实现的 DBMS 软件都是基于某种数据模型的。

9.3.1 概念模型

概念层次的数据模型称为概念数据模型,简称为**概念模型**。由图 9.7 可以看出,概念模型实质上是现实世界到机器世界的一个中间层次。它按用户的观点或认识对现实世界的数据和信息进行建模,主要用于数据库设计。

1. 概念模型中的基本概念

概念模型涉及的概念主要有以下几个。

1) 实体

实体(Entity)是一个数据对象,指应用中可以区别的客观存在的事物。实体既可以是实际存在的对象,也可以是某种概念,如一个工人、一个学生、一个学校、一个操作流程等都是实体。

2) 属性

实体所具有的某一特性称为属性(Attribute)。一个实体可以由若干个属性来描述。如职工实体由职工号、姓名、性别、年龄、职称、部门等属性组成,则(1010,陈平,男,34,工程师,02)这组属性值就构成了一个具体的职工实体。属性有属性名和属性值之分,如“姓名”是属性名,“陈平”是姓名属性的一个属性值。

3) 域

属性的取值范围称为该属性的域(Domain),如“职工性别”的属性域为(男,女)。

4) 实体集

所有属性名完全相同的同类实体的集合,称为实体集(Entity Set)。如全体职工就是一个实体集,为了区分实体集,每个实体集都有一个名称,即实体名。职工实体指的是名为“职工”的实体集,而(1010,陈平,男,34,工程师,02)是该实体集中的一个实体,同一实体集中没有完全相同的两个实体。

5) 实体型

实体集的名及其所有属性名的集合,称为实体型(Entity Type)。例如,职工(职工号,姓名,性别,年龄,职称,部门)就是职工实体集的实体型。实体型抽象地刻画了所有同集实体,在不引起混淆的情况下,实体型往往简称为实体。

6) 码

能唯一标识实体的属性或属性集,称为码(Key),有时也称为实体标识符,或简称为键。如职工实体中的职工号属性。

2. 概念模型中实体的联系

在现实世界中,事物内部以及事物之间是有联系的,这些联系在信息世界中反映为实体(型)内部的联系和实体(型)之间的联系。实体内部的联系通常是指组成实体的各属性之间的联系,实体之间的联系通常是指不同实体集之间的联系。

两个实体集之间的联系可归纳为以下三类。

1) 一对一联系(1∶1)

如果对于实体集 E1 中的每个实体,实体集 E2 至多有一个(也可没有)实体与之联系,反之亦然,那么实体集 E1 和 E2 的联系称为一对一联系,记为 1∶1,如图 9.8 所示。

2) 一对多联系(1∶n)

如果实体集 E1 中每个实体可以与实体集 E2 中任意个(零个或多个)实体间有联系,而 E2 中每个实体至多和 E1 中一个实体有联系,那么称 E1 对 E2 的联系是一对多联系,

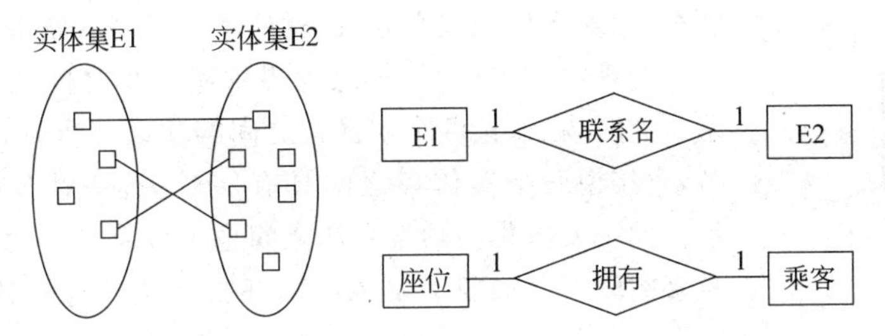

图 9.8 两个实体集之间的一对一联系(1∶1)

记为 1∶n,如图 9.9 所示。

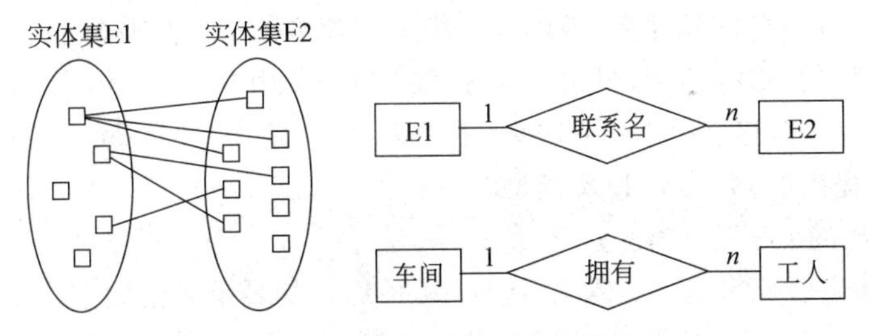

图 9.9 两个实体集之间的一对多联系(1∶n)

3) 多对多联系(m∶n)

如果实体集 E1 中每个实体可以与实体集 E2 中任意个(零个或多个)实体有联系,反之亦然,那么称 E1 和 E2 的联系是多对多联系,记为 m∶n,如图 9.10 所示。

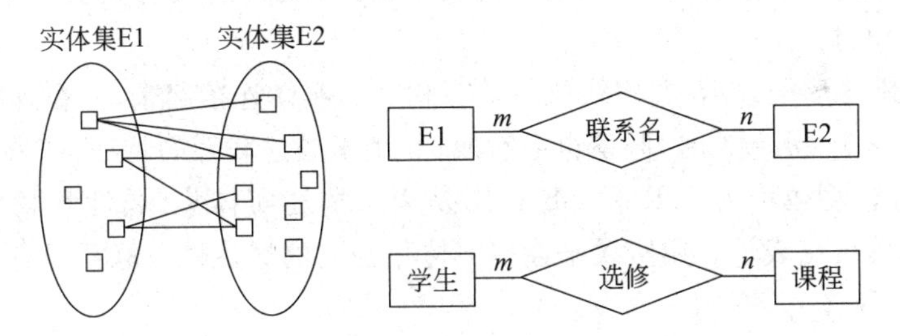

图 9.10 两个实体集之间的多对多联系(m∶n)

实际上,一对一联系是一对多联系的特例,而一对多联系又是多对多联系的特例。一般地,实体之间的一对一、一对多、多对多联系不仅存在于两个实体型之间,也存在于两个以上的实体型之间。如对于课程、教师与参考书三个实体型,若一门课程可以有多个教师讲授,使用多本参考书,而每一个教师只讲授一门课程,每一本参考书只供一门课程使用,则课程与教师、参考书之间的联系是一对多的,如图 9.11 所示。

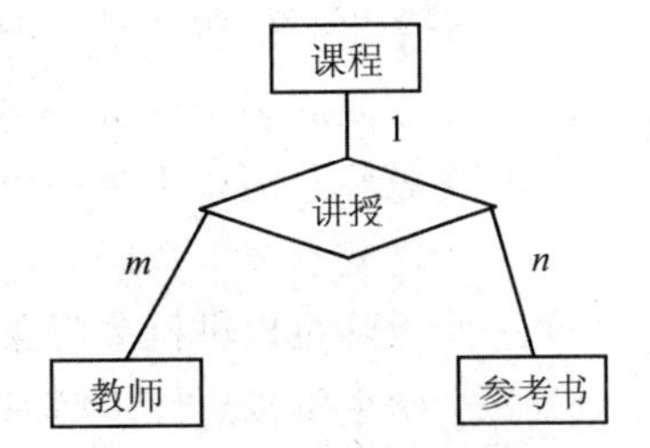

图 9.11 三个实体型之间的联系示例

两个实体集之间的联系究竟属于哪一类,不仅与实体集有关,还与联系的内容有关。如主教练集与队员集之间,若对于指导关系来说,具有一对多的

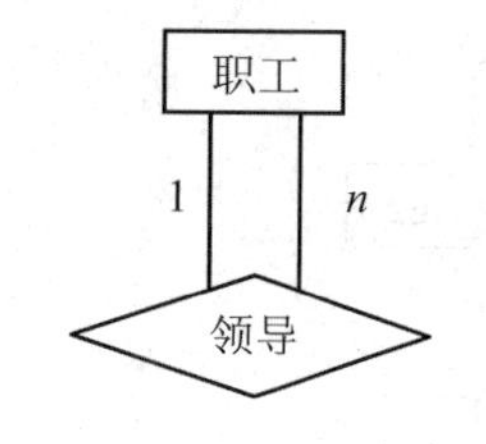

图 9.12 同一实体集内一对多联系示例

联系；而对于朋友关系来说，就应是多对多的联系。

与现实世界不同，信息世界中实体集之间往往只有一种联系。此时，在谈论两个实体集之间的联系性质时，就可略去联系名，直接说两个实体集之间具有一对一、一对多或多对多的联系。同一实体集内的各实体之间也可以存在一对一、一对多、多对多的联系。如职工实体集内部具有领导与被领导的联系，如图 9.12 所示。

3. 概念模型的表示方法

概念模型是对信息世界建模，因此概念模型应能方便、准确地描述信息世界中的常用概念。概念模型的表示方法很多，其中被广泛采用的是实体-联系模型（Entity-Relationship Model)，它是由 Peter Chen 于 1976 年在题为“实体-联系模型：将来的数据视图”的论文中提出的，简称为 E-R 模型。

1）E-R 模型的元素

E-R 模型的主要元素是：实体集，属性，联系集。其表示方法如下。

(1) 实体用方框表示，方框内注明实体的名称。实体名常用大写字母开头的有具体意义的英文名词表示。然而，为了便于用户与软件开发人员的交流，在需求分析阶段建议用中文表示，在设计阶段再根据需要转成英文形式。下文中的联系名和属性名也采用这种方式。

(2) 属性用椭圆形框表示，框内写上属性名，并用无向连线与其实体集相连，加下画线的属性为标识符。

(3) 联系用菱形框表示，并用线段将其与相关的实体连接起来，并在连线上标明联系的类型，即 1∶1、1∶n、m∶n。联系也会有属性，用于描述联系的特征，如酬金等。

因此，E-R 模型也称为 E-R 图。E-R 图是用来描述实体集、属性和联系的图形。图中每种元素都用结点表示。用实线来连接实体集与它的属性以及联系与它的实体集。

2）建立 E-R 图

建立 E-R 图的步骤如下。

(1) 确定实体和实体的属性；

(2) 确定实体和实体之间的联系及联系的类型；

(3) 给实体和联系加上属性。

【例 9.1】 一个简单的教学数据库，实体间存在的联系如下。

(1) 一个学生只能属于某一个学院的某一个班级；

(2) 一个学院有多个班级，一个班级只能属于某一个学院；

(3) 一个教师只能属于某一个学院的某一个教研室；

(4) 一个学院有多个教研室，一个教研室只能属于某一个学院；

(5) 一个教师可以讲授多门课程，一个课程可以有多个教师来讲授；

(6) 一个学生可以选修多门课程，一门课程可以被多个学生选修；

(7) 一个人(学生和教师)只能有一个身份证号。

教学E-R图的表示如图9.13所示。

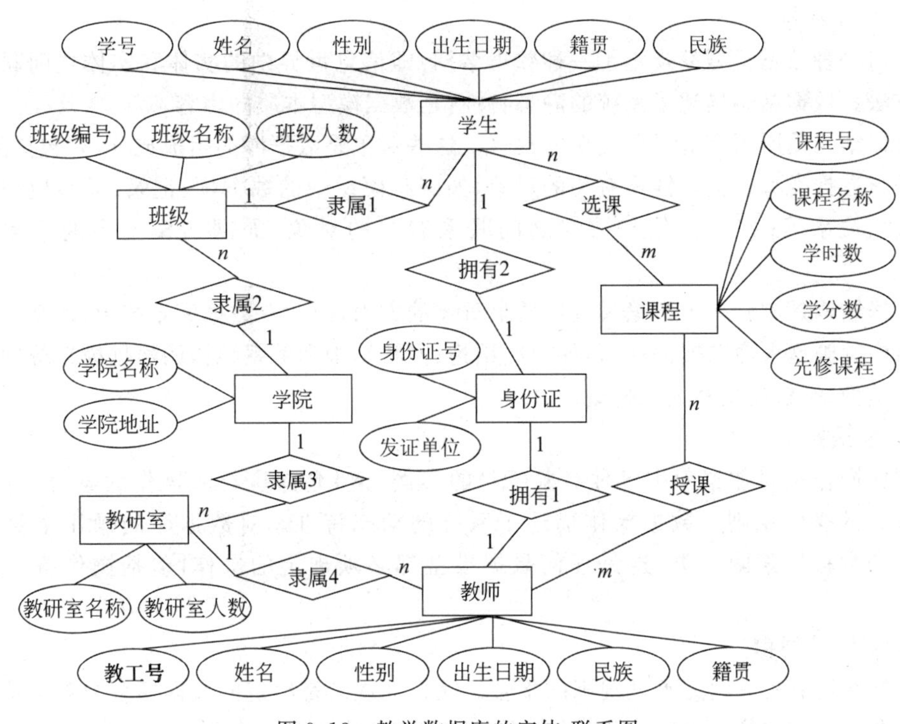

图9.13 教学数据库的实体-联系图

如何划分实体及其属性有两个原则可参考：一是属性不再具有需要描述的性质，属性在含义上是不可分的数据项；二是属性不能再与其他实体集具有联系，即E-R模型指定联系只能是实体集间的联系。

实体集可用多种方式连接起来，然而把每种可能的联系都加到设计中却不是一个好办法。首先，它会导致冗余，即一个联系连接起来的两个实体或实体集可以从一个或多个其他联系中导出。其次，使得数据库可能需要更多的空间来存储冗余元素，而且修改数据库会更复杂，因为数据的一处变动会引起存储联系的多处变动。

如何划分实体和联系也有一个原则可参考：当描述发生在实体集之间的行为时，最好用联系集。如读者和图书之间的借、还书行为，顾客和商品之间的购买行为，均应作为联系集。

划分联系的属性的原则：一是发生联系的实体的标识属性应作为联系的默认属性；二是和联系中的所有实体都有关的属性，如学生和课程的选课联系中的成绩属性。

9.3.2 数据模型

1. 数据模型的组成要素

数据模型是数据库系统的核心和基础，任何DBMS都支持一种数据模型。数据模型是严格定义的一组概念的集合，它描述了系统的静态特性、动态特性和完整性约束条件。

因此,数据模型通常由数据结构、数据操作和完整性约束三部分组成。

1) 数据结构

任何一种数据模型都规定了一种数据结构,即信息世界中的实体和实体之间联系的表示方法。数据结构描述了系统的静态特性,是数据模型本质的内容。

数据结构是所研究的对象类型的集合。这些对象是数据库的组成成分,它包括两类:一类是与数据类型、内容、性质有关的对象,如网状模型中的数据项、记录,关系模型中的域、属性、关系等;另一类是与数据之间联系有关的对象,如网状模型中的系型(Set Type)。

数据结构是刻画一个数据模型性质最重要的方面,因此在数据库系统中,通常按照其数据结构的类型来命名数据模型,如层次结构、网状结构和关系结构的数据模型分别命名为层次模型、网状模型和关系模型。

2) 数据操作

数据操作是对数据库中各种对象(型)的实例(值)允许执行的操作的集合,包括操作及有关的操作规则。数据操作描述了系统的动态特性。对数据库的操作主要有数据维护和数据检索两大类,这是任何数据模型都必须规定的操作,包括操作符、含义、规则等。

3) 完整性约束

完整性约束是一组完整性规则的集合。完整性规则是给定的数据模型中数据及其联系所具有的制约和依存规则,用以限定符合数据模型的数据库状态以及状态的变化,以保证数据的正确、相容和有效。

2. 最常用的数据模型

目前,数据库领域中最常用的数据模型有以下 4 种。

(1) 层次模型(Hierarchical Model);

(2) 网状模型(Network Model);

(3) 关系模型(Relational Model);

(4) 面向对象模型(Object Oriented Model)。

其中,前两类模型称为非关系模型。非关系模型的数据库系统在 20 世纪 70 年代至 20 世纪 80 年代初非常流行,在数据库系统产品中占据了主导地位,在数据库系统的初期起了重要的作用。在关系模型得到发展后,非关系模型迅速衰退。在我国,早已不见非关系模型;但在美国等一些国家里,由于早期开发的应用系统是基于层次数据库或网状数据库系统的,因此目前仍有层次数据库和网状数据库系统在继续使用。关系模型是目前使用最广泛的数据模型,占据数据库的主导地位。面向对象数据库是近些年才出现的数据模型,是目前数据库技术的研究方向。

数据模型是对客观事物及其联系的数据化描述。在数据库系统中,对现实世界中数据的抽象、描述以及处理等都是通过数据模型来实现的。数据模型是数据库系统设计中用于提供信息表示和操作手段的形式构架,是数据库系统实现的基础。目前,在实际数据库系统中支持的数据模型主要有三种:层次模型,网状模型和关系模型。面向对象数据模型将是下一代数据库模型的热点之一。

9.3.3 层次模型

层次模型是数据库系统中最早出现的数据模型，典型的层次模型系统是美国IBM公司于1968年推出的IMS(Information Management System，信息管理系统)，这个系统在20世纪70年代在商业上得到广泛应用。

层次模型用树状结构来表示各类实体以及实体间的联系。在现实世界中，有许多事物是按层次组织起来的，如一个系有若干个专业和教研室，一个专业有若干个班级，一个班级有若干个学生，一个教研室有若干个教师。其数据库模型如图9.14所示。层次模型用一棵“有向树”的数据结构来表示各类实体以及实体间的联系。在树中，每个结点表示一个记录类型，结点间的连线(或边)表示记录类型间的关系，每个记录类型可包含若干个字段，记录类型描述的是实体，字段描述实体的属性，各个记录类型及其字段都必须命名。

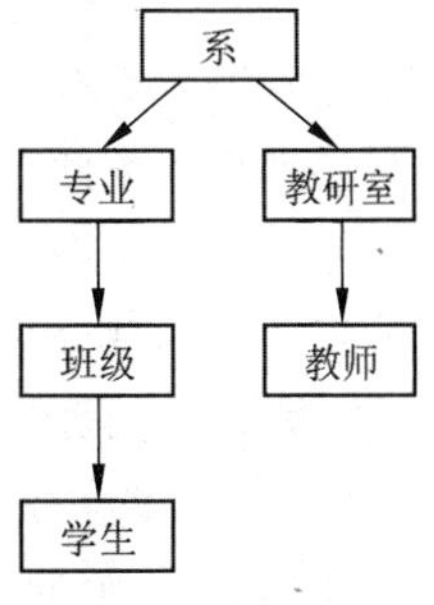

图9.14 层次模型

1. 层次模型的数据结构

树的结点是记录类型，有且仅有一个结点无父结点，这样的结点称为根结点，每个非根结点有且只有一个父结点。在层次模型中，一个结点可以有几个子结点，也可以没有子结点。在前一种情况下，这几个子结点称为兄弟结点，在后一种情况下，该结点称为叶结点。图9.15是图9.14数据模型的一个实例。它是计算机系记录值及其所有的后代记录值组成的一棵树。

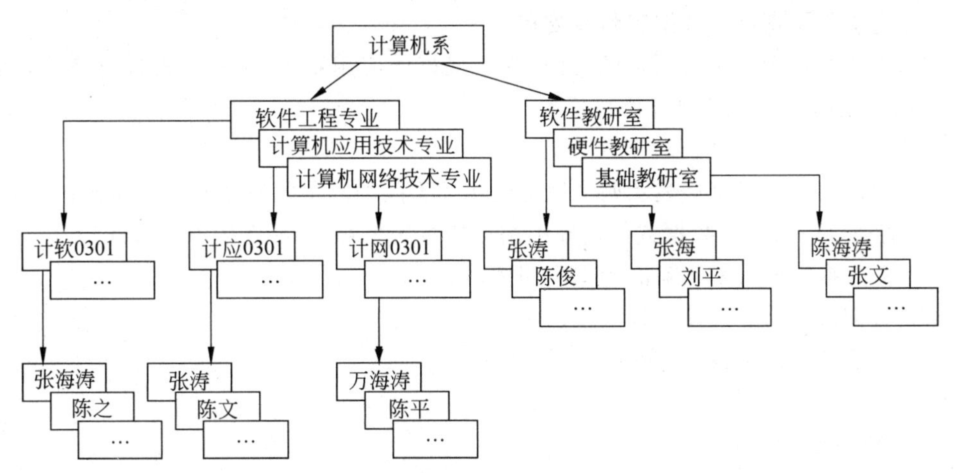

图9.15 学校层次数据库模型

层次模型的基本数据结构是层次结构，也称树状结构，它的数据结构特点如下。

(1) 有且仅有一个结点没有双亲，该结点称为根结点。

(2) 除根结点以外的其他结点有且仅有一个双亲结点，这就使得层次数据库系统只能直接处理一对多的实体关系。

(3) 任何一个给定的记录值只有按其路径查看时，才能显出它的全部意义，没有一个子女记录值能够脱离双亲记录值而独立存在。

2. 层次模型的数据操作与数据完整性约束

层次模型的数据操作的最大特点是必须从根结点入手，按层次顺序访问。层次模型的数据操作主要有查询、插入、删除和修改，进行插入、删除和修改操作时要满足层次模型的完整性约束条件。

在进行插入操作时，如果没有相应的双亲结点值就不能插入子女结点值。如在如图 9.15 所示的层次数据库中，若新调入一名教师，但尚未分配到某个教研室，这时就不能将新教员插入到数据库中。

在进行删除操作时，如果删除双亲结点值，则相应的子女结点值也将被同时删除。如在如图 9.15 所示的层次数据库中，若删除软件教研室，则该教研室所有教师的数据将全部丢失。

在进行修改操作时，应修改所有相应的记录，以保证数据的一致性。

3. 层次模型的优缺点

层次模型的优点主要有以下几个。

(1) 层次数据模型本身比较简单，只需很少的几条命令就能操纵数据库，比较容易使用。

(2) 结构清晰，结点间联系简单，只要知道每个结点的双亲结点，就可以知道整个模型结构。现实世界中许多实体间的联系本来就呈现出一种很自然的层次关系。

(3) 它提供了良好的数据完整性支持。

(4) 对于实体间联系是固定的，且预先定义好的应用系统，采用层次模型实现，其性能优于关系模型，不低于网状模型。

层次模型的缺点主要有以下几个。

(1) 层次模型不能直接表示两个以上的实体型间的复杂的联系和实体型间的多对多联系，只能通过引入冗余数据或创建虚拟结点的方法来解决，易产生不一致性。

(2) 对数据的插入和删除的操作限制太多。

(3) 查询子女结点必须通过双亲结点。

(4) 由于结构严密，层次命令趋于程序化。

9.3.4 网状模型

现实世界中事物之间的联系更多地是非层次关系的，用层次模型表示这种关系很不直观，网状模型克服了这一弊病，可以清晰地表示这种非层次关系。

网状模型取消了层次模型的限制，在层次模型中，若一个结点可以有一个以上的父结点，就得到**网状模型**。用有向图结构表示实体类型及实体间联系的数据模型称为网状模型(Network Model)。1969年，由CODASYL组织提出的DBTG报告中的数据模型是网状模型的主要代表。

1. 网状模型的数据结构

网状模型的特点如下。

(1) 有一个以上的结点没有双亲；

(2) 至少有一个结点可以有多于一个双亲。

允许两个或两个以上的结点没有双亲结点，允许某个结点有多个双亲结点，则此时有向树变成了有向图，该有向图描述了网状模型。

与层次模型不同，网状模型中的任意结点间都可以有联系，而且可以表示多对多的联系，网状模型是一种比层次模型更具普遍性的结构，它去掉了层次模型的两个限制，允许多个结点没有双亲结点，允许结点有多个双亲结点。此外，它还允许两个结点之间有多种联系(称为复合联系)。因此，网状模型可以更直接地去描述现实世界。而层次模型实际上是网状模型的一个特例。

网状模型中每个结点表示一个记录型(实体)，每个记录型可包含若干个字段(实体的属性)，结点间的连线表示记录类型(实体)间的父子关系，箭头表示从箭尾的记录类型到箭头的记录类型间的联系是1∶n联系，例如，学生和教师间的关系，一个学生可以有多个教师任教，一个教师可以教多个学生。学校网状模型如图9.16所示

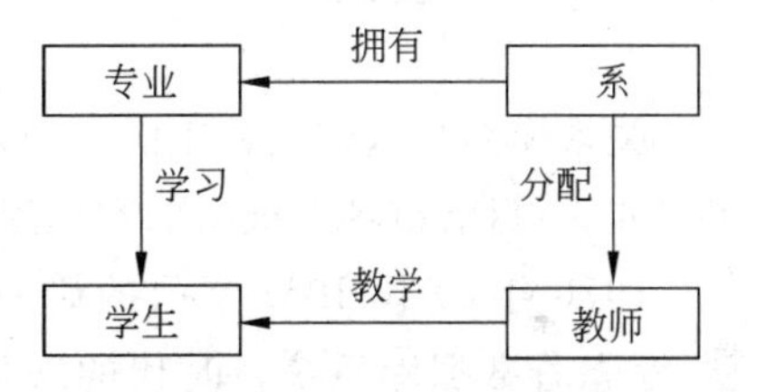

图9.16 学校网状模型

2. 网状模型的数据操纵与完整性约束

网状模型一般没有层次模型那样严格的完整性约束条件，但具体的网状数据库系统(如DBTG)对数据操纵都加了一些限制，提供了一定的完整性约束。

网状模型的数据操纵主要包括查询、插入、删除和修改数据。

插入数据时，允许插入尚未确定双亲结点值的子女结点值，如可增加一名尚未分配到某个教研室的新教师，也可增加一些刚来报到还未分配宿舍的学生。

删除数据时，允许只删除双亲结点值，如可删除一个教研室，而该教研室中所有教师的信息仍保留在数据库中。

修改数据时，可直接表示非树状结构，而无须像层次模型那样增加冗余结点，因此，修改操作时只需更新指定记录即可。

它没有像层次数据库那样有严格的完整性约束条件，只提供一定的完整性约束，主要有以下几种。

(1) 支持记录码的概念，码是唯一标识记录的数据项的集合。如学生记录中学号是码，因此数据库中不允许学生记录中学号出现重复值。

(2) 保证一个联系中双亲记录和子女记录之间是一对多的联系。

(3) 可以支持双亲记录和子女记录之间的某些约束条件。如有些子女记录要求双亲记录存在才能插入,双亲记录删除时也连同删除。

3. 网状模型的优缺点

网状模型的优点如下。

(1) 能更为直接地描述客观世界,表示实体间的多种复杂联系,一个结点可以有多个双亲。

(2) 具有良好的性能,存储效率较高。

网状模型的缺点如下。

(1) 结构复杂,而且随着应用环境的扩大,数据库的结构变得越来越复杂,不利于最终用户掌握。

(2) 其 DDL、DML 极其复杂,用户不容易使用。

(3) 数据独立性差,由于实体间的联系本质上是通过存取路径表示的,因此应用程序在访问数据时要指定存取路径。

9.3.5 关系模型

关系模型是目前最常用的一种数据模型。关系数据库系统采用关系模型作为数据的组织方式,目前市场上推出的数据库系统几乎都支持关系模型。

1970 年,美国 IBM 公司的研究员 E. F. Codd 首次提出了数据系统的关系数据模型,标志着数据库系统新时代的来临,开创了数据库关系方法和关系数据理论的研究,为数据库技术奠定了理论基础。由于 E. F. Codd 的杰出工作,他于 1981 年荣获 ACM 图灵奖。

1980 年后,各种关系数据库管理系统的产品迅速出现,如 Oracle、Ingress、Sybase、Informix 等,关系数据库系统统治了数据库市场,数据库的应用领域迅速扩大。

与层次模型和网状模型相比,关系模型的概念简单、清晰,并且具有严格的数据基础,形成了关系数据理论,操作也直观、容易,因此易学易用。无论是数据库的设计和建立,还是数据库的使用和维护,都比非关系模型时代简便得多,因而迅速得到了广泛的应用,并在数据库系统中占据了统治地位。

与其他的数据模型相同,关系模型也是由数据结构、数据操作和完整性约束三部分组成。

1. 数据结构

在关系模型中,数据的逻辑结构是关系。关系可形象地用二维表表示,它由行和列组成。现以学生表、课程表和成绩表为例,介绍关系模型中的一些术语,如图 9.17 所示。

Student 表

学号	姓名	性别	出生日期	所学专业
201712001	周博杰	男	1999-4-19	计算机
201712002	寇志敏	女	1998-12-24	计算机
201823001	李婷婷	女	2000-4-5	信息系统
201823002	梁启永	男	2000-6-28	信息系统
201825013	周星伊	男	1999-2-27	市场营销
201825015	魏子睿	女	2000-3-20	市场营销
…	…	…	…	…

Course 表

课程号	课程名称	学时	学分
CS002	数据库系统概论	80	5
CS005	操作系统	64	4
MG141	基础会计	48	3
…	…	…	…

Score 表

学号	课程号	学期	成绩
201712001	CS002	181	92
201712001	CS005	182	88
201712002	CS002	181	86
201712002	CS005	182	93
201712002	MG141	191	78
201823001	CS002	191	85
201823001	CS005	192	95
201823002	CS002	191	72
201823002	CS005	192	88
201825013	MG141	182	84
201825015	MG141	182	92
…	…	…	…

图 9.17　关系模型的数据结构

(1) 关系(Relation)：一个关系可用一个表来表示，常称为表，如图 9.17 中的 Student 表、Course 表和 Score 表。每个关系(表)都有与其他关系(表)不同的名称。

(2) 元组(Tuple)：表中的一行数据总称为一个元组。一个元组即为一个实体的所有属性值的总称。一个关系中不能有两个完全相同的元组。

(3) 属性(Attribute)：表中的每一列即为一个属性。每个属性都有一个属性名，在每一列的首行显示。一个关系中不能有两个同名属性。

(4) 域(Domain)：一个属性的取值范围就是该属性的域。如 Score 表的成绩属性域为整数(0～100)，Student 表的性别域为(男，女)等。

(5) 分量(Component)：一个元组在一个属性上的值称为该元组在此属性上的分量。

(6) 码(Key)：表中的某个属性或属性组，可以唯一确定一个元组，如图 9.17 中的学号，可以唯一确定一个学生，也就成为 Student 关系的码。

(7) 外码(Foreign Key)：表中的某个属性或属性组，用来描述本关系中的元组(实体)与另一个关系中的元组(实体)之间的联系，因此，外码的取值范围对应于另一个关系的码的取值范围的子集。如图 9.17 所示的关系 Score 中的学号，它描述了关系 Score 与关系 Student 的联系(即哪个学生选修了课程)，因此学号是关系 Score 的外码；同理，课程号也是关系 Score 的外码，它描述了关系 Score 与关系 Course 的联系(即哪门课程被学生选修了)。

(8) 关系模式(Relation Schema)：一个关系的关系名及其全部属性名的集合简称为该关系的关系模式。一般表示为：

关系名(属性 1,属性 2,…,属性 n)

例如，图 9.17 中的三个关系 Student、Course 和 Score 可分别描述为：

Student(<u>学号</u>,姓名,性别,出生日期,所学专业)
Course(<u>课程号</u>,课程名称,学时,学分)
Score(<u>学号</u>,<u>课程号</u>,<u>学期</u>,成绩)

常用下画线标注属性为主码属性，使用波浪线标注属性为外码属性。

关系模式是型，描述了一个关系的结构；关系则是值，是元组的集合，是某一时刻关系模式的状态或内容。因此，关系模式是稳定的、静态的，而关系则是随时间变化的、动态的。但在不引起混淆的场合中，两者都称为关系。

关系是关系模型中最基本的数据结构。关系既用来表示实体，如图 9.17 中的 Student 表，也用来表示实体间的关系，如学生与课程之间的联系可以描述为 Score 表。

关系模型要求关系必须是规范化的，即要求关系必须满足一定的规范条件，这些规范条件如下。

(1) 关系中的每一列都必须是不可分的基本数据项，即不允许表中还有表。

(2) 在一个关系中，属性间的顺序、元组间的顺序是无关紧要的。

2. 数据操作

关系数据模型的操作主要包括查询、插入、删除和修改数据。它的特点在于：

(1) 操作对象和操作结果都是关系，即关系模型中的操作是集合操作。它是若干元组的集合，而不像非关系模型中那样是单记录的操作方式。

(2) 关系模型中，存取路径对用户是隐藏的。用户只要指出“干什么”或“找什么”，不必详细说明“怎么干”或“怎么找”，从而方便了用户，提高了数据的独立性。

3. 完整性约束

完整性约束是一组完整的数据约束规则，它规定了数据模型中的数据必须符合的条件，对数据做任何操作时都必须保证符合约束条件。关系的完整性约束条件包括三大类：实体完整性、参照完整性和用户定义的完整性。其具体含义将在后面介绍。

4. 关系模型的存储结构

关系模型的数据独立性最高，用户基本上不能干预物理存储。在关系模型中，实体及实体间的联系都用表来表示。在数据库的物理组织中，表以文件的形式存储，有的系统一个表对应于一个操作系统文件，有的系统一个数据库中所有的表对应于一个或多个操作系统文件，有的系统自己设计文件结构。

9.3.6 面向对象模型

随着计算机技术的发展，计算机的应用领域不断扩大，由科学计算到企业资源管理，到工程设计领域，如计算机辅助设计(CAD)、计算机辅助制造(CAM)、多媒体应用、人工智能等领域，这些新的领域，对数据库技术提出了许多非传统的应用要求。

(1) 存储和管理大量复杂的数据和实体，如多媒体数据、图形图像数据、超文本数据、空间数据和时态数据等。这些复杂的数据类型是关系数据库中不能完全支持的。

(2) 保留设计的历史和设计的版本数据。在工程设计过程中，一个设计部件会有多种设计阶段，每个设计阶段又会有多个不同的设计方案，每个设计方案又可产生不同的设计修订版。为了支持工程设计过程的反复性和试探性设计，需要保留每个设计对象的多个版本。

(3) 存储大量标准部件和工程数据。存储大量国标或部标的标准数据及工程设计要求、规范等数据。

(4) 随着工程设计的进展，设计对象的模型结构也会有变化，数据模型要能动态地修改等。

SQL 是一种非过程化的面向集合的语言，高级程序设计语言是过程化的、面向单个数据的语言，导致应用程序语言与数据库管理系统对数据类型支持的不一致问题，称为阻抗失配。面向对象数据库解决了阻抗失配问题，强调高级程序设计语言与数据库的无缝连接。面向对象数据库支持面向对象数据模型。面向对象数据模型是用面向对象观点来描述现实世界实体的逻辑组织、对象间限制、联系等的模型。一个面向对象数据库系统是一个持久的、可共享的对象库的存储和管理者；而一个对象库是由一个面向对象模型所定义的对象的集合体。

面向对象的数据模型是新一代数据库系统的基础，是数据库技术发展的方向。面向对象数据模型中的基本数据结构是对象，一个对象由一组属性和一组方法组成。该模型主要具有以下优点。

(1) 能有效地表达客观世界和有效地查询信息。

面向对象方法综合了在关系数据库中发展的全部工程原理、系统分析、软件工程和专家系统领域的内容。面向对象的方法符合一般人的思维规律,即将现实世界分解成明确的对象,这些对象具有属性和行为。

(2) 可维护性好。

在耦合性和内聚性方面,面向对象数据库的性能尤为突出。这使得数据库设计者可在尽可能少影响现存代码和数据的条件下修改数据库结构。这种先进的耦合性和内聚性也简化了在异构硬件平台网络上的分布式数据库的运行。

(3) 能很好地解决阻抗失配问题。

随着新的应用领域的要求,在20世纪80年代后期出现了支持面向对象数据模型的面向对象数据库管理系统OODBMS,已经商品化的OODBMS有ObjectStore、ONTOS、Versant、GemStore等。面向对象数据库技术正在沿着以下三种途径发展。

(1) 面向对象数据库管理系统(OODBMS)。

OODBMS以一种面向对象语言为基础,增加数据库的功能,主要支持持久对象和实现数据共享。利用类来描述复杂对象,利用封装方法来模拟对象行为,利用继承性来实现对象的结构和方法的重用。但是这种纯粹的面向对象数据库管理系统不能支持SQL,不能和现有的数据库结合起来,在扩展性和通用性方面受到限制。

(2) 对象关系数据库管理系统(ORDBMS)。

ORDBMS既支持SQL语句,也支持面向对象技术,实现了传统数据库技术和面向对象技术的完美结合。全球的数据库生产商争相研发这种数据库产品,数据库生产商竞争的一个焦点是如何在现有的数据库中加入面向对象技术。

(3) 对象关系映射数据库系统(ORMDBMS)。

ORMDBMS在对象层和关系层之间建立一个映射层,使得数据源中的关系数据能够进入对象领域,并且作为对象供上层应用使用。

目前,面向对象数据库系统仍有以下问题需要解决。

(1) 技术还不成熟。

面向对象数据库技术的根本缺点是这项技术还不成熟,鲜为人知。与许多新技术一样,风险就在于应用。OODBMS如今还存在着标准化问题,由于缺乏标准化,许多不同的OODBMS之间不能通用。此外,是否修改SQL以适应面向对象的程序,还是用新的对象查询语言来代替它,目前还没有解决。这些因素表明随着标准化的出现,OODBMS还会发生变化。

(2) 面向对象技术需要一定的训练时间。

人们还需要学习一套新的开发方法使之与现有技术相结合。此外,面向对象系统开发的有关原理才初具雏形,还需一段时间在可靠性、成本等方面令人可接受。

(3) 理论还需完善。

需要设计出坚实的演算或理论方法来支持OODBMS的产品。此外,既不存在一套数据库设计方法学,也没有关于面向对象分析的一套清晰的概念模型,怎样设计独立于物理存储的信息还不明确。

9.4 数据库系统的结构

数据库管理系统是一些互相关联的数据以及一组支持用户可以访问和更新这些数据的程序的集合。数据库管理系统的一个主要目的就是隐藏关于数据存储和维护的某些细节，为用户提供数据在不同层次上的视图，即数据抽象，以方便不同的使用者可以从不同的角度去考查数据库系统的结构和利用数据库中的数据。

从数据库管理系统的角度看，数据库系统通常采用三级模式结构，这是数据库系统内部的体系结构。从数据库最终用户的角度看，数据库系统的结构分为主从式结构、分布式结构、客户机/服务器结构和浏览器/服务器结构，这是数据库系统外部的体系结构。

9.4.1 数据库系统的三级模式结构

数据库中的数据是被广大用户使用的，任何用户都不希望自己面对数据的逻辑结构发生变化(数据可以变化，如学生的年龄从 20 变到 21)，否则，应用程序就必须重写。即使数据的存储介质发生变化，单个用户所面对数据的逻辑结构也不能发生变化。

数据库中，整体数据的逻辑结构、存储结构的需求发生变化是有可能的、正常的，有时也是必需的。而单个用户不希望自己面对的局部数据的逻辑结构发生变化也是合理的。因此，各实际的数据库管理系统虽然使用的环境不同，内部数据的存储结构不同，使用的语言也不同，但对于数据，一般都采用三级模式结构。

1. 数据模式

在数据模型中有“型”(Type)和“值”(Value)的概念。型是对某一类数据的结构和属性的说明，值是型的一个具体赋值。例如，学生记录定义为(学号，姓名，性别，系别，年龄)，称为记录型，而(201823060，张立，男，计算机，20)则是该记录型的一个记录值。

模式(Schema)是数据库中全体数据的逻辑结构和特征的描述。它仅仅涉及型的描述，不涉及具体的值。某数据模式下的一组具体的数据值称为数据模式的一个实例(Instance)。因此，模式是稳定的，而实例是不断变化的、不断更新的。模式反映的是数据的结构及其联系，而实例反映的是数据库在某一时刻的状态。

2. 数据库系统的三级模式结构

通常 DBMS 把数据库从逻辑上分为三级，即外模式、模式和内模式，它们分别反映了看待数据库的三个角度。三级模式结构如图 9.18 所示。

为了支持三级模式，DBMS 必须提供在这三级模式之间的两级映像：外模式/模式映像与模式/内模式映像。

1) 模式

模式(Schema)也称为**逻辑模式**(Logical Schema)，对应于逻辑层数据抽象，是数据库

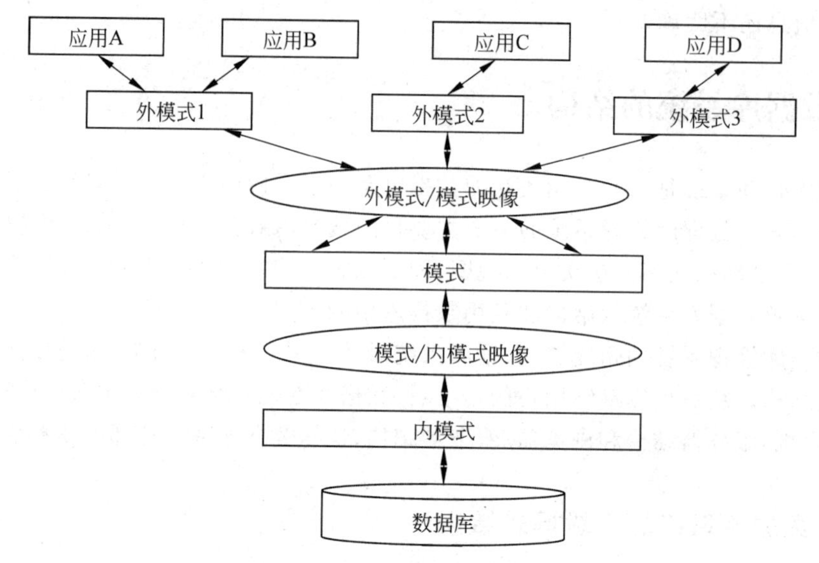

图 9.18　数据库系统的三级模式结构

中全体数据的逻辑结构和特征的描述。模式处于三级结构的中间层，它是整个数据库实际存储的抽象表示，也是对现实世界的一个抽象，是现实世界某应用环境（企业或单位）的所有信息内容集合的表示，也是所有用户的公共数据视图。

一个数据库只有一个模式。数据库模式以某一种数据模型为基础，综合考虑了所有用户的需求，并将这些需求有机地结合成一个逻辑整体。定义模式时不仅要定义数据的逻辑结构（如数据记录由哪些项组成，数据项的名字、类型、取值范围等），而且要定义与数据有关的安全性、完整性要求，定义数据之间的联系。

DBMS 提供模式描述语言（模式 DDL）来严格地定义模式。

2）外模式

外模式（External Schema）又称**子模式**（Subschema）或**用户模式**，是三级结构的最外层，也是最靠近用户的一层，反映数据库用户看待数据库的方式，是模式的某一部分的抽象表示。它是数据库用户（程序员和最终用户）看见和使用的局部数据的逻辑结构和特征的描述，是数据库用户的数据视图，是与某一应用有关的数据的逻辑表示。

它由多种外记录值构成，这些记录值是概念视图的某一部分的抽象表示，即个别用户看到和使用的数据库内容，也称“用户数据库”。

外模式通常是模式的子集。一个数据库可以有多个外模式。由于它是各个用户的数据视图，如果不同的用户在应用需求、看待数据的方式、对数据保密的要求等方面存在差异，则其外模式描述就是不同的。每个用户只能调用他的外模式所涉及的数据，其余的数据他是无法访问的。

DBMS 提供子模式描述语言（子模式 DDL）来定义子模式。

3）内模式

内模式（Internal Schema）又称为**存储模式**（Storage Schema）或内视图，是三级结构中的最内层，也是靠近物理存储的一层，即与实际存储数据方式有关的一层，由多个存储记录组成，但并非物理层，不必关心具体的存储位置。一个数据库只有一个内模式。它是数据物理结构和存储方式的描述，是数据在数据库内部的表示方式。如记录的存储方式是顺序存储还是 Hash 方法存储；数据是否压缩存储，是否加密等。

DBMS 提供内模式描述语言（内模式 DDL）来描述和定义内模式。

在数据库系统中，外模式可以有多个，而概念模式、内模式只能各有一个。

内模式是整个数据库实际存储的表示，而概念模式是整个数据库实际存储的抽象表示，外模式是概念模式的某一部分的抽象表示。

根据数据抽象的三个不同级别，可方便不同用户使用数据库的需要。数据库的三级模式结构的优点如下。

(1) 保证数据的独立性。将外模式和模式分开，保证了数据的逻辑独立性；将模式和内模式分开，保证了数据的物理独立性。

(2) 有利于数据共享。在不同的外模式下可有多个用户共享系统中的数据，减少了数据冗余。

(3) 简化了用户接口。按照外模式编写应用程序或输入命令，而无须了解数据库内部的存储结构，方便用户使用系统。

(4) 利于数据的安全保密。在外模式下根据要求进行操作，不能对限定的数据操作，保证了其他数据的安全。

9.4.2 数据库系统的二级映像

数据库系统的三级模式是对数据的三个抽象级别，它使用户能逻辑地、抽象地处理数据，而不必关心数据在计算机内部的存储方式，把数据的具体组织交给 DBMS 管理。为了能够在内部实现这三个抽象层次的联系和转换，DBMS 在三级模式之间提供了二级映像（外模式/模式映像和模式/内模式映像）功能。这两层映像，使数据库系统中的数据具有较高的逻辑独立性和物理独立性。

1. 外模式/模式映像

外模式描述的是数据的局部逻辑结构，而模式描述的是数据的全局逻辑结构。数据库中的同一模式可以有任意多个外模式，对于每一个外模式，都存在一个外模式/模式映像。它确定了数据的局部逻辑结构与全局逻辑结构之间的对应关系。这些映像定义通常包含在各自外模式的描述中。

当模式改变时（例如改变了关系的结构，改变了关系或属性的名称，改变了属性的数据类型等），由数据库管理员对各个外模式/模式的映像做相应的改变，可以使外模式保持不变。应用程序是依据数据的外模式编写的，从而应用程序不必修改，保证了数据与应用程序的逻辑独立性，简称为数据的逻辑独立性。

2. 模式/内模式映像

数据库中的模式和内模式都只有一个，所以模式/内模式映像是唯一的。它确定了数据的全局逻辑结构与存储结构之间的对应关系。例如,说明逻辑记录和字段在内部是如何表示的。该映像定义通常包含在模式描述中。当数据库的存储结构改变了,由数据库管理员对模式/内模式映像做相应的改变,可以使模式保持不变,从而应用程序也不必修改,保证了数据域应用程序的物理独立性,简称为数据库的物理独立性。

总之,一方面,由于数据与应用程序之间的独立性,使得数据的定义和描述可以从应用程序中分离出来;另一方面,由于数据的存取由 DBMS 管理,用户不必考虑存取路径等细节,从而大大简化了应用程序的编制,也大大提高了应用程序维护和修改的效率。

9.4.3 数据库体系结构

三级模式结构是数据库系统最本质的系统结构,它是从数据结构的角度看待问题的。用户是以数据库系统的服务方式看待数据库系统,这是数据库的软件体系结构。以数据库最终用户的观点,数据库系统的结构分为单机结构、主从式结构、分布式结构、客户机/服务器结构和浏览器/服务器结构。

1. 单机结构

单机数据库就是只能运行在单台 PC 上,因而适合未联网用户、个人用户等,如图 9.19 所示。目前比较流行的单机结构 DBMS 有 Microsoft Access、Visual FoxPro 等。

2. 主从式结构

主从式结构是指一台主机带上多个用户终端的数据库系统,如图 9.20 所示。终端一般只是主机的扩展,它们并不是独立的计算机。终端本身并不能完成任何操作,它们依赖主机完成所有的操作。

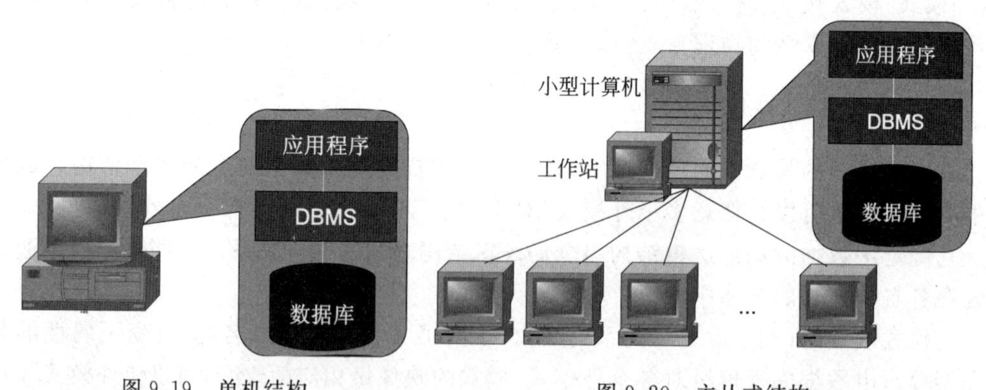

图 9.19　单机结构　　图 9.20　主从式结构

在主从式结构中,DBMS、DB、应用程序都是集中存放在主机上的,有一个 CPU、一个操作系统支持。用户通过终端并发地访问主机上的数据,共享其中的数据,但所有处理数据的工作都由主机完成。用户若在一个终端上提出要求,主机将根据用户的要求访问数据库,并对数据进行处理,再把结果回送该终端输出。

主从式结构的优点是简单、可靠、安全。它的缺点是主机的任务繁重，终端数有限，且当主机出现故障时，整个系统就不能使用了。主从式是数据库系统初期最流行的结构，随着计算机网络的兴起和PC性能的大幅提高且价格又大幅降低，这种传统的主从式数据库系统结构已经被取代。

3. 分布式结构

分布式数据库是一组结构化的数据集合，它们在逻辑上属于同一系统而在物理上分布在计算机网络的不同结点上，如图9.21所示。网络中的各个结点（也称为"场地"）一般都是集中式数据库系统，由计算机、数据库和若干终端组成。

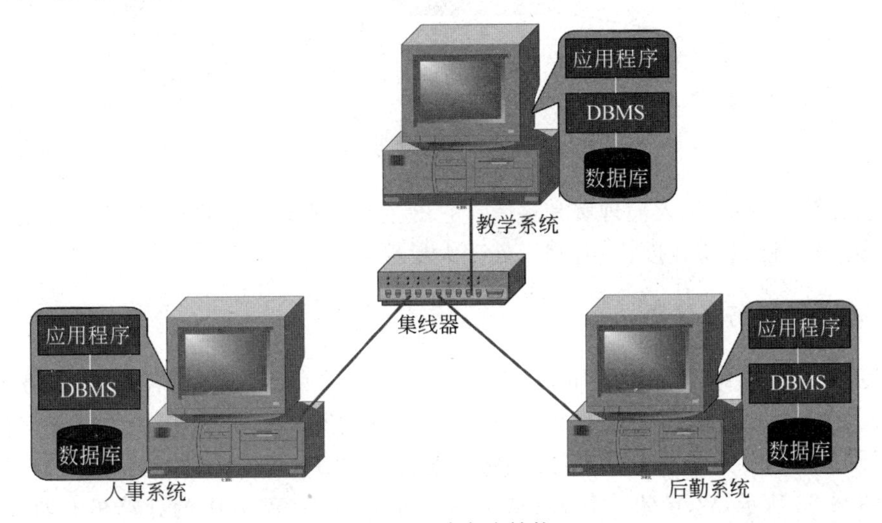

图9.21 分布式结构

分布式数据库的数据具有"分布性"的特点，数据库中的数据不是存储在同一场地，而是在物理上分布在各个场地，这也是它与集中式数据库的最大区别。分布式数据库的数据具有"逻辑整体性"，分布在各地的数据逻辑上是一个整体，由各计算机区域自治，计算机之间通过网络联系起来，用户使用起来如同一个集中式数据库，这是它与分散式数据库的区别。

4. 客户机/服务器结构

在客户机/服务器结构中，同样需要一台主计算机（服务器），一台或多台个人计算机（客户机）通过网络连接到服务，如图9.22所示。数据库运行在服务器上，访问服务器数据库的每一个用户都需要有自己的PC。当用户提出数据请求后，服务器不仅会检索出文件，而且对文件进行操作，然后只向客户机发送查询的结果而不是整个文件。客户机再根据用户对数据的要求，对数据做进一步的加工。

在客户机/服务器结构中，网络上的数据传输量已明显减少，从而提高了系统的性能。另外，客户机的硬件平台和软件平台也可多种多样，从而为应用带来了方便。

客户机/服务器结构在技术上非常成熟，具有强大的数据操作和事务处理能力。该结

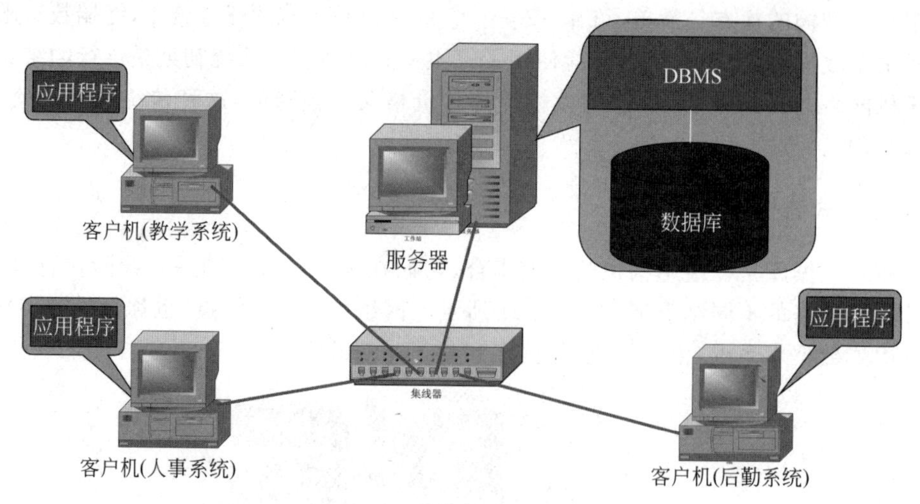

图 9.22　客户机/服务器结构

构模型思想简单,易于被人们理解和接受。它的主要特点是交互性强,具有安全的存取模式,网络通信量低,响应速度快,有利于处理大量数据。

5. 浏览器/服务器结构

浏览器/服务器结构是随着 Internet 技术的兴起而兴起的,是对客户机/服务器结构的改良。在这种结构下,客户工作界面通过 WWW 浏览器来实现,提供的服务有信息浏览、电子邮件、会议、发送接收文件等,网络间通过公共协议(TCP/IP)通信。

如图 9.23 所示,Web 是一个基于超媒体的信息网络,Web 中的计算机有两种角色:客户机(浏览器)和服务器。作为服务器可以提供信息,作为客户机可以浏览和请求信息。服务器与浏览器间通过 HTTP 交换信息。用户通过浏览器向分布在网络上的 Web 服务器发出请求,Web 服务器对浏览器的请求进行处理,若涉及访问数据库中的数据,则由 Web 服务器向数据库服务器发出请求。数据库服务器接收到请求并处理,将处理后的数据或状态返回给 Web 服务器,再由 Web 服务器对数据进行加工处理,生成动态网页返回到客户的浏览器中。

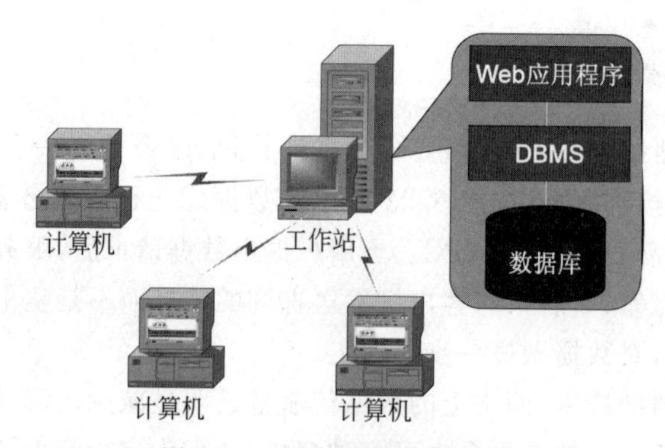

图 9.23　浏览器/服务器结构

在浏览器/服务器结构中,客户端只需要安装一个浏览器即可,不需要加载任何应用软件。目前,Windows 系列操作系统内置了 IE 浏览器软件,这就使得客户可以在任何地方通过 Internet 访问企业中的数据,所有对数据库的访问和应用程序的执行都由 Web 服务器完成。

实际上,浏览器/服务器结构是把客户机/服务器的事务处理逻辑模块从客户机的任务中分离出来,由 Web 服务器单独组成一层来承担其任务,把负荷分配给了 Web 服务器,这样客户机的压力就减轻了。这种结构不仅将客户机从沉重的负担和不断提高其性能的要求中解放出来,也将技术维护人员从繁重的维护升级工作中解脱出来。由于客户机把事务处理逻辑部分交给了服务器,使得客户机一下子"苗条"了许多,不再负责处理复杂计算和数据访问等关键事务,而只负责输入和显示部分,所以维护人员不必为维护程序奔波于各个客户机之间,而只需要把主要精力放在功能服务器程序的更新工作上,这种结构各层相互独立,任何一层的改变都不影响其他层的功能。

9.5 数据库管理系统

9.5.1 DBMS 的工作模式

数据库管理系统是对数据进行管理的软件系统,它是数据库系统的核心组成部分,用户在数据库系统中的一切操作,包括数据定义、查询、更新及各种控制,都是通过 DBMS 进行的。DBMS 的工作模式如图 9.24 所示。

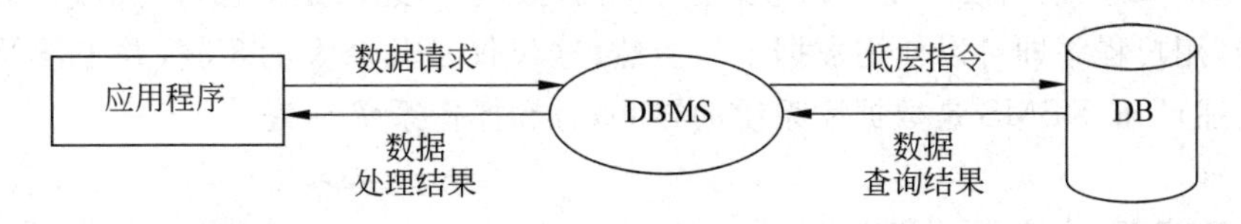

图 9.24 DBMS 的工作模式

DBMS 的工作模式如下。

(1) 接受应用程序的数据请求和处理请求。

(2) 将用户的数据请求转换成复杂的机器代码。

(3) 实现对数据库的操作。

(4) 从对数据库的操作中接收查询结果。

(5) 对查询结果进行处理。

(6) 将处理结果返回给用户。

DBMS 总是基于某种数据模型,因此可以把 DBMS 看成是某种数据模型在计算机系统上的具体实现。根据数据模型的不同,DBMS 可以分成层次型、网状型、关系型、面向对象型等。在不同的计算机系统中,由于缺乏统一的标准,即使是同种数据模型的 DBMS,在用户接口、系统功能等方面也常常是不相同的。

为了使读者对数据库系统的工作有一个整体的概念,现以查询为例,介绍访问数据库的主要步骤，该过程如图 9.25 所示。

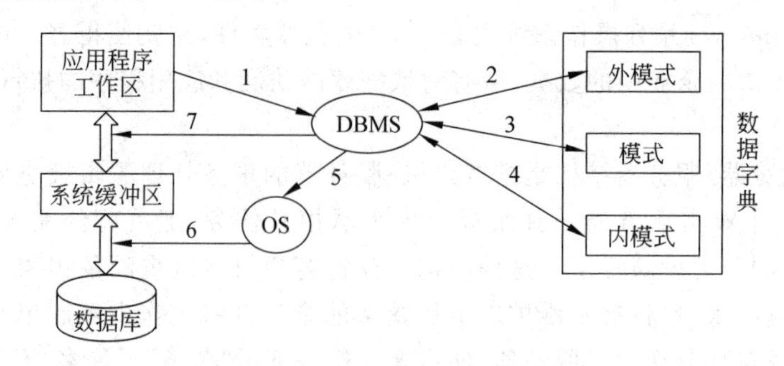

图 9.25 访问数据库的步骤

(1) 当执行应用程序中一条查询数据库的记录时，则向 DBMS 发出读取相应记录的命令，并指明外模式名。

(2) DBMS 接到命令后，调出所需的外模式，并进行权限检查；若合法，则继续执行；否则向应用程序返回出错信息。

(3) DBMS 访问模式，并根据外模式/模式映像，确定所需数据在模式上的有关信息(逻辑记录型)。

(4) DBMS 访问内模式，并根据模式/内模式映像，确定所需数据在内模式上的有关信息(读取的物理记录及存取方法)。

(5) DBMS 向操作系统发出读相应数据的请求(读取记录)。

(6) 操作系统执行读命令，将有关数据从外存调入到系统缓冲区上。

(7) DBMS 把数据按外模式的形式送入用户工作区，返回正常执行的信息。

这样，用户程序即可以使用数据了。当然，这仅仅是几个大的步骤，并未涉及有关细节。从上述可知，DBMS 是数据库系统的核心，且和操作系统有关。

9.5.2 DBMS 的主要功能

DBMS 的主要功能有以下几个方面。

1. 数据库定义功能

DBMS 提供数据定义语言(Data Define Language，DDL)，用于定义数据的模式、外模式和内模式三级模式结构，定义模式/内模式和外模式/模式二级映像，以及定义有关的约束条件。

例如，为保证数据库安全而定义的用户口令和存取权限，为保证正确语义而定义的完整性规则。

2. 数据操纵功能

DBMS 提供数据操纵语言(Data Manipulation Language，DML)实现对数据库的基本操作，包括检索、插入、修改、删除等。

SQL 就是 DML 的一种。

3. 数据组织、存储和管理

DBMS 要分类组织、存储和管理各种数据，包括数据字典、用户数据、数据的存取路径等。要确定以何种文体结构和存取方式在存储级上组织这些数据，如何实现数据之间的联系。数据组织和存储的基本目标是提高存储空间利用率和方便存取，提供多种存取方法。

4. 数据库运行管理功能

数据库运行管理的功能包括以下 4 个方面。

（1）数据的安全性控制。防止未经授权的用户存取数据库中的数据，以避免数据的泄漏、更改或破坏。

（2）数据的完整性控制。保证数据库中数据及语义的正确性和有效性，防止任何可能对数据造成错误的操作。

（3）多用户环境下的并发控制。在多个用户同时对同一个数据进行操作时，系统应能加以控制，防止破坏数据库中的数据。

（4）数据库的恢复。在数据库被破坏或数据不正确时，系统有能力把数据库恢复到正确的状态。

5. 数据库的建立和维护功能

数据库的建立和维护功能包括数据库的初始数据的装入，数据库的转储、恢复、重组织，系统性能监视、分析等功能。这些功能通常是由一些实用程序完成的。

6. 数据通信

DBMS 提供与其他软件系统进行通信的功能，实现用户程序与 DBMS 之间的通信，通常与操作系统协调完成。

9.5.3 DBMS 的组成

DBMS 是一个复杂的软件系统，是由许多“系统程序”所组成的一个集合。由于 DBMS 的复杂程度不同，这些程序也不尽相同，一般按程序实现的功能 DBMS 可分为以下几部分。

1. 语言编译处理程序

1）数据定义语言 DDL 及其编译程序

它把用 DDL 编写的各级源模式编译成各级目标模式，这些目标模式是对数据库结构信息的描述，而不是数据本身，它们被保存在数据字典中，供以后数据操纵或数据控制时使用。

2）数据操纵语言 DML 及其编译程序

实现对数据库的基本操作。DML 有两类：一类是宿主型，嵌入在高级语言中，不能单独使用；另一类是自主型或自含型，可独立地交互使用。

2. 系统运行控制程序

系统运行控制程序主要包括以下几部分。

(1) 系统总控程序，是 DBMS 运行程序的核心，用于控制和协调各程序的活动。

(2) 安全性控制程序，防止未被授权的用户存取数据库中的数据。

(3) 完整性控制程序，检查完整性约束条件，确保进入数据库中的数据的正确性、有效性和相容性。

(4) 并发控制程序，协调多用户、多任务环境下各应用程序对数据库的并行操作，保证数据的一致性。

(5) 数据存取和更新程序，实施对数据库数据的检索、插入、修改、删除等操作。

(6) 通信控制程序，实现用户程序与 DBMS 间的通信。

3. 系统建立、维护程序

系统建立、维护程序主要包括以下几部分。

(1) 装配程序，完成初始数据库的数据装入。

(2) 重组程序，当数据库系统性能变坏时（如查询速度变慢），需要重新组织数据库，重新装入数据。

(3) 系统恢复程序，当数据库系统受到破坏时，将数据库系统恢复到以前某个正确的状态。

4. 数据字典

数据字典(Data Dictionary，DD)中到底应包括哪些信息，并没有明确的规定，一般由 DBMS 的功能强弱而定。其数据主要有两类：一类是来自用户的信息，如表、视图（用户所使用的虚表）和索引的定义以及用户的权限等；另一类是来自系统状态和数据库的统计信息，如通信系统用的协议、数据库和磁盘的映射关系、数据使用的频率统计等。

小结

本章概述数据库的基本概念，并通过对数据管理技术发展的三个阶段的介绍，阐述了数据库技术产生和发展的背景，也说明了数据库系统的优点。

(1) 描述事物的符号称为数据。数据库是长期存储在计算机内有组织的共享的数据的集合。数据库管理系统是由一个相互关联的数据的集合和一组用以访问、管理和控制这些数据的程序组成。数据库系统是指在计算机系统中引入数据库后的系统，一般由数据库、数据库管理系统（及其开发工具）、应用系统、数据库管理员和用户构成。

(2) 数据管理技术的发展经历了人工管理阶段、文件系统阶段、数据库系统阶段和高级数据库阶段。

（3）数据模型是数据库系统的核心和基础。数据模型的发展经历了非关系化模型（层次模型、网状模型）、关系模型，正在走向面向对象模型。数据模型通常由数据结构、数据操作和完整性约束三部分组成。

（4）概念模型也称信息模型，用于信息世界的建模，E-R 模型是这类模型的典型代表，E-R 模型简单、清晰，应用十分广泛。

（5）关系模型是目前最常用的一种数据模型。关系可形象地用二维表表示，它由行和列组成。

（6）数据库系统中，数据具有三级模式结构的特点，由外模式、模式、内模式以及外模式/模式映像、模式/内模式映像组成。三级模式结构使数据库中的数据具有较高的逻辑独立性和物理独立性。一个数据库系统中，只有一个模式，一个内模式，但有多个外模式。因此，模式/内模式映像是唯一的，而每一个外模式都有自己的外模式/模式映像。

（7）数据库系统的结构分为单机结构、主从式结构、分布式结构、客户机/服务器结构和浏览器/服务器结构。

（8）数据库系统实质上是一个人机系统，人的作用特别是 DBA 的作用非常重要。

学习这一章应把注意力放在掌握基本概念和基本知识方面，为进一步学习后面的章节打好基础。

习题

9.1 试解释 DB、DBMS 和 DBS 三个概念。

9.2 人工管理阶段和文件系统阶段的数据管理各有哪些特点？

9.3 数据库阶段的数据管理有哪些特点？

9.4 什么是 E-R 模型？E-R 模型的主要组成有哪些？

9.5 试述层次模型的概念，并举例说明。

9.6 试述网状模型的概念，并举例说明。

9.7 试述关系模型的主要术语。

9.8 DB 的三级模式结构描述了什么问题？试详细解释。

9.9 试述 DBMS 的工作模式和主要功能。

第10章　关系模型与关系代数

本章学习目标

- 理解关系代数的运算。
- 掌握关系的定义和性质，以及专门的关系运算方法。

由于目前流行的数据库管理系统都是以关系模型为基础实现的，因此，本章主要介绍关系数据库实现的基本理论。关系数据库是以关系数据模型为基础，用关系表示模型，用关系运算表示数据操作，因此，关系数据库的理论是严格的，它为数据的组织和管理提供了重要的理论依据。

10.1　关系模型

由于关系模型建立在集合代数的基础上，因此一般从集合角度给出关系数据结构的形式化定义。

1. 关系的定义和性质

1) 笛卡儿积

给定一组域 $D_1, D_2, D_3, \cdots, D_N$，则 $D_1 \times D_2 \times D_3 \times \cdots \times D_N = \{(d_1, d_2, d_3, \cdots, d_n) \mid d_i \in D_i,\ i=1,2,\cdots,n\}$称为 $D_1, D_2, D_3, \cdots, D_N$ 的笛卡儿积。每个$(d_1, d_2, d_3, \cdots, d_n)$称为一个元组，元组中的每个 d_i 是 D_i 域中的一个值，称为一个分量。当 $n=1$ 时，称为单元组；当 $n=2$ 时，称为二元组；……

【例10.1】　$A=\{a_1, a_2, a_3, a_4\}$，$B=\{b_1, b_2, b_3\}$，$C=\{c_1, c_2\}$，则 A,B,C 的笛卡儿积为：

$A \times B \times C =$

$\{(a_1,b_1,c_1),\ (a_1,b_1,c_2),\ (a_1,b_2,c_1),\ (a_1,b_2,c_2),$

$(a_1,b_3,c_1),\ (a_1,b_3,c_2),\ (a_2,b_1,c_1),\ (a_2,b_1,c_2),$

$(a_2,b_2,c_1),\ (a_2,b_2,c_2),\ (a_2,b_3,c_1),\ (a_2,b_3,c_2),$

$(a_3,b_1,c_1),\ (a_3,b_1,c_2),\ (a_3,b_2,c_1),\ (a_3,b_2,c_2),$

$(a_3,b_3,c_1),\ (a_3,b_3,c_2),\ (a_4,b_1,c_1),\ (a_4,b_1,c_2),$

$(a_4,b_2,c_1),\ (a_4,b_2,c_2),\ (a_4,b_3,c_1),\ (a_4,b_3,c_2)\}$

2) 关系

给定一组域 $D_1, D_2, D_3, \cdots, D_N$，则 $D_1 \times D_2 \times D_3 \times \cdots \times D_N$ 的子集称为 $D_1 \times D_2 \times D_3 \times \cdots \times D_N$ 上的关系，记作

$$R(D_1, D_2, D_3, \cdots, D_N)$$

式中，R 称为关系名；N 称为关系 R 的度数。

【例 10.2】 男人＝{张晓，王和，李东}，女人＝{刘红，钱丽，孙倩}，则男人和女人的笛卡儿积为：

男人×女人＝{(张晓，刘红)，(张晓，钱丽)，(张晓，孙倩)，
(王和，刘红)，(王和，钱丽)，(王和，孙倩)，
(李东，刘红)，(李东，钱丽)，(李东，孙倩)}

满足夫妻关系为上述笛卡儿积的子集为：

夫妻(男人，女人)＝{(张晓，刘红)，(王和，钱丽)，(李东，孙倩)}

【例 10.3】 学校开设了一些课程，因此有集合：

课程＝{(高等数学，信息专业)，(英语，信息专业)，(英语，人文专业)，(文学，人文专业)}

学生＝{20180001，20180002，20180003，20180011，20180012，20180013}

则学生和课程的笛卡儿积为：

学生×课程＝
{(20180001，高等数学，信息专业)，(20180001，英语，信息专业)，
(20180001，英语，人文专业)，(20180001，文学，人文专业)，
(20180002，高等数学，信息专业)，(20180002，英语，信息专业)，
(20180002，英语，人文专业)，(20180002，文学，人文专业)，
(20180003，高等数学，信息专业)，(20180003，英语，信息专业)，
(20180003，英语，人文专业)，(20180003，文学，人文专业)，
(20180011，高等数学，信息专业)，(20180011，英语，信息专业)，
(20180011，英语，人文专业)，(20180011，文学，人文专业)，
(20180012，高等数学，信息专业)，(20180012，英语，信息专业)，
(20180012，英语，人文专业)，(20180012，文学，人文专业)，
(20180013，高等数学，信息专业)，(20180013，英语，信息专业)，
(20180013，英语，人文专业)，(20180013，文学，人文专业)}

假设学号中的第 7 位是“0”表示该学生是信息专业，第 7 位是“1”表示该学生是人文专业。条件是本专业学生只能选本专业的课程，则学生选课关系为：

学生选课＝
{(20180001，高等数学，信息专业)，(20180001，英语，信息专业)，
(20180002，高等数学，信息专业)，(20180002，英语，信息专业)，
(20180003，高等数学，信息专业)，(20180003，英语，信息专业)，
(20180011，英语，人文专业)，(20180011，文学，人文专业)，
(20180012，英语，人文专业)，(20180012，文学，人文专业)，
(20180013，英语，人文专业)，(20180013，文学，人文专业)}

用二维表来表示上述关系如表 10.1 所示。

表 10.1　学生选课关系

学　号	课程名称	所属专业
20180001	高等数学	信息专业
20180001	英语	信息专业
20180002	高等数学	信息专业
20180002	英语	信息专业
20180003	高等数学	信息专业
20180003	英语	信息专业
20180011	英语	人文专业
20180011	文学	人文专业
20180012	英语	人文专业
20180012	文学	人文专业
20180013	英语	人文专业
20180013	文学	人文专业

3）关系的性质

（1）关系可以是空关系（即一个关系可以不包含任何元组）。如在初始时，只创建关系的框架（结构）即是如此。

（2）关系中的列为属性，N 度关系必有 N 个属性，属性必须命名。

（3）不同的属性可以来自同一个域；同一列中的分量只能来自同一个域，是同类型的数据。

（4）列的次序无关紧要，可以任意交换。

（5）关系中的元组顺序无关紧要，但在同一个关系中不能有相同的元组。

（6）关系中的每个属性必须是原子的，是不可分的数据项（属性）。

（7）由于在对关系数据库操作时，随时都可能做修改性操作，如插入、删除和更新等，会使关系发生变化。

（8）判断两个关系是否相等，与属性次序无关，与关系的命名也无关。如果两个关系的差别只是关系名不同，属性次序不同或元组次序不同，那么这两个关系相等。

2. 关系完整性约束

关系的完整性约束条件包括实体完整性、参照完整性和用户定义的完整性三类。

（1）实体完整性规则：关系中每一个元组中的主键不能为空且取值必须唯一。例如以下两个关系中，学生关系的关键字是“学号”，其值必须唯一且不能包含空数据，否则就不能唯一地标识一个学生了。因此，该表满足实体完整性规则。例如：

学生信息表（学号，姓名，性别，出生年月，籍贯，民族，身份证号，班级编号）

班级信息表（班级编号，班级名称，所属学院，班级人数）

实体完整性的作用是：一旦定义表的主键，DBMS将自动地对该表中的每一行的主键值进行检查，若发现主键值为空或不唯一，DBMS会给出错误信息，这样就能确保表中的每一行是唯一的、可以区分的。

(2) 参照完整性规则：在关系数据库中，关系与关系之间是通过公共属性相联系的，这个公共属性是一个关系的关键字和另一个关系的非关键字属性(称为外部关键字，简称外键)。一个关系中的外键的取值或者为空，或者取参照关系中的某个关键字值。例如上述两个关系中，学生关系和班级关系之间的联系是通过班级编号实现的，班级编号是班级信息表的关键字，是学生信息表的外键。因而，班级编号的取值必须符合实体完整性规则。而在学生信息表中，班级编号的取值或者为空，或者等于班级信息表中某个关键字值。

在删除和修改参照关系时，会破坏参照完整性。例如，在删除班级信息表中的一条记录时，会引起学生信息表中取值错误。为了避免这种情况发生，可以在DBMS中通过适当的设置，由DBMS保证参照完整性。

在删除参照关系中的记录时，可以采取以下措施。

① 受限删除。禁止删除，即如果删除参照关系中的元组会破坏参照完整性规则，则不允许删除。例如，删除班级信息表中的“计算机1801班”，将破坏完整性规则，因此不允许删除。

② 级联删除。如果要删除参照关系中的元组，则同时将依赖该关系的表中对应的元组都全部删除。例如，删除班级信息表中的“计算机1801班”，则同时将学生信息表中对应的所属该班级的学生全部都删除，以保证参照完整性。

③ 置空值删除。在删除参照关系中的元组时，同时将依赖该关系的表中的外键置为空值。

对于修改参照关系中记录的关键字时，也可以采取受限修改、级联修改和置空修改的方法来保证参照完整性。

参照完整性的作用是：在关系数据库系统中，一旦定义了表的外键，也即定义了外键与另一个表的主键的参照与被参照联系，DBMS将根据外键的定义，自动检查表中的每一行，若发现外键值违反外键的规则，DBMS会给出出错信息，要求用户纠正，这样能确保表之间的参照与被参照联系的正确性。

(3) 用户定义的完整性规则：用户定义的完整性规则是针对某一具体数据的约束条件，根据具体的应用需求来确定的，它反映某一具体应用所涉及的数据必须满足的语义要求。系统应提供定义和检验这类完整性的机制，以便用统一的系统方法来处理它们，不再由应用程序承担这项工作。

例如，学生成绩应大于等于零，学生性别的取值范围只能是“男/女”，教师教龄不能大于年龄等。

3. 关系操作

现实世界随着时间在不断变化，因而在不同的时刻，数据库世界中关系模式的关系实例也会有所变化，以反映现实世界的变化。关系实例的这种变化是通过关系操作来实现的。

关系模型中的关系操作有查询操作和更新操作(包括插入、删除和修改)两大类。关系模型的查询表达能力很强,因此查询操作是关系操作中最主要的部分。查询操作又可以分为选择(Select)、投影(Project)、连接(Join)、除(Divide)、并(Union)、交(Intersection)、差(Except)、笛卡儿积等。其中,选择、投影、集合并、集合差和笛卡儿积是5种基本关系操作,其他操作都可以通过基本操作来定义和导出。

10.2 关系代数

在关系代数中,把关系看成是元组的集合。因此,集合中的定义与运算均适用于关系。

关系代数中常用以下运算符。

集合运算符:$\cup$(并),$-$(差),$\cap$(交),$\times$(笛卡儿积)。

关系运算符:Π(投影),σ(选择),$\bowtie$(连接),$\div$(除)。

算术比较运算符:$>$(大于),$\geqslant$(大于或等于),$<$(小于),$\leqslant$(小于或等于),$\neq$(不等于)。

逻辑运算符:$\neg$(非),$\wedge$(与),$\vee$(或)。

10.2.1 集合的三种基本运算——交、并、差

这三种运算用于关系时,要求参与运算的两个关系的度数相同,即包含相同个数的属性。此外,要求相应属性值处于同一个域,即要求两个关系是相容的。设有关系 R 和 S,有下面三种运算。

1. 并

关系 R 与 S 的并记为 $R\cup S$,并运算实际上是把两个关系的所有元组合并在一起,删去重复元组所得到的集合,如图10.1所示。

2. 差

关系 R 与 S 的差记作 $R-S$。它是由属于 R 而不属于 S 的所有元组组成的集合,如图10.2所示。

3. 交

关系 R 与 S 的交记作 $R\cap S$。它是由同时属于 R 和 S 的元组组成的集合,如图10.3所示。

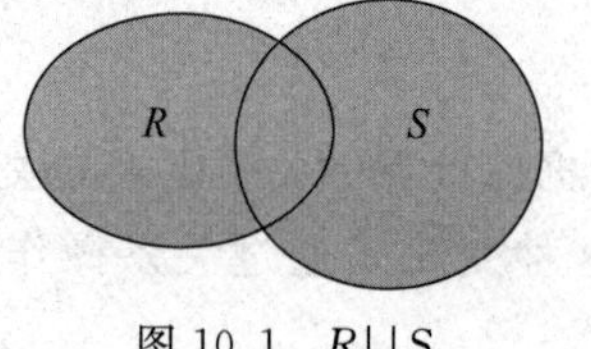

图10.1　$R\cup S$

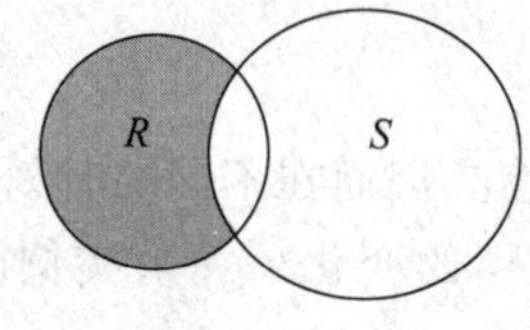

图10.2　$R-S$

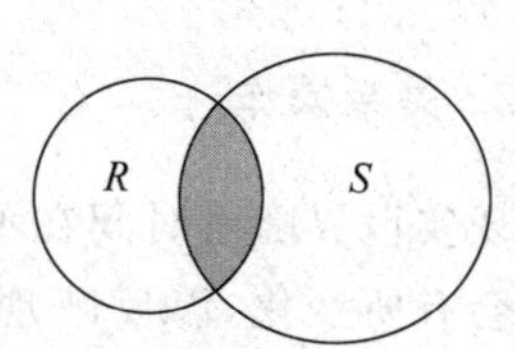

图10.3　$R\cap S$

【例 10.4】 有关系 A 和 B 分别如表 10.2 所示。

表 10.2 关系 A 和 B

(a) 关系 A

学 号	课程名称	所属专业
20180001	高等数学	信息专业
20180001	英语	信息专业
20180001	C 语言	信息专业
20180001	数据库原理	信息专业
20180002	高等数学	信息专业
20180002	英语	信息专业

(b) 关系 B

学 号	课程名称	所属专业
20180011	英语	人文专业
20180011	文学	人文专业
20180011	计算机基础	人文专业
20180011	管理学	人文专业
20180012	英语	人文专业
20180012	文学	人文专业

(c) 关系 $A \cup B$

学 号	课程名称	所属专业
20180001	高等数学	信息专业
20180001	英语	信息专业
20180001	C 语言	信息专业
20180001	数据库原理	信息专业
20180002	高等数学	信息专业
20180002	英语	信息专业
20180011	英语	人文专业
20180011	文学	人文专业
20180011	计算机基础	人文专业
20180011	管理学	人文专业
20180012	英语	人文专业
20180012	文学	人文专业

含义：信息专业和人文专业学生的选课情况。

【例 10.5】 有关系 C 和 D 分别如表 10.3 所示。

表 10.3 关系 C 和 D

(a) 关系 C

学　　号	课 程 名 称	学　　号	课 程 名 称
20180001	高等数学	20180001	数据库原理
20180001	英语	20180002	高等数学
20180001	C 语言	20180002	英语

(b) 关系 D

学　　号	课 程 名 称	学　　号	课 程 名 称
20180001	英语	20180001	管理学
20180001	文学	20180002	英语
20180001	计算机基础	20180002	文学

(c) 关系 $C\cup D$

学　　号	课 程 名 称	学　　号	课 程 名 称
20180001	高等数学	20180002	英语
20180001	英语	20180001	文学
20180001	C 语言	20180001	计算机基础
20180001	数据库原理	20180001	管理学
20180002	高等数学	20180002	文学

含义：学生在 C 和 D 中共选修了哪些课程。

(d) 关系 $C\cap D$

学　　号	课 程 名 称	学　　号	课 程 名 称
20180001	英语	20180002	英语

含义：学生在 C 和 D 中进行选课，学生在两处同时选修了哪些课程。

(e) 关系 $C\text{-}D$

学　　号	课 程 名 称	学　　号	课 程 名 称
20180001	高等数学	20180001	数据库原理
20180001	C 语言	20180002	高等数学

含义：学生在 C 和 D 中进行选课，学生仅在 C 中选的课程。

10.2.2 关系的基本运算

专门的关系运算有：Π(投影)，σ(选择)，⋈(连接)，÷(除)。有些查询需要几个基本运算的组合，要经过若干步骤才能完成。

1. 投影运算(Π)——Project

投影运算也是对单个关系施加的运算，它是一种垂直方向(即列的方向)上的运算。其基本思想是：从一个关系中选择所需要的属性，并重新排列组成一个新的关系。因投影后属性个数要减少，故形成新的关系。因此，应重新给这个关系命名。

设 R 是 k 度关系，$A_{i1}, A_{i2}, \cdots, A_{ik}$ 分别是它的第 $i1, i2, \cdots, ik$ 个属性，即：$R(A_{i1}, A_{i2}, \cdots, A_{ik})$，则关系 R 在 $A_{i1}, A_{i2}, \cdots, A_{ik}$ 上的投影是一个 m 度关系，记作

$$\Pi A_{i1}, A_{i2}, \cdots, A_{im}(R) \quad (m \leqslant k)$$

【例 10.6】 从 Students 表(如表 10.4 所示)中选择 sno、sname 两个列组成新表的投影。

表 10.4 Students(学生)

sno	sname	ssex	sage	sclass
J20001	李 楷	M	19	JS2001
J20002	张 会	F	20	JS2001
J20003	王 者	M	20	JS2001
D20001	赵 良	M	18	DZ2001

运算可写成：

$$\Pi_{\text{sno, sname}}(\text{Students})$$

对表 10.4 操作的结果如表 10.5 所示。

表 10.5 投影运算的结果

sno	sname	sno	sname
J20001	李 楷	J20003	王 者
J20002	张 会	D20004	赵 良

2. 选择运算(σ)——Select

选择运算是对单个关系施加的运算，它是一种水平方向上的选择，其目的是在关系 R 上，把满足条件的元组抽出来构成新的关系，这个关系是原关系 R 上的一个子集。

设 F 是一个条件，则在关系 R 上的 F 选择运算记作 $\sigma_F(R)$，且

$$\sigma_F(R) = \{t \in R \mid \text{满足 } F\}$$

式中，t 为元组；F 为形如 $\alpha\theta\beta$ 的表达式；α 和 β 是属性名或常数，但不能同时为常数；θ 是算

术比较运算符(>(大于),≥(大于或等于),<(小于),≤(小于或等于),≠(不等于))。F 的计算结果为逻辑值“真”或“假”。

【例 10.7】 从 Students 表(如表 10.4 所示)中找出所有男同学的情况。

选择运算可以写成:

$$\sigma_{ssex='M'}(Students)$$

对表 10.4 操作的结果如表 10.6 所示。

表 10.6 选择运算的结果

sno	sname	ssex	sage	sclass
J20001	李 楷	M	19	JS2001
J20003	王 者	M	20	JS2001
D20001	赵 良	M	18	DZ2001

3. 连接运算(⋈)——Join

连接运算分为条件连接运算和自然连接运算。

1) 条件连接运算

按照给定的条件,把两个关系中一切可能的组合方式拼接起来形成一个新的关系,称为条件连接运算。

实际上,连接运算就是在两个关系的笛卡儿积上进行选择运算。

设 A 是关系 R 中的属性,B 是关系 S 中的属性,$\theta \in \{>,\geqslant,<,\leqslant,\neq\}$,关系 R 和 S 在条件 $A\theta B$ 下的条件连接记作

$$R \underset{A\theta B}{\bowtie} S$$

且 $R \underset{A\theta B}{\bowtie} S = \sigma_{A\theta B}(R \times S)$

【例 10.8】 Students 表(如表 10.4 所示)和 Class 表(如表 10.7 所示)的等值连接可写成:

$$\sigma_{Students.sclass=Class.sclass}(Students \times Class)$$

表 10.7 Class(班级)

sclass	number	address
JS2001	30	8201
JS2002	31	8202
DZ2001	32	6201

等值连接操作的结果如表 10.8 所示。

表 10.8 等值连接运算结果

sno	sname	ssex	sage	sclass	sclass	number	address
J20001	李 楷	M	19	JS2001	JS2001	30	8201

续表

sno	sname	ssex	sage	sclass	sclass	number	address
J20002	张 会	F	20	JS2001	JS2001	30	8201
J20003	王 者	M	20	JS2001	JS2001	30	8201
D20001	赵 良	M	18	DZ2001	DZ2001	32	6201

2）自然连接运算

当两个关系 R 和 S 具有公共的属性名时，从关系 R 和 S 的笛卡儿积中筛选出其公共属性相等的那些元组称为自然连接。

自然连接和条件连接的区别是：自然连接可以自动地删除掉重复的属性名，而只保留一个公共属性名。

自然连接运算的过程如下。

(1) 计算 $R\times S$；

(2) 选择同时出现在 R 与 S 中属性相等的元组；

(3) 去掉重复属性。

【例 10.9】 Students 表(如表 10.4 所示)和 Class 表(如表 10.7 所示)的自然连接可写成：

$$\text{Students} \bowtie \text{Class}$$

自然连接运算的结果如表 10.9 所示。

表 10.9 自然连接运算结果

sno	sname	Ssex	sage	sclass	number	address
J20001	李 楷	M	19	JS2001	30	8201
J20002	张 会	F	20	JS2001	30	8201
J20003	王 者	M	20	JS2001	30	8201
D20001	赵 良	M	18	DZ2001	32	6201

任何一种关系数据库系统都能完成投影、选择和连接这三种关系操作，有了这三种数据操作功能，使得关系数据库的操作十分灵活。

4. 除运算(÷)——Division

除运算也是两个关系之间的运算。设有关系 R 和 S，R 能被 S 除的条件有两个：一是 R 中的属性包含 S 中的属性，二是 R 中的有些属性不出现在 S 中。R 除以 S 表示为 $R\div S$，设商为 T，$T=R\div S$，T 的属性由 R 中那些不出现在 S 中的属性组成，其元组则是 S 中所有元组在 R 中对应值相同的那些元组值。

【例 10.10】 给出选课、选修课和必修课三个关系，如表 10.10 所示，它们的关系模式为：

必修课(课号，课程名称)

选修课(课号，课程名称)

选课(学号,课号,成绩)

表 10.10 选课、选修课和必修课三个关系表

(a) 必修课

课 号	课程名称
C1	C语言程序设计
C3	数据库原理及应用

(b) 选修课

课 号	课程名称
C2	软件工程

(c) 选课

学 号	课 号	成 绩	学 号	课 号	成 绩
S1	C1	A	S3	C3	B
S1	C2	B	S4	C1	A
S1	C3	B	S4	C2	A
S2	C1	A	S5	C2	B
S2	C3	B	S5	C3	B
S3	C1	B	S5	C1	A

(d) 选课 ÷ 必修课

学 号	成 绩
S3	B

含义:表示选择必修课表中给定的全部课程 C1 和 C3,且成绩一样的学生的学号和成绩。

(e) $\Pi_{学号,课号}$(选课)÷ 必修课

学号
S1
S2
S3
S5

含义:表示求“学过必修课中规定的全部课程的学生学号”的查询要求,应先对被除关系(选课)投影,去掉不需要的属性(成绩),再做除法操作。

(f) 选课 ÷ 选修课

学 号	成 绩	学 号	成 绩
S1	B	S5	B
S4	A		

含义:表示选择选修课表中给定的全部课程(本例中只有 C2 一门课),且成绩一样的学生的学号和成绩。

【例 10.11】 关系代数综合应用。

假设学生选课库的关系模式为：

学生(<u>学号</u>,姓名,性别,出生年月,所在班级)

课程(<u>课程号</u>,课程名称,学时,学分,先行课)

选课(<u>学号</u>,<u>课程号</u>,成绩)

(1) 选修了课程号为"C1"的课程的学生学号,即

$$\Pi_{学号}(\sigma_{课程号='C1'}(选课))$$

说明：当需要投影和选择时,应先选择后投影。

(2) 求选修了课程号为"C3"的课程的学生学号和姓名,即

$$\Pi_{学号,姓名}(\sigma_{课程号='C3'}(选课\bowtie学生))$$

说明：通过选课表与学生表的自然连接,得出选课表中学号对应的姓名和其他学生信息。本题也可以按先求选择再连接的顺序操作。

(3) 求没有选修课程号为"C2"的课程的学生学号,即

$$\Pi_{学号}(学生) - \Pi_{学号}(\sigma_{课程号='C2'}(选课))$$

说明：在全部学号中去掉选修课程号为"C2"的课程的学生学号,就得出没有选修课程号为"C2"的课程的学生学号。由于在并、交、差运算时,参加运算的关系结构应一致,故应先投影,再执行差运算。

(4) 求选修了课程号为"C1"或"C2"的课程的学生学号,即

$$\Pi_{学号}(\sigma_{课程号='C1'}(选课)) \cup \Pi_{学号}(\sigma_{课程号='C2'}(选课))$$

或

$$\Pi_{学号}(\sigma_{课程号='C1' \land 课程号='C2'}(选课))$$

小结

本章主要介绍了关系的定义和性质,关系数据库管理系统中应用到的关系代数的基本知识。

(1) 给定一组域 $D_1,D_2,D_3,\cdots,D_N$,则 $D_1\times D_2\times D_3\times\cdots\times D_N=\{(d_1,d_2,d_3,\cdots,d_n) \mid d_i\in D_i,\ i=1,2,\cdots,n\}$称为 $D_1,D_2,D_3,\cdots,D_N$ 的笛卡儿积。

(2) 给定一组域 $D_1,D_2,D_3,\cdots,D_N$,则 $D_1\times D_2\times D_3\times\cdots\times D_N$ 的子集称为 $D_1\times D_2\times D_3\times\cdots\times D_N$ 上的关系,记作 $R(D_1,D_2,D_3,\cdots,D_N)$,式中,$R$ 称为关系名,N 称为关系 R 的度数。

(3) 关系的完整性约束条件包括实体完整性、参照完整性和用户定义的完整性三类。

(4) 关系代数中常用的集合运算符有：$\cup$(并),$-$(差),$\cap$(交),$\times$(笛卡儿积)。

(5) 关系代数中常用的关系运算符有：Π(投影),σ(选择),$\bowtie$(连接),$\div$(除)。

(6) 投影运算是对单个关系施加的运算,它是一种垂直方向(即列的方向)上的运算。其基本思想是：从一个关系中选择所需要的属性,并重新排列组成一个新的关系。

(7) 选择运算也是对单个关系施加的运算,它是一种水平方向上的选择,其目的是在关系 R 上,把满足条件的元组抽出来构成新的关系,这个关系是原关系 R 上的一个子集。

(8) 连接运算分为条件连接运算和自然连接运算。自然连接和条件连接的区别是：自然连接可以自动地删除掉重复的属性名，而只保留一个公共属性名。

(9) 除运算也是两个关系之间的运算。设有关系 R 和 S，R 能被 S 除的条件有两个：一是 R 中的属性包含 S 中的属性，二是 R 中的有些属性不出现在 S 中。R 除以 S 表示为 $R \div S$，设商为 T，$T = R \div S$，T 的属性由 R 中那些不出现在 S 中的属性组成，其元组则是 S 中所有元组在 R 中对应值相同的那些元组值。

本章是非常重要的一章，为后续章节介绍 SQL 查询语句打下理论基础。

习题

设有如下关系模型：

学生信息表 S(SNO,SNAME,SEX,AGE)

教师授课表 T(CNO,CNAME,TEACHER)

学生选课表 ST(SNO,CNO,SCORE)

请用关系表达式表示下列查询语句。

10.1 查询“隋老师”所授课程的课程号(CNO)和课程名(CNAME)。

10.2 查询年龄大于 20 岁的男生学号(SNO)和姓名(SNAME)。

10.3 查询选修“隋老师”所授全部课程的学生姓名(SNAME)。

10.4 查询“吴梅”同学没有选修的课程的课程号(CNO)。

10.5 查询全部学生都选修的课程的课程号(CNO)和课程名(CNAME)。

10.6 查询选修课程包含“隋老师”所授课程之一的学生学号(SNO)。

10.7 查询选修了“C 语言”的学生学号(SNO)。

10.8 查询选修了全部课程的学生姓名(SNAME)。

10.9 查询选修张岳同学所修课程的学生学号(SNO)和姓名(SNAME)。

第 11 章　关系数据库标准语言——SQL

本章学习目标

- 理解 SQL 概述及特点，SQL 的数据定义，嵌入式 SQL 的使用方法。
- 掌握数据查询、数据操纵、视图、数据控制的 SQL。

SQL 是 Structured Query Language（结构化查询语言）的缩写，是关系数据库的标准语言，其功能不仅限于查询，而且非常全面强大，易学易用，所以几乎现在市面上的所有数据库管理系统都支持 SQL，使之成为数据库领域中的主流语言。

11.1　SQL 概述及特点

11.1.1　SQL 概述

SQL 于 1974 年由 Boyce 和 Chamberlin 提出，并在 IBM 公司研制的关系数据库管理系统 System R 上得以实现，它功能丰富，语言简练，易学易用，赢得了众多用户，被许多数据库厂商所采用，之后又由各厂商进行了不断的修改、完善，目前已成为关系数据库的标准操纵语言。

1986 年 10 月，美国国家标准局的数据库委员会 X3H2 批准了 SQL 作为关系数据库语言的美国标准，且公布了 SQL 标准文本（SQL-86）。1987 年，国际标准化组织也采纳了这个标准。此后 SQL 标准不断得到修改和完善，美国国家标准局又于 1989 年公布了 SQL-89 标准，1992 年公布了 SQL-92 标准，1999 年公布了 SQL-99 标准。还有一些对 SQL-99 的扩展，统称为 SQL：2003。另外，各大数据库厂商也都根据自己产品的特点提供了不同版本的 SQL。这些版本的 SQL 都包括最初的标准功能，还在很大程度上支持 SQL-92。事实上，目前还没有一个数据库产品完全支持 SQL-92，而是支持 SQL-92 的“子集的超集”，即大部分的产品在 SQL-92 主要功能的基础之上各自做了修改和扩展，有的还部分地支持 SQL-99 和 SQL：2003。本书对 SQL 的讨论主要以 SQL-92 为基础。

SQL 由 4 部分组成，包括数据定义语言（DDL）、数据操纵语言（DML）、数据控制语言（DCL）和其他，其功能如下。

（1）数据定义语言（Data Definition Language，DDL）：主要用于定义数据库的逻辑结构，包括数据库、基本表、视图和索引等，扩展 DDL 还支持存储过程、函数、对象、触发器等的定义。DDL 包括三类语言，即定义、修改和删除。

（2）数据操纵语言（Data Manipulation Language，DML）：主要用于对数据库的数据进行检索和更新，其中，更新操作包括插入、删除和修改数据。

(3) 数据控制语言(Data Control Language,DCL):主要用于对数据库的对象进行授权、用户维护(包括创建、修改和删除)、完整性规则定义和事务定义等。

(4) 其他:主要是嵌入式 SQL 和动态 SQL 的定义,规定了 SQL 在宿主语言中使用的规则。扩展 SQL 还包括数据库数据的重新组织、备份与恢复等功能。

11.1.2 SQL 的特点

SQL 因其简单、灵活、易掌握,受到了广大用户的欢迎。SQL 既可以作为交互式数据库语言使用,也可以作为程序设计语言的子语言使用,它是一个兼有关系代数和元组演算特征的语言,其特点如下所述。

1. 数据描述、操纵、控制功能的一体化

SQL 集数据定义语言、数据操纵语言、数据控制语言的功能于一体,语言风格统一,可以独立完成数据库生命周期中的全部活动,包括定义关系模式、建立数据库、插入数据、对数据库中的数据进行查询和更新、重构和维护数据库、数据库安全性和完整性控制等一系列操作要求,这就为数据库应用系统的开发提供了良好的环境。用户在数据库系统投入运行后,还可根据需要随时地、逐步地修改模式,且不影响数据库的运行,从而使系统具有良好的可扩展性。

2. 高度非过程化

用 SQL 进行数据操作,用户只需要指出“做什么”,而不需要指出“怎么做”,因此用户无须了解数据的存放位置和存取路径,数据的存取和整个 SQL 语句的操作过程由系统自动完成。这种高度非过程化的特性大大减轻了用户负担,并且有利于提高数据独立性。

3. 面向集合的操作方式

SQL 采用集合操作方式,不仅查询操作的对象是元组的集合,而且一次插入、删除和更新操作的对象也可以是元组的集合。非关系数据模型采用的是面向记录的操作方式,其操作对象是一条记录。

4. 用同一种语法结构提供两种使用方式

SQL 有两种使用方式。一种是联机交互使用的方式,此时,SQL 为自主式语言,可独立使用,这种方式适用非计算机专业人员使用;另一种是嵌入到某种高级程序设计语言的程序中,来实现数据库操作,在这种方式下,SQL 为嵌入语言,它依附于主语言,该方式适用于程序员。这两种使用方式为用户提供了灵活选择的余地,提供了极大的方便。尽管使用方式不同,但所用语言的语法结构基本上是一致的。

5. 语言简洁、易学易用

虽然 SQL 功能强大,但是设计巧妙、语言简洁,只有少量的关键字,而且语法简单,接近英语口语，学习起来非常容易。SQL 的所有核心功能只需要 9 个动词，分别如下。

(1) 数据查询：SELECT。

(2) 数据定义：CREATE，DROP，ALTER。

(3) 数据操纵：INSERT，UPDATE，DELETE。

(4) 数据控制：GRANT，REVOKE。

11.1.3 SQL 的基本概念

在 SQL-92 标准中使用了一些与传统关系模型不同的术语，这些术语在数据库领域使用的频度甚至超过对应关系模型的术语，因此必须加以介绍。

在 SQL 数据库中，与关系模型中关系(Relation)相对应的术语是表(Table)。表是行(Row)的集合。行是值(Value)的非空序列。行与表具有相同的基数，其值的数量与表的列(Column)的数量相等。每行中的第 i 个值与表的第 i 个列相对应。行是对表执行插入和删除操作时最小的数据单位。可见，在 SQL 数据库中，与元组相对应的术语是行，与属性相对应的术语是列，与分量相对应的术语是值。

在 SQL 数据库中关系可以有多种存在形式，最常见的有以下三种。

(1) 持久存储的表(Table)，也称为基表(Base Table)、基本表、数据库表或库表等。数据库中的持久数据存储在基本表中，用户可以对基本表中的行进行查询和更新。

(2) 逻辑表，称为视图(View)，是通过运算定义的关系。这种关系并不实际存储数据，它只是在需要的时候被完整或部分地生成。

(3) 临时表，是在执行数据查询和更新等操作时生成的临时关系，用于存储操作的中间数据，操作结束后即被删除。

上述最常用的是基本表，在不会混淆的情况下，就简单地称基本表为表。除上述三种表之外，有些关系数据库系统中可能还有外部表(数据存储在外部数据文件中)、索引表(按照结构化主键排序存储数据)等形式。

SQL 支持关系数据库的三级模式结构，如图 11.1 所示。

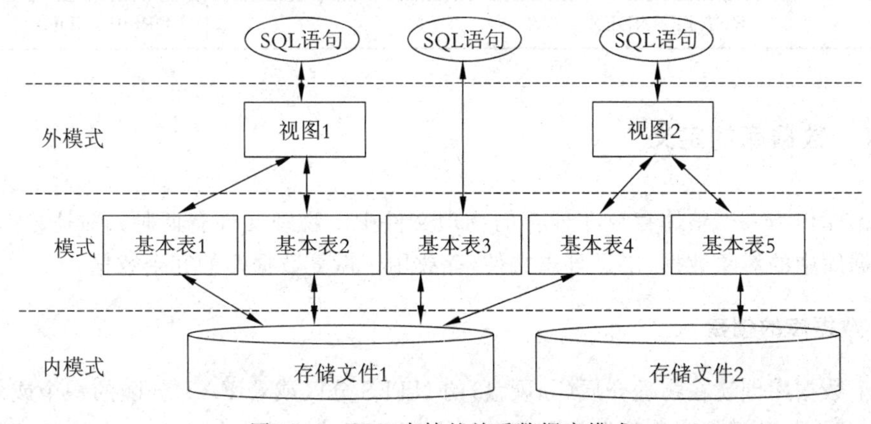

图 11.1 SQL 支持的关系数据库模式

从图 11.1 中可以看出：

(1) 外模式对应于视图和部分基本表，模式对应于基本表，内模式对应于存储文件。

(2) 用户可以用 SQL 对视图和基本表进行查询等操作。在用户眼中，视图和基本表都是一样的，都是关系，而存储文件对用户来说是透明的。

(3) 视图是从一个或几个基本表导出的表，它本身不独立存储在数据库中。也就是说，数据库中只有视图的定义，不存储对应的数据，这些数据仍存放在导出视图的基本表中，实际上，视图就是一个虚表。

(4) 基本表是本身独立存在的表。每个表对应一个存储文件，一个表可以带若干索引。索引存放在存储文件中。

11.2 SQL 的数据定义

数据库中的关系集合必须由数据定义语言来定义，包括：数据库模式、关系模式、每个属性的值域、完整性约束、每个关系的索引集合和关系的物理存储结构等。

SQL 数据定义语言的功能如下。

(1) 数据库的定义、修改和删除；

(2) 基本表的定义、修改和删除；

(3) 视图的定义、修改和删除；

(4) 索引的定义、修改和删除。

这些对象的定义、修改和删除方式如表 11.1 所示。

表 11.1 SQL 数据定义

操作对象	创 建	修 改	删 除
数据库	CREATE DATABASE	ALTER DATABASE	DROP DATABASE
基本表	CREATE TABLE	ALTER TABLE	DROP TABLE
视图	CREATE VIEW	ALTER VIEW	DROP VIEW
索引	CREATE INDEX		DROP INDEX

11.2.1 数据库的定义

数据库作为一个整体存放在外存的物理文件中。物理文件有两种：一是数据文件，存放数据库中的对象数据；二是日志文件，存放用于恢复数据库的冗余数据。

1. 数据库的创建

一个数据库创建在物理介质(如硬盘)的 NTFS 分区或者 FAT 分区的一个或多个文件上，它预先分配了将要被数据库和事务日志所使用的物理存储空间。存储数据的文件叫作数据文件，存储日志的文件叫作日志文件，这些文件用来存储数据库对象和数据。在创建一个新的数据库的时候，仅仅是创建了一个空壳，必须在这个空壳中创建对象（如表等），然后才能使用这个数据库。

定义数据库操作的语法为：

```
CREATE DATABASE <databaseName>
[ ON [ <filespec >[ ,…n ] ]
    [ ,<filegroup >[ ,…n ] ] ]
[ LOG ON { <filespec >[ ,…n ] } ]
```

其中：

(1) < **filespec** > ：：=[PRIMARY]([NAME =<logicalFileName>,]
FILENAME ='< osFileName >'[,SIZE =<size>]
[,MAXSIZE ={ <maxSize>| UNLIMITED }]
[,FILEGROWTH =<growthIncrement>])[,…n]

(2) < **filegroup** >：：= FILEGROUP <filegroupName>< filespec > [,…n]

(3) <databaseName>：被创建的数据库的名字，满足要求：长度可以为1～30，第一个字符必须是字母或下画线或字符@；在首字符后的字符可以是字母、数字或者前面规则中提到的字符；名称中不能有空格；数据库的大小可以被扩展或者收缩。

(4) ON：指定数据库中数据的磁盘文件，其中，<filespec>指数据文件，用逗号来分隔，用来定义主逻辑设备中的数据文件。除了主逻辑设备外，用户还可以定义用户的逻辑设备和相关用户文件。

(5) PRIMARY：描述在主逻辑设备中定义的相关文件，所有的数据库系统表存放在主逻辑设备中，同时也存放没有分配具体逻辑设备的对象。在主逻辑设备中第一个文件称为主文件，通常包括数据库的逻辑起始位置和系统表。

(6) LOG ON：指定数据库日志的磁盘文件，其中，<filespec>指日志文件。如果没有指定LOG ON，系统将自动创建单个的日志文件。

【例11.1】 建立学生数据库StudentDB。

```
CREATE DATABASE StudentDB
ON
    (NAME=StudentDB,
     FILENAME ='E: \StudentDB.mdf ',
     SIZE =2MB,
     MAXSIZE =10MB,
     FILEGROWTH =1)
LOG ON
    (NAME =StudentLog,
     FILENAME ='E: \StudentLog.ldf',
     SIZE =1MB,
     MAXSIZE =5MB,
     FILEGROWTH =1);
```

本例的含义是：在磁盘E的根目录下，创建一个StudentDB数据库，只有一个主逻辑设备，对应一个物理文件 StudentDB.mdf，该文件初始大小为 2MB，最大可扩展为 10MB；如果初始文件装不下数据，自动按 1MB 进行扩展，直到 10MB 为止。日志文件为 StudentLog.ldf，该文件初始大小为 1MB，最大可扩展为 5MB；如果初始文件装不下数据，自动按 1MB 进行扩展，直到 5MB 为止。

2. 数据库的修改

数据库在运行过程中，可以依据数据量的大小进行修改。

修改数据库操作的语法为：

```
ALTER DATABASE <databaseName>
{   ADD FILE <filespec >[ ,…n ] [ TO FILEGROUP <filegroupName>]
    | ADD LOG FILE <filespec >[ ,…n ]
    | REMOVE FILE <logicalFileName>
    | ADD FILEGROUP <filegroupName>
    | REMOVE FILEGROUP <filegroupName>
    | MODIFY FILE <filespec>
    | MODIFY FILEGROUP <filegroupName><filegroupProperty>
}
```

其中：

(1) <databaseName>：指定被修改的数据库的名称。

(2) ADD FILE：指定添加到数据库中的数据文件。

(3) TO FILEGROUP <filegroupName>：指定文件添加到的文件组名为<filegroupName>的文件组。

(4) ADD LOG FILE：指定添加到数据库中的日志文件。

(5) REMOVE FILE：从数据库系统表中删除该文件，并物理删除该文件。

(6) ADD FILEGROUP：指定要添加的文件组。

(7) <filegroupName>：要添加或除去的文件组名称。

(8) REMOVE FILEGROUP：从数据库中删除文件组并删除该文件组中的所有文件。只有在文件组为空时才能删除。

(9) MODIFY FILE：指定要更改给定的文件，更改选项包括 FILENAME、SIZE、FILEGROWTH 和 MAXSIZE。一次只能更改这些属性中的一种。必须在<filespec>中指定 NAME，以标识要更改的文件。如果指定了 SIZE，那么新大小必须比文件当前大小要大。只能为 tempdb 数据库中的文件指定 FILENAME，而且新名称只有在 Microsoft SQL Server 重新启动后才能生效。

【例 11.2】 修改 MyDB 数据库。

```
ALTER DATABASE MyDB
MODIFY FILE (NAME=TempDev1,
            SIZE=20MB );
```

将逻辑文件 TempDev1 初始大小修改为 20MB。

3. 数据库的删除

删除数据库时，系统会同时从系统的数据字典中将该数据库的描述一起删除，有的数据库系统还会自动删除与数据库相关联的物理文件。

删除数据库操作的语法为：

```
DROP DATABASE <databaseName>
```

11.2.2 基本表的定义

创建了数据库后，就可以在数据库中建立基本表。通过将基本表与逻辑设备相关联，使得一个基本表可以放在一个物理文件上，也可以放在多个物理文件上。

SQL 支持的基本数据类型有以下几种。

(1) 整型：int(4B)，smallint(2B)，tinyint(1B)。

(2) 实型：float，real(4B)，decimal(p，n)，numeric(p，n)。

(3) 字符型：char(n)，varchar(n)，text。

(4) 逻辑型：bit，只能取 0 和 1，不允许为空。

(5) 货币型：money(8B，4 位小数)，smallmoney(4B，两位小数)。

(6) 二进制型：binary(n)，varbinary(n)，image。

(7) 时间型：datetime(4B，从 1753-01-01 开始)，smalldatetime(4B，从 1900-01-01 开始)。

1. 创建基本表

基本表是关系模型中表示实体的展现方式，是用来组织和存储数据、具有行列结构的数据库对象。创建基本表的语法格式为：

```
CREATE TABLE <tableName>
( <columnName1><dataType> [default <defaultValue>] [NULL/NOT NULL],
  <columnName2><dataType> [default <defaultValue>] [NULL/NOT NULL],
  …
  [CONSTRAINT <constraintName1>{ PRIMARY KEY | UNIQUE }
    (<columnName> [,<columnName>…] [ON <filegroupName>])],
  [CONSTRAINT <constraintName2>{ FOREIGN KEY }
    (<columnName1> [,<columnName2>…])],
  [REFERENCES [<dbName>.owner.]<refTable>
    (<refColume1> [,<refColume2>…])], …) ON<filegroupName>)
```

其中：

(1) <tableName>：新表的名称。表名必须遵循标识符规则，最多可包含 128 个字符。

(2) <columnName>：表中列的名称。列名必须遵循标识符命名规则并且在表中是唯一的。

(3) <dataType>：指定列的数据类型。

(4) default <defaultValue>：为列设置默认值，属于可选项。

(5) NULL/NOT NULL：为列设置是否允许为空值，属于可选项。

(6) <constraintName>：定义约束的名字，属于可选项。

(7) UNIQUE：建立唯一索引。

(8) PRIMARY KEY：建立主码。

(9) FOREIGN KEY：建立外码。

(10) ON<filegroupName>：将对象放在指定的逻辑设备上，该逻辑设备必须是在创建数据库时定义的，缺省该项时自动将对象建立在主逻辑设备上。

下面通过一个具体的实例，详细讲解 SQL 创建数据库表的基本操作。创建学生成绩管理数据库 ScoreDB，然后在该数据库中创建 4 个数据表："班级信息表""学生信息表""课程信息表"和"成绩信息表"。表的结构及数据如表 11.2～表 11.9 所示。

表 11.2　班级信息表 Class

班级编号	班级名称	所属学院	年级	班级人数
classNo	className	institute	grade	classNum
char(6)	varchar(30)	varchar(30)	smallint	tinyint

表 11.3　学生信息表 Student

学号	姓名	性别	出生日期	籍贯	民族	班级编号
sno	sname	sex	birthday	native	nation	classNo
char(9)	varchar(20)	char(2)	datetime	varchar(20)	varchar(30)	char(6)

表 11.4　课程信息表 Course

课程号	课程名称	学分	学时	先修课程
cno	cname	creditHour	courseHour	priorCourse
char(3)	varchar(30)	numeric	tinyint	char(3)

表 11.5　成绩信息表 Score

学　号	课　程　号	成　绩
sno	cno	score
char(9)	char(3)	numeric

表 11.6　班级信息表 Class 的数据

序号	classNo	className	institute	grade	classNum
1	CS1701	计算机科学与技术 17_01 班	信息管理学院	2017	NULL
2	CS1801	计算机科学与技术 18_01 班	信息管理学院	2018	NULL
3	ER1701	金融管理 17_01 班	金融学院	2017	NULL

续表

序号	classNo	className	institute	grade	classNum
4	IS1701	信息管理与信息系统17_01班	信息管理学院	2017	NULL
5	IS1801	信息管理与信息系统18_01班	信息管理学院	2018	NULL
6	IS1802	信息管理与信息系统18_02班	信息管理学院	2018	NULL
7	MP1801	市场营销18_01班	工商管理学院	2018	NULL
8	MP1802	市场营销18_02班	工商管理学院	2018	NULL
9	TP1803	旅游管理18_01班	工商管理学院	2018	NULL

表11.7 学生信息表 Student 的数据

序号	sno	sname	sex	birthday	native	nation	classNo
1	201712001	周博杰	男	1999-4-19	哈尔滨	汉族	ER1701
2	201712002	寇志敏	女	1998-12-24	哈尔滨	汉族	ER1701
3	201722003	刘波	女	1998-12-21	哈尔滨	满族	CS1701
4	201723001	王若松	男	1999-1-20	乌鲁木齐	回族	IS1701
5	201723002	唐宇	男	1998-10-31	沈阳	朝鲜族	IS1701
6	201723003	王娜	女	1999-8-17	沈阳	汉族	IS1701
7	201822001	唐晓宇	男	2000-4-15	沈阳	汉族	CS1801
8	201822002	刘方晨	女	1999-11-11	大连	汉族	CS1801
9	201822003	王童靖	女	1999-10-1	大连	汉族	CS1801
10	201822004	廖鑫宇	男	2000-5-20	呼和浩特	蒙古族	CS1801
11	201822005	张岩峰	男	2000-3-26	呼和浩特	蒙古族	CS1801
12	201823001	李婷婷	女	2000-4-5	上海	汉族	IS1801
13	201823002	梁启永	男	2000-6-28	大连	汉族	IS1801
14	201823003	康鑫宇	男	1999-10-1	哈尔滨	汉族	IS1801
15	201823004	王岩	女	1998-5-20	哈尔滨	满族	IS1801
16	201823015	王雅琨	女	1999-3-26	呼和浩特	蒙古族	IS1802
17	201823016	吴敏	女	2000-12-21	北京	汉族	IS1802
18	201823017	王浩达	男	1999-8-21	石家庄	汉族	IS1802
19	201823018	张岩	男	1997-8-9	沈阳	回族	IS1802
20	201825011	王帅	男	1998-9-16	上海	汉族	MP1801
21	201825013	周星伊	男	1999-2-27	北京	汉族	MP1801
22	201825015	魏子睿	女	2000-3-20	乌鲁木齐	维吾尔族	MP1801

表 11.8 课程信息表 Course 的数据

序号	cno	cname	creditHour	courseHour	priorCourse
1	001	高等数学	6	96	NULL
2	002	离散数学	6	96	001
3	003	计算机原理	4	64	NULL
4	004	C 语言程序设计	6	96	003
5	005	数据结构	4	64	004
6	006	数据库系统原理	5	80	005
7	007	计算机网络	5	80	003
8	008	移动电子商务	3	48	007

表 11.9 成绩信息表 Score 的数据

序号	sno	cno	score
1	201722003	001	64
2	201722003	002	82
3	201722003	006	56
4	201723001	003	69
5	201723001	004	87
6	201723001	005	77
7	201723002	001	58
8	201723002	002	38
9	201822001	001	61
10	201822001	002	68
11	201822001	003	70
12	201822001	004	58
13	201822001	005	88
14	201822001	006	72
15	201822002	001	64
16	201822002	003	60
17	201822003	001	61
18	201822003	002	60
19	201823001	001	61
20	201823001	003	98

续表

序号	sno	cno	score
21	201823001	006	89
22	201823002	001	62
23	201823002	002	80
24	201823002	004	47
25	201823002	006	90
26	201823003	001	62
27	201823003	002	60
28	201823003	003	69
29	201823003	004	87
30	201823003	005	77
31	201823003	006	56
32	201825011	001	54
33	201825011	002	38

【例 11.3】 建立学生成绩管理数据库中的 4 张表。

```
CREATE TABLE Course (
    cno             char(3)                          NOT NULL,        --课程号
    cname           varchar(30)                      NOT NULL,        --课程名称
    creditHour      numeric(1)    default  0         NOT NULL,        --学分
    courseHour      tinyint       default  0         NOT NULL,        --学时
    priorCourse     char(3)                              NULL,        --先修课程
    CONSTRAINT CoursePK PRIMARY KEY (cno),
    CONSTRAINT CourseFK FOREIGN KEY (priorCourse) REFERENCES Course (cno)
);
CREATE TABLE Class(
    classNo         char(6)                          NOT NULL,        --班级编号
    className       varchar(30)                      NOT NULL,        --班级名称
    institute       varchar(30)                      NOT NULL,        --所属学院
    grade           smallint   default  0            NOT NULL,        --年级
    classNum        tinyint                              NULL,        --班级人数
    CONSTRAINT ClassPK PRIMARY KEY (classNo)
);
CREATE TABLE Student(
    sno             char(9)                          NOT NULL,        --学号
    sname           varchar(20)                      NOT NULL,        --姓名
    sex             char(2)                          NOT NULL,        --性别
    birthday        datetime                             NULL,        --出生日期
```

```
    native          varchar(20)                      NULL,          --籍贯
    nation          varchar(30) default  '汉族'      NULL,          --民族
    classNo         char(6)                          NULL,          --班级编号
    CONSTRAINT StudentPK PRIMARY KEY (sno),
    CONSTRAINT StudentFK FOREIGN KEY (classNo) REFERENCES Class (classNo)
);
CREATE TABLE Score(
    sno             char(9)                      NOT NULL,          --学号
    cno             char(3)                      NOT NULL,          --课程号
    score           numeric(5,1)   default 0     NOT NULL,          --成绩
    CHECK (score between 0.0 and 100.0),
    CONSTRAINT ScorePK PRIMARY KEY (sno, cno),
    CONSTRAINT ScoreFK1 FOREIGN KEY (sno) REFERENCES Student (sno),
    CONSTRAINT ScoreFK2 FOREIGN KEY (cno) REFERENCES Course (cno)
);
```

2. 基本表的修改

随着需求的不断变化,可能需要对数据库中的表结构进行相应的修改,如增加字段、删除字段或是对已有字段的类型继续修改等。使用 SQL 修改数据表结构主要使用 ALTER TABLE 语句,下面分别介绍如何使用 SQL 语句对数据表进行字段添加、字段类型修改、字段删除及删除数据表操作。

1) 使用 ALTER 语句添加字段

添加数据表字段的语法格式如下。

```
ALTER TABLE <tableName>ADD <columeName><dataType>
```

【例 11.4】 在学生信息表 Student 中增加一列联系电话 telephone。

```
ALTER TABLE Student ADD telephone varchar(11);
```

命令执行完毕后,打开 telephone 的表设计,可以看到多了一个属性列 telephone。

2) 使用 ALTER 语句修改字段类型

修改数据表字段类型的语法格式如下。

```
ALTER TABLE <tableName>ALTER COLUMN <columeName><newdataType>
```

其中,<tableName>为要修改的表名。ALTER COLUMN 子句用于指定将要更改的列名称和新的数据类型名称,<columeName>参数指定列名称,<newdataType>参数指定新的数据类型名称。

【例 11.5】 把学生信息表 Student 中的 nation 列修改数据类型为 varchar(20)。

```
ALTER TABLE Student ALTER COLUMN nation varchar(20);
```

3) 使用 ALTER 语句删除字段

删除数据表字段的语法格式如下。

```
ALTER TABLE <tableName> DROP COLUMN <columeName>
```

【例 11.6】 在学生信息表 Student 中删除联系电话 telephone 列。

```
ALTER TABLE Student DROP COLUMN telephone;
```

操作完成后，打开学生信息表 Student 的表设计，可以看到已无 telephone 的属性列，说明删除属性列操作成功。

3. 基本表的删除

删除表就是将表中数据和表的结构从数据库中永久性地去除。表被删除之后，就不能再恢复该表的定义。删除表可以使用 DROP TABLE 语句来完成，该语句的语法格式如下。

```
DROP TABLE <tableName>
```

其中，<tableName>为被删除的表名。

删除表时，系统会同时从系统的数据字典中将该表的描述一起删除。

【例 11.7】 删除 TempTable 表。

```
DROP TABLE TempTable;
```

11.2.3 索引的定义

索引是数据库中一个比较重要的对象，利用索引技术可以加快对表中数据的检索。它类似于图书的目录，目录允许用户不必翻阅整本图书就能根据页数迅速找到所需内容。在数据库中，索引也允许数据库应用程序不必扫描整个数据库，就能迅速找到表中特定的数据。在图书中，目录是内容和相应页码的列表清单。在数据库中，索引是表中数据和相应存储位置的列表。

在数据库的应用中，如何快速地对数据库进行数据查询十分重要，用户希望能用最快的速度和最方便的方式找到所需的数据，利用数据库中的索引可以快速找到表或索引视图中的特定信息。通过创建和设计良好的索引进行数据查询，可以显著提高数据库查询和应用程序的性能，减少磁盘 I/O 操作，降低系统资源的消耗。

在 SQL Server 中，可管理的最小空间是页。一个页是 8KB 的物理空间。插入数据时，数据就按照插入的时间顺序被放置在数据页上。一般地，放置数据的顺序与数据本身的逻辑关系之间没有任何联系。因此，从数据之间的逻辑关系看，数据是杂乱无章堆放在一起的。数据的这种堆放方式称为堆。当数据在一个数据页上堆满之后，数据就继续堆放在另外一个数据页上，这时就称为页分解。

数据库系统用下列两种方法之一来访问数据。

(1) 表扫描，就是指系统将指针放在该表的表头数据所在的数据页上，然后按照数据页的排列顺序，逐页地从前向后扫描该表数据所占有的全部数据页，直至扫描完表中的全部记录。在扫描时，如果找到符合查询条件的记录，那么就将这条记录挑选出来。最后，将全部挑选出来符合查询语句条件的记录显示出来。

(2) 使用索引查找。索引是一种树状结构,其中存储了关键字和指向包含关键字所在记录的数据页的指针。当使用索引查找时,系统将沿着索引的树状结构,根据索引中的关键字和指针找到符合查询条件的记录,最后将全部查找到的符合查询语句条件的记录显示出来。

索引是一种与表或视图关联的物理结构,能以一列或多列的值为基础迅速查找表中的行,用来加快从表或视图中检索数据行的速度。

为什么要创建索引呢?这是因为创建索引可以大大提高系统的性能。

(1) 通过创建唯一性索引,可以保证每一行数据的唯一性。

(2) 可以大大加快数据的检索速度,这也是创建索引最主要的原因。

(3) 可以加速表和表之间的连接,特别是在实现数据的参考完整性方面特别有意义。

(4) 在使用 ORDER BY 和 GROUP BY 子句进行数据检索时,同样可以显著减少查询中分组和排序的时间。

(5) 通过使用索引,可以在查询的过程中使用优化隐藏器,提高系统的性能。

既然增加索引有如此多的优点,为什么不对表中的每一个列创建一个索引呢?虽然索引有许多优点,但是为表中的每一个列都增加索引是非常不明智的做法。这是因为增加索引也有以下缺点。

(1) 创建索引和维护索引要耗费时间。

(2) 索引需要占物理空间,除了数据表占数据空间之外,每一个索引还要占一定的物理空间。如果要建立聚集索引,那么需要的空间就会更大。

(3) 当对表中的数据进行增加、删除和修改时,索引也要动态地维护,这样就降低了数据的维护速度。

由于上述这些原因,建立索引需要花费一定的时间和存储空间,而且使用 INSERT 和 UPDATE 对数据进行插入和更新操作时,维护索引在时间和空间上也需要一定的开销,因此没有必要对表中所有的列建立索引,而应该根据实际情况来创建索引。

1. 索引的建立

创建索引的语法格式如下。

```
CREATE [UNIQUE] [CLUSTERED | NONCLUSTERED]
INDEX <indexName>
ON <tableName (<columnName1> [ASC | DESC],
              <columnName2> [ASC | DESC], …)
[ON <filegroupName>]
```

其中:

(1) UNIOUE:表示创建唯一性的索引,这时在索引列中不能有相同的两个列值存在。

(2) CLUSTERED|NONCLUSTERED:表示创建聚集索引或非聚集索引,默认值是非聚集索引。聚集索引是指数据库表行中数据的物理顺序与键值的逻辑(索引)顺序相

同，而非聚集索引的逻辑顺序与磁盘上行的物理存储顺序不同。

(3) <indexName>：索引的名称，索引是数据库中的对象，因此在一个数据库中必须唯一。

(4) <tableName (<columnName1> [ASC|DESC], <columnName2> [ASC|DESC], …)：指出为哪个表的哪些属性建立索引，其中，[ASC|DESC]为按升序还是降序建立索引，默认为升序。

(5) [ON <filegroupName>]：指定索引文件存放在哪个逻辑设备上，该逻辑设备必须是在创建数据库时定义的，或者使用数据库的修改命令加入到数据库中的逻辑设备，缺省该项时自动将对象建立在主逻辑设备上。

【例 11.8】 在学生信息表中，首先按照班级编号的升序，然后按照学号的降序建立一个索引 ClassSnoIdx。

```
CREATE INDEX ClassSnoIdx ON Student (classNo ASC, sno DESC);
```

2. 索引的删除

索引一旦建立，用户就不需要管理它，由系统自动维护。使用 DROP INDEX 删除索引的语法格式如下。

```
DROP INDEX <indexName>
```

删除索引的同时将把有关索引的描述也从数据字典中删去。

【例 11.9】 删除 ClassSnoIdx 索引。

```
DROP INDEX ClassSnoIdx;
```

11.3 SQL 的单表查询

11.3.1 SELECT 语句概述

SELECT 语句由一系列灵活的子句组成，这些子句共同确定检索哪些数据。用户使用 SELECT 语句除可以查看普通数据库中的表格和视图的信息外，还可以查看 SQL Server 的系统信息。在介绍 SELECT 语句实现查询前，有必要对 SELECT 语句的基本语法结构稍做介绍。

所谓查询就是让数据库服务器根据客户端的要求搜寻出用户所需要的信息资料，并按用户规定的格式进行整理后返回给客户端。SQL 中用 SELECT 语句实现查询。查询语句 SELECT 在任何一种 SQL 中都是使用频率最高的语句。可以说 SELECT 语句是 SQL 的灵魂。SELECT 语句具有强大的查询功能，用户可以借助于它实现各种各样的查询要求。SQL 查询语句的基本结构包括三个子句：SELECT、FROM 和 WHERE，其中：

(1) SELECT 子句对应于关系代数中的投影运算,用来指定查询结果中所需要的属性和表达式。

(2) FROM 子句对应于关系代数中的笛卡儿积,用来给出查询所涉及的表,表可以是基本表、视图或查询表。

(3) WHERE 子句对应于关系代数中的选择,用来给出查询结果元组所需要满足的选择条件。

虽然 SELECT 语句的完整语法比较复杂,但其主要子句可归纳如下。

```
SELECT [ALL | DISTINCT] <目标列表达式>[AS][<别名>]
                        [<目标列表达式>[AS][<别名>] ,…]
FROM <基本表名|视图名|查询表>[AS][<别名>]
    [,<基本表名|视图名|查询表>[AS][<别名>],…]
[WHERE <条件表达式>]
[GROUP BY <列名 1>[<列名 2>,…]
[HAVING <条件表达式>] ]
[ ORDER BY <列名表达式>  [ASC|DESC] [,<列名表达式>  [ASC|DESC],…]]
```

对于 SQL 语句,SELECT 和 FROM 子句是必需的,其他的子句都是可选的。各子句的说明如下。

(1) SELECT <目标列表达式>,称为 SELECT 子句。用于指定整个查询结果表中包含的列。假定已经执行完 FROM、WHERE、GROUP BY、HAVING 子句,从概念上来说得到了一个表,若将该表称为 T,从 T 表中选择 SELECT 子句指定的目标列即为整个查询的结果表。

(2) FROM <数据源表>,称为 FROM 子句。用于指定整个查询语句用到的一个或多个基本表或视图,是整个查询语句的数据来源,通常称为数据源表。为了操作方便,常常给表取一个别名,称为元组变量。

(3) WHERE <条件表达式>,称为 WHERE 子句。用于指定多个数据源表的连接条件和单个源表中行的筛选或选择条件。如果只有一个源表,则没有表间的连接条件,只有行的筛选条件。

(4) GROUP BY <分组列>,称为 GROUP BY 子句。假定已经执行完 FROM、WHERE 子句,则从概念上来说得到了一个表,若将该表称为 T1 表,则 GROUP BY 用于指定 T1 表按哪些列(称为分组列)进行分组,对每一个分组进行运算,产生一行。所有这些行组成一个表,不妨把它称为 T2 表,T2 表实际上是一个组表。

(5) HAVING <组选择条件>,称为 HAVING 子句,与 GROUP BY 子句一起使用。用于指定组表 T2 表的选择条件,即选择 T2 表中满足<组选择条件>的行,组成一个表。

(6) ORDER BY <列名表达式>,称为 ORDER BY 子句。若有 ORDER BY 子句,则用于指定查询结果表 T 中按指定列进行升序或降序排序(默认情况下按升序排列),得到整个查询的结果表。它是 SQL 查询的最后一个操作,必须放在最后。其中,<列名表达式>可以是列名,也可以是表达式。排序有升序 ASC 和降序 DESC 两种,默认为升序。

11.3.2 投影运算

在 SELECT 语句中,只使用 FROM 子句即可实现最简单的列查询。以下将分情况介绍不同查询要求的具体实现方法。

1. 查询表中指定列

在 SELECT 子句的＜目标列名表＞中指定整个查询结果表中出现的若干个列名,各列名之间用逗号分隔。

【例 11.10】 查询所有班级的班级编号、班级名称和所属学院。

```
SELECT classNo, className, institute
FROM Class;
```

查询结果如图 11.2 所示。

2. 查询表中所有列

要查询所有的属性列,SQL 可以使用两种方法:一种是将所有的列在 SELECT 子句中列出(可以改变列的显示顺序);二是使用 * 来表示所有属性,此时按照表定义时的顺序显示所有属性。

【例 11.11】 查询所有课程的全部信息。

```
SELECT cno, cname, creditHour, courseHour, priorCourse
FROM Course;
```

或

```
SELECT *
FROM Course;
```

查询结果如图 11.3 所示。

	classNo	className	institute
1	CS1701	计算机科学与技术17_01班	信息管理学院
2	CS1801	计算机科学与技术18_01班	信息管理学院
3	ER1701	金融管理17_01班	金融学院
4	IS1701	信息管理与信息系统17_01班	信息管理学院
5	IS1801	信息管理与信息系统18_01班	信息管理学院
6	IS1802	信息管理与信息系统18_02班	信息管理学院
7	MP1801	市场营销18_01班	工商管理学院
8	MP1802	市场营销18_02班	工商管理学院
9	TP1803	旅游管理18_01班	工商管理学院

图 11.2 例 11.10 的查询结果

	cno	cname	creditHour	courseHour	priorCourse
1	001	高等数学	6	96	NULL
2	002	离散数学	6	96	001
3	003	计算机原理	4	64	NULL
4	004	C语言程序设计	6	96	003
5	005	数据结构	4	64	004
6	006	数据库系统原理	5	80	005
7	007	计算机网络	5	80	003
8	008	移动电子商务	3	48	007

图 11.3 例 11.11 的查询结果

3. 消除重复元组

以上的查询方式会返回从表格中搜索到的所有行的数据,而不管这些数据是否重复,这是用户所不希望的。DISTINCT关键字可以帮助用户去掉重复行，从而让返回的结果更简洁。

【例 11.12】 查询所有学院的名称。

```
SELECT DISTINCT institute
FROM Class;
```

查询结果如图 11.4 所示。

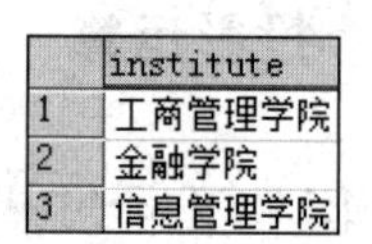

	institute
1	工商管理学院
2	金融学院
3	信息管理学院

图 11.4 例 11.12 的查询结果

4. 使用列别名

别名，就是另一个名字，主要是为了方便阅读。设置列别名的方法是：原列名［AS］列别名。

【例 11.13】 查询所有班级的所属学院、班级编号和班级名称，要求用中文显示列名。

```
SELECT institute 所属学院, classNo 班级编号, className 班级名称
FROM  Class;
```

或

```
SELECT institute as 所属学院, classNo as 班级编号, className as 班级名称
FROM  Class;
```

查询结果如图 11.5 所示。

5. 使用表达式的查询

表达式可以是列名、常量、函数，或用列名、常量、函数等经过+(加)、-(减)、*(乘)、/(除)等组成的公式。

【例 11.14】 查询每个班级编号、班级名称以及该班级现在为几年级。

```
SELECT (classNo) 班级编号,  className,year(getdate())-grade+1 as 年级
FROM Class;
```

其中，函数 getdate()可获取当前系统的日期，函数 year()用于提取日期中的年份，查询结果如图 11.6 所示。

	所属学院	班级编号	班级名称
1	信息管理学院	CS1701	计算机科学与技术17_01班
2	信息管理学院	CS1801	计算机科学与技术18_01班
3	金融学院	ER1701	金融管理17_01班
4	信息管理学院	IS1701	信息管理与信息系统17_01班
5	信息管理学院	IS1801	信息管理与信息系统18_01班
6	信息管理学院	IS1802	信息管理与信息系统18_02班
7	工商管理学院	MP1801	市场营销18_01班
8	工商管理学院	MP1802	市场营销18_02班
9	工商管理学院	TP1803	旅游管理18_01班

图 11.5 例 11.13 的查询结果

	班级编号	className	年级
1	CS1701	计算机科学与技术17_01班	2
2	CS1801	计算机科学与技术18_01班	1
3	ER1701	金融管理17_01班	2
4	IS1701	信息管理与信息系统17_01班	2
5	IS1801	信息管理与信息系统18_01班	1
6	IS1802	信息管理与信息系统18_02班	1
7	MP1801	市场营销18_01班	1
8	MP1802	市场营销18_02班	1
9	TP1803	旅游管理18_01班	1

图 11.6 例 11.14 的查询结果

11.3.3 选择运算

如果查询时只关心满足某些条件的记录，则此时可以用 WHERE 条件子句选择部分记录。使用 WHERE 子句可以限制查询的范围，提高查询效率。WHERE 子句中的条件表达式包括算术表达式和逻辑表达式两种，对 WHERE 子句中的查询条件的数目没有限制。＜条件表达式＞中常用的运算符有比较运算符和逻辑运算符。

比较运算符用于比较两个数值之间的大小是否相等。常用的比较运算符有＝（等于）、＞（大于）、＜（小于）、＞＝（大于或等于）、＜＝（小于或等于）、！＝或＜＞（不等于）。

逻辑运算符主要有以下几类。

(1) 范围比较运算符：BETWEEN…AND…，NOT BETWEEN…AND。

(2) 集合比较运算符：IN，NOT IN。

(3) 字符匹配运算符：LIKE，NOT LIKE。

(4) 空值比较运算符：IS NULL，IS NOT NULL。

(5) 条件连接运算符：AND，OR，NOT。

1. 使用比较表达式的查询

【例 11.15】 查询 2017 级的班级编号、班级名称和所属学院。

```
SELECT classNo, className, institute
FROM Class
WHERE grade=2017;
```

查询结果如图 11.7 所示。

	classNo	className	institute
1	CS1701	计算机科学与技术17_01班	信息管理学院
2	ER1701	金融管理17_01班	金融学院
3	IS1701	信息管理与信息系统17_01班	信息管理学院

图 11.7 例 11.15 的查询结果

【例 11.16】 查询年龄大于或等于 19 岁的学生学号、姓名和出生日期。

```
SELECT sno, sname, birthday
FROM Student
WHERE year(getdate())-year(birthday)>=19;
```

2. 使用 BETWEEN…AND 的查询

BETWEEN…AND 的基本格式如下。

```
列名 BETWEEN 下限值 AND 上限值
```

等价于：

```
列名>=下限值 AND 列名<=上限值
```

其中：

(1) 列名可以是表达式列的别名。

(2) BETWEEN…AND 一般用于数值型范围的比较。表示当列值在指定的下限值和上限值范围内时，条件为 TRUE，否则为 FALSE。

(3) NOT BETWEEN…AND 与 BETWEEN…AND 正好相反，表示列值不在指定的下限值和上限值范围内时，条件为 TRUE，否则为 FALSE。

【例 11.17】 查询成绩在 80～90 分的学生学号、课程号和相应的成绩。

```
SELECT sno, cno, score
FROM Score
WHERE score BETWEEN 80 AND 90;
```

等价于：

```
SELECT sno, cno, score
FROM Score
WHERE score >=80 AND score <=90;
```

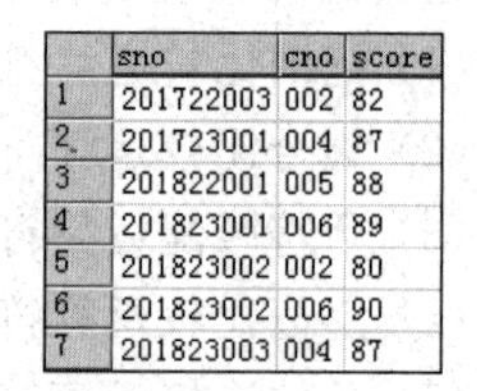

	sno	cno	score
1	201722003	002	82
2	201723001	004	87
3	201822001	005	88
4	201823001	006	89
5	201823002	002	80
6	201823002	006	90
7	201823003	004	87

图 11.8 例 11.17 的查询结果

查询结果如图 11.8 所示。

【例 11.18】 查询成绩不在 80～90 分的学生学号、课程号和相应的成绩。

```
SELECT sno, cno, score
FROM Score
WHERE score NOT BETWEEN 80 AND 90;
```

等价于：

```
SELECT sno, cno,score
FROM Score
WHERE score <80 AND score >90;
```

3. 使用 IN 的查询

运算符 IN 的引入可以方便地限制检索数据的范围，灵活使用 IN 关键字，可以用简洁的语句实现结构复杂的查询。

IN 条件表达式格式如下。

```
列名 IN (常量 1, 常量 2, …,常量 n)
```

当列值与 IN 中的任一常量值相等时，条件为 TRUE，否则为 FALSE。

NOT IN 与 IN 的含义正好相反，当列值与 IN 中的任一常量值都不相等时，结果为 TRUE，否则为 FALSE。

【例 11.19】 查询选修了课程号为“002”“004”或“006”的学生学号、课程号和相应的成绩。

```
SELECT sno, cno, score
```

```
FROM Score
WHERE cno IN ( '002', '004', '006');
```

等价于：

```
SELECT sno, cno, score
FROM Score
WHERE cno ='002' OR cno ='004' OR cno ='006';
```

【例 11.20】 查询学生籍贯既不是“哈尔滨”也不是“上海”的学生姓名、籍贯和所属班级编号。

```
SELECT sname, native, classNo
FROM Student
WHERE native NOT IN ( '哈尔滨', '上海');
```

等价于：

```
SELECT sname, native, classNo
FROM Student
WHERE native !='哈尔滨' AND native !='上海';
```

4. 使用 LIKE 的查询

在很多实际应用中,用户总是不能够给出精确的查询条件。因此,经常需要根据一条不确切的线索来搜索信息。LIKE 用于测试一个字符串是否与给定的模式匹配。所谓模式是一种特殊的字符串,其中可以包含普通字符,也可以包含特殊意义的字符,通常叫作通配符。

LIKE 运算符的一般格式如下。

```
列名 LIKE <模式串>
```

模式串中可包含的通配符及其含义如表 11.10 所示。

表 11.10 通配符及其含义

通配符	含义
%(百分号)	可匹配任意类型和长度的字符
_(下画线)	可匹配任意单个字符,它常用来限制表达式的字符长度

查询的含义是：如果在 LIKE 前没有 NOT,则查询指定的属性列值与字符串相匹配的元组;如果在 LIKE 前有 NOT,则查询指定的属性列值不与字符串相匹配的元组。

【例 11.21】 查询课程名称中含有“语言”二字的课程信息。

```
SELECT *
FROM Course
WHERE cname LIKE '%语言%';
```

【例 11.22】 查找不姓“王”的学生学号和姓名。

```
SELECT sno, sname
FROM Student
WHERE sname NOT LIKE  '王%';
```

【例 11.23】 查询学生姓名姓“王”且全名为三个汉字的学生学号和姓名。

```
SELECT sno, sname
FROM Student
WHERE sname LIKE '王__';
```

【例 11.24】 查询满族的学生学号和姓名。

```
SELECT sno, sname
FROM Student
WHERE nation LIKE '满族';
```

等价于：

```
SELECT sno, sname
FROM Student
WHERE nation='满族' ;
```

5. 基于 NULL 空值的查询

空值是尚未确定或不确定的值。判断某列值是否为 NULL 值,不能使用比较运算符等于和不等于,而只能使用如下专门的判断空值的子句。

(1) 判断列值为空的语句格式为：列名 IS NULL。

(2) 判断列值不为空的语句格式为：列名 IS NOT NULL。

【例 11.25】 查询先修课程为空值的课程信息。

```
SELECT *
FROM Course
WHERE priorCourse IS NULL;
```

查询结果如图 11.9 所示。

	cno	cname	creditHour	courseHour	priorCourse
1	001	高等数学	6	96	NULL
2	003	计算机原理	4	64	NULL

图 11.9 例 11.25 的查询结果

【例 11.26】 查询有先修课程的课程信息。

```
SELECT *
FROM Course
WHERE priorCourse IS NOT NULL;
```

6. 基于多个条件的查询

在WHERE子句中，可以使用多个搜索条件来选择记录，即通过逻辑运算符(NOT、AND或OR)将多个单独的搜索条件结合在一个WHERE子句中，形成一个复合的搜索条件。当对复合搜索条件求值时，DBMS首先对每个单独的搜索条件求值，然后执行布尔运算来决定整个WHERE子句的值是TRUE还是FALSE。只有那些满足整个WHERE子句的值是TRUE的记录才出现在结果中。

(1) NOT运算符表示逻辑“非”关系，用于对搜索条件的逻辑值求反。

(2) AND运算符表示逻辑“与”关系。当使用AND运算符组合两个逻辑表达式时，只有当两个表达式均为TRUE时才返回TRUE。

(3) OR运算符表示逻辑“或”关系。当使用OR运算符组合两个逻辑表达式时，只要其中一个表达式的条件为TRUE，结果便返回TRUE。

【例11.27】 查询1999年出生且民族为“汉族”的学生学号、姓名、出生日期。

```
SELECT sno, sname, birthday
FROM Student
WHERE year(birthday)=1999  AND nation ='汉族';
```

查询结果如图11.10所示。

	sno	sname	birthday
1	201712001	周博杰	1999-04-19 00:00:00.000
2	201723003	王娜	1999-08-17 00:00:00.000
3	201822002	刘方晨	1999-11-11 00:00:00.000
4	201822003	王童靖	1999-10-01 00:00:00.000
5	201823003	康鑫宇	1999-10-01 00:00:00.000
6	201823017	王浩达	1999-08-21 00:00:00.000
7	201825013	周星伊	1999-02-27 00:00:00.000

图11.10 例11.27的查询结果

【例11.28】 查询班级编号是“CS1801”或者是女生的学生信息。

```
SELECT *
FROM Student
WHERE classNo='CS1801' OR sex ='女';
```

11.3.4 排序运算

仅使用SELECT语句获得的数据是没有排序的，为了方便用户阅读和使用，往往需要对查询结果进行排序。在SQL中，可使用ORDER BY子句按要求进行排序。

使用ORDER BY子句可以指定在SELECT语句返回的列中所使用的排序顺序。

ORDER BY排序子句的格式如下。

```
ORDER BY <列名表达式>[ASC | DESC ] [ ,… n ]
```

其中，<列名表达式>指定排序的依据，ASC表示按列值升序方式排序，DESC表示按列值降序方式排序。如果没有指定排序方式，则默认的排序方式为升序排序。

在ORDER BY子句中，可以指定多个用逗号分隔的列名。这些列出现的顺序决定了查询结果排序的顺序。当指定多个列时，首先按最前面的列进行排序，如果排序后存在两个或两个以上列值相同的行，则对这些值相同的行再依据第二列进行排序，以此类推。

【例 11.29】 查询选修课程号为“001”的学生学号及成绩并按成绩的降序排序。

```
SELECT sno, score
FROM Score
WHERE cno='001'
ORDER BY score DESC;
```

查询结果如图 11.11 所示。

【例 11.30】 查询性别为“女”的学生学号、姓名、性别及所属班级编号，并按班级编号的升序、学号的降序排序输出。

```
SELECT sno, sname, sex, classNo
FROM Student
WHERE sex='女'
ORDER BY classNo, sno DESC;
```

查询结果如图 11.12 所示。

	sno	score
1	201722003	64
2	201822002	64
3	201823002	62
4	201823003	62
5	201822003	61
6	201823001	61
7	201822001	61
8	201723002	58
9	201825011	54

图 11.11 例 11.29 的查询结果

	sno	sname	sex	classNo
1	201722003	刘波	女	CS1701
2	201822003	王童靖	女	CS1801
3	201822002	刘方晨	女	CS1801
4	201712002	寇志敏	女	ER1701
5	201723003	王娜	女	IS1701
6	201823004	王岩	女	IS1801
7	201823001	李婷婷	女	IS1801
8	201823016	吴敏	女	IS1802
9	201823015	王雅琨	女	IS1802
10	201825015	魏子睿	女	MP1801

图 11.12 例 11.30 的查询结果

11.3.5 查询表

SQL 中的 FROM 子句后面可以是基本表、视图，还可以是查询表。

【例 11.31】 查询 1999 年出生的且性别是“女”的学生的基本信息。

```
SELECT sno, sname, birthday
FROM (SELECT * FROM Student WHERE sex='女') as a
WHERE year(birthday)=1999;
```

等价于：

```
SELECT sno, sname, birthday
FROM Student
WHERE year(birthday)=1999 AND sex='女';
```

查询结果如图 11.13 所示。

	sno	sname	birthday
1	201723003	王娜	1999-08-17 00:00:00.000
2	201822002	刘方晨	1999-11-11 00:00:00.000
3	201822003	王童靖	1999-10-01 00:00:00.000
4	201823015	王雅琨	1999-03-26 00:00:00.000

图 11.13 例 11.31 的查询结果

11.4 SQL的连接查询

在实际查询应用中，用户往往需要从两个或多个表中查询相关数据，此时需要使用多表查询。多表查询用多个表中的数据来组合，再从中选取所需要的数据信息。多表查询实际上是通过各个表之间的共同列的相关性来查询数据的，是数据库查询最主要的特征。多表查询首先要在各个表之间建立连接。本节主要通过多表查询操作来介绍如何连接多个表进行查询操作。使用多表连接时应遵循以下基本原则。

（1）SELECT子句列表中，多表中都有的共同列前都要加上基本表名称；

（2）FROM子句应包括所有使用的基本表，多个基本表之间用逗号分隔；

（3）表的连接有多种类型，常见的有内连接和外连接。内连接又可分为等值连接、非等值连接和自表连接三种。

11.4.1 等值与非等值连接

1. 等值连接

内连接是比较常用的一种数据连接查询方式。它使用比较运算符进行多个基本表间的数据的比较操作，并列出这些基本表中与连接条件相匹配的所有的数据行。一般用INNER JOIN或JOIN关键字来指定内连接。

内连接的语法格式为：

```
SELECT <目标列表达式>
FROM 表 1 INNER JOIN 表 2 [ON 连接条件]
[WHERE <条件表达式>]
[ORDER BY <列名表达式>]
```

等值与非等值连接就是在WHERE子句中加入连接多个关系的连接条件，使用比较运算符来比较连接列的列值，其查询结果中列出被连接表中的所有列，并且包括重复列。在等值与非等值连接中，可以使用的比较运算符有＝，＞，＜，＞＝，＜＝，＜＞，也可以使用范围运算符BETWEEN等，其格式为：

```
WHERE [<表 1>.]<属性名 1><比较运算符>[<表 2>.]<属性名 2>
    [ <逻辑运算符>[<表 3>.]<属性名 3><比较运算符>[<表 4>.]<属性名 4>… ]
```

等值连接查询有两种表示方法。其中一种方法是用WHERE子句实现连接条件。连接条件的形式往往是“主键＝外键”。即按一个表的主键值与另一个表的外键值相等的原则进行连接。另一种方法是使用INNER JOIN表示的等值连接方法。以下举例说明不同的等值连接方法。

【例11.32】 查询信息管理学院全体学生的学号、姓名、籍贯、班级编号和所在班级名称（用WHERE子句实现）。

```
SELECT sno, sname, native, Student.classNo, className
FROM Student, Class
WHERE Student.classNo=Class.classNo AND institute='信息管理学院';
```

在连接操作中，如果涉及多个表的相同属性名，必须在相同的属性名前加上表名加以区分，如 Student. classNo、Class. classNo。

为了简化，可为参与连接的表取别名(称为元组变量)，这样可在相同的属性名前加上表的别名以示区分。将 Student 表取别名为 a，Class 表取别名为 b，班级编号分别用 a. classNo 和 b. classNo 表示。本例可以改写为：

```
SELECT sno, sname, native, b.classNo, className
FROM Student AS a, Class AS b
WHERE a.classNo=b.classNo AND institute='信息管理学院';
```

或者

```
SELECT sno, sname, native, b.classNo, className
FROM Student a, Class b
WHERE a.classNo=b.classNo AND institute='信息管理学院';
```

当执行该语句时，首先执行 FROM 子句列出的两个表学生信息表和班级信息表，计算这两个表的笛卡儿积，列出两个表中行的所有可能组合，形成一个中间表。

随后，DBMS 将执行 WHERE 子句，根据“学生信息表. 班级编号＝班级信息表. 班级编号”关系对中间表进行搜索，去除那些不满足该关系的记录。

最后执行 SELECT 语句，从执行 WHERE 子句后得到的中间表的每条记录中，提取需要的字段信息作为结果表显示。

【例 11. 33】 查询全体学生的学号、姓名、籍贯、班级编号和所在班级名称(用 INNER JOIN 的方式实现)。

```
SELECT sno, sname, native, Student.classNo, className
FROM Student INNER JOIN Class
ON Student.classNo=Class.classNo;
```

【例 11. 34】 查询学生唐晓宇所选修的课程号、课程名称。

```
SELECT Course.cno, cname
FROM Course, Student, Score
WHERE Student.sno=Score.sno
    AND Score.cno=Course.cno
    AND sname='唐晓宇';
```

(1) 查询结果为课程号、课程名称，在 SELECT 子句中必须包含这些属性。

(2) 学号和姓名在学生表中，课程号和课程名称在课程表中，FROM 子句必须包含学生表 Student、课程表 Course；由于学生表与课程表之间是多对多联系，需通过成绩表转换为两个多对一的联系，FROM 子句必须包含成绩表 Score。

(3) 课程号既是课程表的主码，也是成绩表的外码，这两个表的连接条件是课程号相等;学号既是学生表的主码,也是成绩表的外码,这两个表的连接条件是学号相等。在WHERE子句中涉及三个关系的连接,其连接条件为:

```
Course.cno=Score.cno AND Score.sno=Student.sno
```

(4) 查找"唐晓宇"所选修的课程信息,在WHERE子句中必须包括选择条件sname='唐晓宇'。

【例11.35】 查找同时选修了编号为"001"和"002"课程的学生学号、姓名、课程号和相应成绩,并按学号排序输出。

(1) 查询结果为学号、姓名、课程号和相应成绩,在SELECT子句中必须包含这些属性。

(2) 由于学号和姓名在学生表中,课程号和成绩在成绩表中,FROM子句必须包含学生表Student和成绩表Score。

(3) 学号既是学生表的主码,也是成绩表的外码,这两个表的连接条件是学号相等,WHERE子句必须包含这个连接条件。

```
SELECT a.sno, sname, b.cno, b.score
FROM Student a, Score b
WHERE a.sno=b.sno  --表a与表b的连接条件
```

(4) 为了表示同时选修"001"和"002"课程的选择条件,首先在WHERE子句中直接包含选择条件cno='001'以查找出所有选修了"001"课程的同学。其次,基于成绩表Score构造一个查询表c,查找出选修了编号为"002"课程的所有同学。最后,将选修了编号为"001"课程的元组与查询表c的元组关于学号进行等值连接。如果连接成功,表示该同学同时选修了这两门课程。

查询语句为:

```
SELECT a.sno, sname, b.cno, b.score, c.cno, c.score
FROM Student a, Score b, (SELECT * FROM Score WHERE cno='002') c
WHERE b.cno='001'
    AND a.sno=b.sno        --表a与表b的连接条件
    AND a.sno=c.sno        --表a与表c的连接条件
ORDER BY a.sno
```

也可以表示为:

```
SELECT a.sno, sname, b.cno, b.score, c.cno, c.score
    FROM Student a,
                (SELECT * FROM Score WHERE cno='001') b,
                (SELECT * FROM Score WHERE cno='002') c
    WHERE a.sno=b.sno          --表a与表b的连接条件
        AND a.sno=c.sno        --表a与表c的连接条件
    ORDER BY a.sno
```

2. 自然连接

自然连接即是非等值连接。

SQL 不直接支持自然连接，完成自然连接的方法是在等值连接的基础上消除重复列。

【例 11.36】 实现班级信息表 Class 和学生信息表 Student 的自然连接。

```
SELECT a.classNo, className, institute, grade, classNum,
                sno, sname, sex, birthday, native, nation
FROM Class a, Student b
WHERE a.classNo=b.classNo;
```

本例班级编号在两个关系中同时出现，但在 SELECT 子句中仅需出现一次，因此使用 a. classNo，也可以使用 b. classNo。其他列名是唯一的，不需要加上元组变量。

11.4.2 自表连接

若某个表与自己进行连接，则称为自表连接。在实际应用中，此时应为表定义别名。自表连接是一种特殊的内连接，可以看作是同一个表的两个副本之间进行的连接。为了给两个副本命名，必须为每一个表副本设置不同的别名，使之在逻辑上成为两张表。

【例 11.37】 查询每门课的间接先修课程(即先行课的先修课)。

```
SELECT c1.cno, c2.priorCourse
FROM Course c1, Course c2
WHERE c1.priorCourse=c2.cno;
```

由于在 Course 表中只列出了每门课程的直接先修课，所以要想找到课程的间接先修课，应先找到这门课程的直接先修课，然后再按照此先修课的课程号，查找它的先修课，这两步操作就相当于将 Course 表与其自身连接后，将第一个 Course 表中的 cno 和第二个 Course 表中的 priorCourse 作为所取的目标属性列。

【例 11.38】 查找同时选修了编号为“001”和“002”课程的学生学号、姓名、课程号和相应成绩，并按学号排序输出。

```
SELECT a.sno, sname, b.cno, b.score, c.cno, c.score
FROM Student a, Score b, Score c
WHERE b.cno='001' AND c.cno='002'
    AND a.sno=b.sno AND b.sno=c.sno
ORDER BY a.sno;
```

(1) 学生姓名在学生表中，FROM 子句必须包含学生表(取别名为 a)。

(2) 可以考虑两个成绩表，分别记为 b 和 c，b 表用于查询选修了编号为“001”课程的同学，c 表用于查询选修了编号为“002”课程的同学。因此 FROM 子句还必须包含两个成绩表 b 和 c，且在 WHERE 子句中包含两个选择条件：

```
b.cno='001' AND c.cno='002'
```

(3) 一方面,成绩表 b 与成绩表 c 在学号上做等值连接(自表连接),如果连接成功,表示学生同时选修了编号为“001”和“002”的课程;另一方面,学生表与成绩表 b (或成绩表 c)在学号上做等值连接。WHERE 子句包含两个连接条件:

```
b.sno=c.sno AND a.sno=b.sno
```

本查询结果与例 11.35 相同。在该查询中,FROM 子句后面包含两个参与自表连接的成绩表 Score,必须定义元组变量加以区分,自表连接的条件是 b. sno=c. sno。

11.4.3 外连接

内连接把两个表连接成一个表,结果表中仅包含原表中满足连接条件的行,前面介绍的等值连接和非等值连接都属于内连接范畴。在一般的连接中,只有满足连接条件的元组才被检索出来,对于没有满足连接条件的元组是不作为结果被检索出来的。如例 11.36,查询结果如图 11.14 所示。

	classNo	className	institute	grade	classNum	sno	sname	sex	birthday	native	nation
1	ER1701	金融管理17_01班	金融学院	2017	NULL	201712001	周博杰	男	1999-04-19 00:00:00.000	哈尔滨	汉族
2	ER1701	金融管理17_01班	金融学院	2017	NULL	201712002	寇志敏	女	1998-12-24 00:00:00.000	哈尔滨	汉族
3	CS1701	计算机科学与技术17_01班	信息管理学院	2017	NULL	201722003	刘波	女	1998-12-21 00:00:00.000	哈尔滨	满族
4	IS1701	信息管理与信息系统17_01班	信息管理学院	2017	NULL	201723001	王若松	男	1999-01-20 00:00:00.000	乌鲁木齐	回族
5	IS1701	信息管理与信息系统17_01班	信息管理学院	2017	NULL	201723002	唐宇	男	1998-10-31 00:00:00.000	沈阳	朝鲜族
6	IS1701	信息管理与信息系统17_01班	信息管理学院	2017	NULL	201723003	王娜	女	1999-08-17 00:00:00.000	沈阳	汉族
7	CS1801	计算机科学与技术18_01班	信息管理学院	2018	NULL	201822001	唐晓宇	男	2000-04-15 00:00:00.000	沈阳	汉族
8	CS1801	计算机科学与技术18_01班	信息管理学院	2018	NULL	201822002	刘方晨	女	1999-11-11 00:00:00.000	大连	汉族
9	CS1801	计算机科学与技术18_01班	信息管理学院	2018	NULL	201822003	王童靖	女	1999-10-01 00:00:00.000	大连	汉族
10	CS1801	计算机科学与技术18_01班	信息管理学院	2018	NULL	201822004	廖鑫宇	男	2000-05-20 00:00:00.000	呼和浩特	蒙古族
11	CS1801	计算机科学与技术18_01班	信息管理学院	2018	NULL	201822005	张岩峰	男	2000-03-26 00:00:00.000	呼和浩特	蒙古族
12	IS1801	信息管理与信息系统18_01班	信息管理学院	2018	NULL	201823001	李婷婷	女	2000-04-05 00:00:00.000	上海	汉族
13	IS1801	信息管理与信息系统18_01班	信息管理学院	2018	NULL	201823002	梁启永	男	2000-06-28 00:00:00.000	大连	汉族
14	IS1801	信息管理与信息系统18_01班	信息管理学院	2018	NULL	201823003	康鑫宇	男	1999-10-01 00:00:00.000	哈尔滨	汉族
15	IS1801	信息管理与信息系统18_01班	信息管理学院	2018	NULL	201823004	王岩	女	1998-05-20 00:00:00.000	哈尔滨	满族
16	IS1802	信息管理与信息系统18_02班	信息管理学院	2018	NULL	201823015	王雅琨	女	1999-03-26 00:00:00.000	呼和浩特	蒙古族
17	IS1802	信息管理与信息系统18_02班	信息管理学院	2018	NULL	201823016	吴敏	女	2000-12-21 00:00:00.000	北京	汉族
18	IS1802	信息管理与信息系统18_02班	信息管理学院	2018	NULL	201823017	王浩达	男	1999-08-21 00:00:00.000	石家庄	汉族
19	IS1802	信息管理与信息系统18_02班	信息管理学院	2018	NULL	201823018	张岩	男	1997-08-09 00:00:00.000	沈阳	回族
20	MP1801	市场营销18_01班	工商管理学院	2018	NULL	201825011	王帅	男	1998-09-16 00:00:00.000	上海	汉族
21	MP1801	市场营销18_01班	工商管理学院	2018	NULL	201825013	周星伊	男	1999-02-27 00:00:00.000	北京	汉族
22	MP1801	市场营销18_01班	工商管理学院	2018	NULL	201825015	魏子睿	女	2000-03-20 00:00:00.000	乌鲁木齐	维吾尔族

图 11.14　例 11.36 的查询结果

班级信息表 Class 的查询结果如图 11.15 所示,从结果中可以看出:班级表中的“市场营销 18_02 班”和“旅游管理 18_01 班”这两个班没有出现在查询结果中,原因是这两个班没有学生。

	classNo	className	institute	grade	classNum
1	CS1701	计算机科学与技术17_01班	信息管理学院	2017	NULL
2	CS1801	计算机科学与技术18_01班	信息管理学院	2018	NULL
3	ER1701	金融管理17_01班	金融学院	2017	NULL
4	IS1701	信息管理与信息系统17_01班	信息管理学院	2017	NULL
5	IS1801	信息管理与信息系统18_01班	信息管理学院	2018	NULL
6	IS1802	信息管理与信息系统18_02班	信息管理学院	2018	NULL
7	MP1801	市场营销18_01班	工商管理学院	2018	NULL
8	MP1802	市场营销18_02班	工商管理学院	2018	NULL
9	TP1803	旅游管理18_01班	工商管理学院	2018	NULL

图 11.15　班级信息表 Class 的查询结果

内连接可以消除与另一个表的任何行都不匹配的行，在实际应用中，往往需要将不满足连接条件的元组也检索出来，只是在相应的位置用空值替代，这种查询称为外连接查询。在外连接中参与连接的表有主从之分，以主表中的每行数据去匹配从表中的数据行，如果符合连接条件，则直接返回到查询结果中；如果主表中的行在从表中没有找到匹配的行，与内连接不同的是，在外连接中主表的行仍然保留，并且返回到查询结果中，相应的从表中的行中被填上空值后也返回到查询结果中。

外连接可以分为左外连接、右外连接和全外连接三种类型。外连接的语法格式如下。

```
SELECT <目标列表达式>
FROM 表 1 <LEFT|RIGHT|FULL> [OUTER] JOIN 表 2 [ON 连接条件]
[WHERE<条件表达式>]
[ORDER BY <列名表达式>]
```

1. 左外连接

左外连接的连接结果中包含左关系中的所有元组，对于左关系中没有连接上的元组，其右关系中的相应属性用空值替代。与内连接相比，左外连接除了包含两个表的匹配行外，还包括 FROM 子句中 JOIN 关键字左边表的不匹配行。左外连接的结果可以表示如下。

左外连接＝匹配行＋左边表中不匹配的行

其中，缺少的右边表中的列值用 NULL 表示。

【例 11.39】 实现班级信息表 Class 和学生信息表 Student 的左外连接。

```
SELECT a.classNo, className, institute, grade, classNum,
              sno, sname, sex, birthday, native, nation
FROM Class a LEFT OUTER JOIN Student b
ON a.classNo=b.classNo;
```

该查询也可以表示为：

```
SELECT a.classNo, className, institute, grade, classNum,
              sno, sname, sex, birthday, native, nation
FROM Class a, Student b
WHERE a.classNo * =b.classNo;
```

查询结果如图 11.16 所示。

2. 右外连接

右外连接的连接结果中包含右关系中的所有元组，对于右关系中没有连接上的元组，其左关系中的相应属性用空值替代。与内连接相比，右外连接除了包含两个表的匹配行外，还包括 FROM 子句中 JOIN 关键字右边表的不匹配行。右外连接的结果可以表示如下。

右外连接＝匹配行＋右边表中不匹配的行

	classNo	className	institute	grade	classNum	sno	sname	sex	birthday	native	nation
1	CS1701	计算机科学与技术17_01班	信息管理学院	2017	NULL	201722003	刘波	女	1998-12-21 00:00:00.000	哈尔滨	满族
2	CS1801	计算机科学与技术18_01班	信息管理学院	2018	NULL	201822001	唐晓宇	男	2000-04-15 00:00:00.000	沈阳	汉族
3	CS1801	计算机科学与技术18_01班	信息管理学院	2018	NULL	201822002	刘方晨	女	1999-11-11 00:00:00.000	大连	汉族
4	CS1801	计算机科学与技术18_01班	信息管理学院	2018	NULL	201822003	王童靖	女	1999-10-01 00:00:00.000	大连	汉族
5	CS1801	计算机科学与技术18_01班	信息管理学院	2018	NULL	201822004	廖鑫宇	男	2000-05-20 00:00:00.000	呼和浩特	蒙古族
6	CS1801	计算机科学与技术18_01班	信息管理学院	2018	NULL	201822005	张岩峰	男	2000-03-26 00:00:00.000	呼和浩特	蒙古族
7	ER1701	金融管理17_01班	金融学院	2017	NULL	201712001	周博杰	男	1999-04-19 00:00:00.000	哈尔滨	汉族
8	ER1701	金融管理17_01班	金融学院	2017	NULL	201712002	寇志敏	女	1998-12-24 00:00:00.000	哈尔滨	汉族
9	IS1701	信息管理与信息系统17_01班	信息管理学院	2017	NULL	201723001	王若松	男	1999-01-20 00:00:00.000	乌鲁木齐	回族
10	IS1701	信息管理与信息系统17_01班	信息管理学院	2017	NULL	201723002	唐宇	男	1998-10-31 00:00:00.000	沈阳	朝鲜族
11	IS1701	信息管理与信息系统17_01班	信息管理学院	2017	NULL	201723003	王娜	女	1999-08-17 00:00:00.000	沈阳	汉族
12	IS1801	信息管理与信息系统18_01班	信息管理学院	2018	NULL	201823001	李婷婷	女	2000-04-05 00:00:00.000	上海	汉族
13	IS1801	信息管理与信息系统18_01班	信息管理学院	2018	NULL	201823002	梁启永	男	2000-06-28 00:00:00.000	大连	汉族
14	IS1801	信息管理与信息系统18_01班	信息管理学院	2018	NULL	201823003	康鑫宇	男	1999-10-01 00:00:00.000	哈尔滨	汉族
15	IS1801	信息管理与信息系统18_01班	信息管理学院	2018	NULL	201823004	王岩	女	1998-05-20 00:00:00.000	哈尔滨	满族
16	IS1802	信息管理与信息系统18_02班	信息管理学院	2018	NULL	201823015	王雅琨	女	1999-03-26 00:00:00.000	呼和浩特	蒙古族
17	IS1802	信息管理与信息系统18_02班	信息管理学院	2018	NULL	201823016	吴敏	女	2000-12-21 00:00:00.000	北京	汉族
18	IS1802	信息管理与信息系统18_02班	信息管理学院	2018	NULL	201823017	王浩达	男	1999-08-21 00:00:00.000	石家庄	汉族
19	IS1802	信息管理与信息系统18_02班	信息管理学院	2018	NULL	201823018	张岩	男	1997-08-09 00:00:00.000	沈阳	回族
20	MP1801	市场营销18_01班	工商管理学院	2018	NULL	201825011	王帅	男	1998-09-16 00:00:00.000	上海	汉族
21	MP1801	市场营销18_01班	工商管理学院	2018	NULL	201825013	周星伊	男	1999-02-27 00:00:00.000	北京	汉族
22	MP1801	市场营销18_01班	工商管理学院	2018	NULL	201825015	魏子睿	女	2000-03-20 00:00:00.000	乌鲁木齐	维吾尔族
23	MP1802	市场营销18_02班	工商管理学院	2018	NULL	NULL	NULL	NULL	NULL	NULL	NULL
24	TP1803	旅游管理18_01班	工商管理学院	2018	NULL	NULL	NULL	NULL	NULL	NULL	NULL

图 11.16　例 11.39 的查询结果

其中,缺少的左边表中的列值用 NULL 表示。

【例 11.40】 实现班级信息表 Class 和学生信息表 Student 的右外连接。

```
SELECT a.classNo, className, institute, grade, classNum,
           sno, sname, sex, birthday, native, nation
FROM Class a RIGHT OUTER JOIN Student b
ON a.classNo=b.classNo;
```

该查询也可以表示为:

```
SELECT a.classNo, className, institute, grade, classNum,
           sno, sname, sex, birthday, native, nation
FROM Class a, Student b
WHERE a.classNo= * b.classNo;
```

3. 全外连接

全外连接的连接结果中包含左、右关系中的所有元组。对左关系中没有连接上的元组,其右关系中的相应属性用空值替代,对右关系中没有连接上的元组,其左关系中的相应属性用空值替代。全外连接使用 FULL OUTER JOIN 关键字对两个表进行连接。这种连接方式返回左表和右表中的所有行。当某行在一个表中没有匹配的行时,则另一个表与之相对应列的值为 NULL。如果表之间有匹配的行,则整个结果集包含表的数据值。

【例 11.41】 实现班级信息表 Class 和学生信息表 Student 的全外连接。

```
SELECT a.classNo, className, institute, grade, classNum,
           sno, sname, sex, birthday, native, nation
FROM Class a FULL OUTER JOIN Student b
```

```
ON a.classNo=b.classNo;
```

11.5 SQL的聚合查询

SQL查询提供了丰富的数据分类、统计和计算的功能，其统计功能通过聚合函数来实现，分类功能通过分组子句来实现，并且统计和分组往往结合在一起实现丰富的查询功能。

11.5.1 聚合函数

聚集函数(Aggregate Function)也称为集合函数或统计函数，其作用是对一组值进行计算并返回一个值。常用聚合函数及其功能介绍如表11.11所示。

表11.11 常用聚合函数

聚合函数	功能
count(*)	求表中或组中记录的个数
count([DISTINCT | ALL]{＜列名＞})	求关系的元组个数或一列中值的个数
sum([DISTINCT | ALL]＜列名＞)	求该列所有值的总和(必须是数值型列)
avg([DISTINCT | ALL]＜列名＞)	求该列所有值的平均值(必须是数值型列)
max([DISTINCT | ALL]＜列名＞)	求该列所有值的最大值(必须是数值型列)
min([DISTINCT | ALL]＜列名＞)	求该列所有值的最小值(必须是数值型列)

如果指定DISTINCT谓词，表示在计算时首先消除＜列名＞取重复值的元组，然后再进行统计；指定ALL谓词或没有DISTINCT谓词，表示不消除＜列名＞取重复值的元组。

【例11.42】 查询学生总人数。

```
SELECT COUNT(*) 总人数
FROM Student;
```

	总人数
1	22

图11.17 例11.42的查询结果

查询结果如图11.17所示。

【例11.43】 查询所有选课学生的人数。

```
SELECT count(sno) 学生人数
FROM Score;
```

查询结果是33。由于一个学生可以选修多门课程，学号存在重复，为消除重复的元组，使用DISTINCT短语，将查询修改为：

```
SELECT count(DISTINCT sno) 学生人数
FROM Score;
```

则其查询结果为10。

【例11.44】 查询学号为“201822001”的学生所选修课程的总学分。

```
SELECT sum(creditHour) 总学分
FROM Score a, Course b
WHERE sno='201822001' AND a.cno=b.cno;
```

如果该学生选修同一门课程两次,则该课程的学分会重复计算两次。在聚合函数遇到空值时,除count(*)外所有的函数皆跳过空值,只处理非空值。

11.5.2 分组聚合

在SQL查询中,有时需要把FROM、WHERE子句产生的表按某种原则进行分类运算(即分组运算),然后再对每个组进行统计,一组形成一行,最后把所有这些行组成一个表,称为组表。分组运算的目的是为了细化聚合函数的作用对象。如果不对查询结果分组,则聚合函数作用于整个查询结果;如果对查询结果进行分组,则聚合函数分别作用于每个组,查询结果是按组聚合输出。SQL通过GROUP BY和HAVING子句实现分组运算,其中:

(1) GROUP BY子句对查询结果按某一列或某几列进行分组,值相等的分为一组。

(2) HAVING子句对分组的结果进行选择,仅输出满足条件的组。该子句必须与GROUP BY子句配合使用。

【例11.45】 查询每门课程的被选人数、平均分和最高分。

```
SELECT cno, count(*) 被选人数, avg(score) 平均分, max(score) 最高分
FROM Score
GROUP BY cno;
```

查询结果如图11.18所示。

	cno	被选人数	平均分	最高分
1	001	9	60.777777	64
2	002	7	60.857142	82
3	003	5	73.200000	98
4	004	4	69.750000	87
5	005	3	80.666666	88
6	006	5	72.600000	90

图11.18 例11.45的查询结果

查询结果按课号cno分组,将具有相同cno值的元组作为一组,然后对每组进行相应的计数、求平均值和求最大值。如果有以下的查询语句出现:

```
SELECT cno, score, count(*) 被选人数, avg(score) 平均分, max(score) 最高分
FROM Score
GROUP BY cno;
```

则系统会出现如图11.19所示的错误,原因在于“score”列既不包含在聚合函数中,又不包含在GROUP BY子句中。

```
服务器: 消息 8120, 级别 16, 状态 1, 行 1
列 'Score.score' 在选择列表中无效, 因为该列既不包含在聚合函数中, 也不包含在 GROUP BY 子句中。
```

图11.19 GROUP BY使用错误提示

当GROUP BY子句中用于分组的列中出现NULL值时,GROUP子句会将所有的

NULL 值分在同一组,即认为它们是“相等”的。

仅使用 GROUP BY 子句分组时,会将所有的分组作为结果返回。如果只想搜索那些满足某些条件的分组,需要对分组进行选择。在 SQL 中,可以使用 HAVING 子句对分组进行筛选。

【例 11.46】 查询平均分在 70 分以上的每门课程的被选人数、平均分和最高分。

```
SELECT cno, count(*) 被选人数, avg(score) 平均分,max(score) 最高分
FROM Score
GROUP BY cno
HAVING avg(score)>=70;
```

该查询用 HAVING 作用于分组,对分组进行过滤。

【例 11.47】 查询成绩最高分的学生的学号、课程号和相应成绩。

```
SELECT sno, cno, score
FROM Score
WHERE score=(SELECT max(score)
             FROM Score);
```

聚合函数可直接用在 HAVING 子句中(如例 11.46),聚合函数也可用于子查询中(如例 11.47),但聚合函数不可以直接使用在 WHERE 子句中。如下语句是不正确的。

```
SELECT *
FROM Score
WHERE score=max(score);
```

系统会出现如图 11.20 所示的错误。

```
服务器: 消息 147, 级别 15, 状态 1, 行 3
聚合不应出现在 WHERE 子句中,除非该聚合位于 HAVING 子句或选择列表所包含的子查询中,并且要对其进行聚合的列是外部引用。
```

图 11.20 聚合函数使用的错误提示

【例 11.48】 查询获得的总学分(注:只有成绩合格才能获得该课程的学分)大于或等于 20 的学生的学号、姓名和总学分,并按学号升序输出。

```
SELECT a.sno, sname, sum(creditHour)
FROM Student a, Course b, Score c
WHERE a.sno=c.sno AND c.cno=b.cno AND score>=60
GROUP BY a.sno, sname                                  --输出结果的需要
HAVING sum(creditHour)>=20
ORDER BY a.sno;
```

由于本例输出结果中需要同时包含学号和姓名,因此,GROUP BY 子句需要按 a.sno, sname 进行聚合,不能仅按 a.sno 进行聚合,否则无法输出 sname。

本查询既使用了 WHERE 子句,也使用了 HAVING 子句,它们都是选择满足条件的元组,但是其选择的范围是不一样的,表现在以下两个方面。

(1) WHERE 子句:作用于整个查询对象,对元组进行过滤。

(2) HAVING 子句：仅作用于分组，对分组进行过滤。

本例的查询过程如下。

(1) 首先在 Score 表中选择课程成绩大于等于 60 分的元组(只有 60 分及以上才能获得学分)，将这些元组与 Student 和 Score 表进行连接，形成一个新关系；

(2) 在新关系中按学号进行分组，统计每组的总学分；

(3) 将总学分大于或等于 20 的组选择出来形成一个结果关系；

(4) 将结果关系输出。

11.6 SQL 的嵌套子查询

子查询指的是一个 SELECT 查询语句嵌套在 SELECT、INSERT、UPDATE、DELETE 语句或其他子查询语句中。通常把外层的 SELECT 语句叫作外查询，内层的 SELECT 语句叫作内查询(或子查询)。子查询要用圆括号括起来，它可以出现在允许使用表达式的任何地方。

嵌套子查询是指作为子查询的查询能够独立运行，并不依赖外部查询的数据和结果。执行过程是先执行子查询，子查询的结果并不显示出来，而是作为外查询的条件值，然后执行外查询。嵌套子查询的特点是：子查询只执行一次，其查询结果不依赖于外查询。而外查询的查询条件依赖于子查询的结果，因此，也可以说外查询的查询结果依赖于子查询的结果。

11.6.1 使用 IN 的子查询

查询的结果可以是一行或多行。返回多行的嵌套子查询通常用在 IN、NOT IN 之后。

【例 11.49】 查询学生唐晓宇所选修的课程号。

```
SELECT cno
FROM Score
WHERE sno IN (SELECT sno FROM Student WHERE sname='唐晓宇');
```

在本例中，WHERE 子句用于检测元素与集合间的属于关系，其中，sno 为元素，IN 为“属于”，嵌套语句“SELECT sno FROM Student WHERE sname= '唐晓宇'”的查询结果为所有名字为“唐晓宇”的学生的学号集合。该嵌套 SELECT 语句称为子查询。

该查询属于非相关子查询，其查询过程如下。

(1) 从 Student 表中查询出学生的学号 sno，构成一个中间结果关系 r；

(2) 从 Score 表中取出第一个元组 t；

(3) 如果元组 t 的 sno 属性的值包含在中间结果关系 r 中(即 t. sno$\in r$)，则将元组 t 的 cno 属性的值作为最终查询结果关系的一个元组，否则丢弃元组 t；

(4) 如果 Score 表中还有元组，则取 Score 表的下一个元组 t，并转第(3)步，否则转第

(5)步；

(5) 将最终结果关系显示出来。

【例 11.50】 查询学生唐晓宇所选修的课程号、课程名称。

```
SELECT cno, cname
FROM Course
WHERE cno IN
            (SELECT cno
                FROM Score
                WHERE sno IN
                            (SELECT sno
                              FROM Student
                              WHERE sname='唐晓宇'));
```

WHERE 子句中的 IN 可以实现多重嵌套,本例是一个三重嵌套的例子。

该查询也属于非相关子查询,使用 IN 的非相关子查询的查询过程归纳如下。

(1) 首先执行最底层的子查询块,将该子查询块的结果作为中间关系。

(2) 执行上一层(即外一层)查询块,对于得到的每个元组,判断该元组是否在它的子查询结果中间关系中;如果在,取出该元组中的相关属性作为最终输出结果(或该查询块的查询结果中间关系)的一个元组;否则舍弃该元组。

(3) 如果已经执行完最上层查询块,则将最终结果作为一个新关系输出;否则返回第(2)步重复执行。

11.6.2 使用比较运算符的子查询

查询的结果可以是一行或多行。返回多行的嵌套子查询通常用在比较运算符(=,<>,>,>=,<,<=)与 ANY、ALL 组成的运算符之后。常用到谓词 ANY 和 ALL,ANY 表示子查询结果中的某个值;ALL 表示子查询结果中的所有值。具体比较运算符及其含义如表 11.12 所示。凡是表达式可以出现的任何地方几乎都可以使用子查询,只是 SQL 对子查询的结果施加了某些限制,即将子查询用作比较运算符之后的表达式中,该子查询必须返回单值。

表 11.12 比较运算符

比较运算符	含 义
> ANY	大于子查询结果中的某个值
> ALL	大于子查询结果中的所有值
< ANY	小于子查询结果中的某个值
< ALL	小于子查询结果中的所有值
>= ANY	大于或等于子查询结果中的某个值

续表

比较运算符	含　义
>= ALL	大于或等于子查询结果中的所有值
<= ANY	小于或等于子查询结果中的某个值
<= ALL	小于或等于子查询结果中的所有值
= ANY	等于子查询结果中的某个值
=ALL	等于子查询结果中的所有值(通常没有实际意义)
!=(或<>)ANY	不等于子查询结果中的某个值
!=(或<>)ALL	不等于子查询结果中的任何一个值

【例 11.51】 求比学号为“201822001”的学生所有成绩低的学生学号。

```
SELECT sno
FROM Score
WHERE score <ALL (SELECT score FROM Score WHERE sno='201822001');
```

等价于：

```
SELECT sno
FROM Score
WHERE score <(SELECT min(score) FROM Score WHERE sno='201822001');
```

比所有成绩低的学生,可以使用< ALL 来进行查询,也可以用聚合函数 min()来查询。

【例 11.52】 求比学号为“201822001”的学生某一个成绩低的学生学号。

```
SELECT sno
FROM Score
WHERE score <ANY (SELECT score FROM Score WHERE sno='201822001');
```

等价于：

```
SELECT sno
FROM Score
WHERE score <(SELECT max(score) FROM Score WHERE sno='201822001');
```

比某一个成绩低的学生,可以使用< ANY 来进行查询,也可以用聚合函数 max()来查询。

如果能确切知道内层查询返回的是单值,IN 嵌套也可以用比较运算符“=”代替,即例 11.49 也可以写成：

```
SELECT cno
FROM Score
WHERE sno =(SELECT sno FROM Student WHERE sname='唐晓宇');
```

11.6.3 使用存在量词EXISTS的子查询

SQL查询提供量词运算，使用谓词EXISTS表示。WHERE子句中的谓词EXISTS用来判断其后的子查询的结果集合中是否存在元素，谓词EXISTS大量用于相关子查询中。

【例11.53】 查询学生唐晓宇所选修的课程号、课程名称。

该查询可直接通过连接运算实现，也可以通过IN子查询来实现。还可以通过存在量词实现：

```
SELECT cno, cname
FROM Course
WHERE EXISTS
            (SELECT * FROM Score, Student
             WHERE Score.sno=Student.sno
                   AND Course.cno=Score.cno
                   AND sname='唐晓宇');
```

本查询涉及Student、Score和Course三个关系，属于相关子查询。相关子查询即子查询的执行依赖于外查询。相关子查询执行过程是先外查询，后内查询，然后又外查询，再内查询，如此反复，直到外查询处理完毕。EXISTS表示存在量词，用来测试子查询是否有结果，如果子查询的结果集中非空(至少有一行)，则EXISTS条件为TRUE，否则为FALSE。具体查询过程如下。

(1) 首先取Course表的第一个元组，并取其课号Course.cno。

(2) 执行子查询，该子查询对表Score和Student进行连接，并选择其课号为Course.cno，其学生姓名为"唐晓宇"的元组。

(3) 如果子查询中可以得到结果(即存在元组)，则将Course表中该元组的课程号和课程名称组成一个新元组放在结果集合中；否则(即不存在元组)，直接丢弃该元组。

(4) 如果Course表中还有元组，则取Course表的下一个元组，并取其课号Course.cno，转第(2)步；否则转第(5)步。

(5) 将结果集合中的元组作为一个新关系输出。

从上面的查询中可以看到：由于EXISTS的子查询只测试子查询的结果集是否为空，因此，在子查询中指定列名是没有意义的。所以在有EXISTS的子查询中，其列名序列通常都用"*"表示。

【例11.54】 查询选修了全部课程的学生姓名。

这个查询可以求这样的学生：没有一门课是他没选修的(可以理解为：否定之否定)。

```
SELECT sname
FROM Student x
WHERE NOT EXISTS
        (SELECT * FROM Course c
```

```
WHERE NOT EXISTS    --判断学生 x.sno 没有选修课程 c.cno
                (SELECT * FROM Score
                 WHERE sno=x.sno
                        AND cno=c.cno));
```

11.7 集合运算

SQL 支持集合运算,SELECT 语句查询的结果是集合。在标准 SQL 中,集合运算的关键字分别为 UNION(并)、INTERSECT(交)、EXCEPT (差)。因为一个查询的结果是一个表,可以看作是行的集合,因此,可以利用 SQL 的集合运算关键字,将两个或两个以上查询结果进行集合运算,这种查询通常称为组合查询(也称为集合查询)。在执行集合运算时要求参与运算的查询结果的列数一样,其对应列的数据类型必须一致。

1. 将两个查询结果进行并运算

并运算使用 UNION 运算符。它将两个查询结果合并,并消去重复行而产生最终的一个结果表。组合查询最终结果表中的列名来自第一个 SELECT 语句。

【例 11.55】 查询女生的学生信息和年龄大于 20 的学生信息的并集。

```
SELECT *
FROM Student
WHERE sex='女'
UNION
SELECT *
FROM Student
WHERE year(getdate())-year(birthday)>=20;
```

上述 SQL 语句也可以改写为:

```
SELECT *
FROM Student
WHERE sex='女'OR year(getdate())-year(birthday)>=20;
```

2. 将两个查询结果进行交运算

交运算符是 INTERSECT,它将同时属于两个查询结果表的行作为整个查询的最终结果表。

【例 11.56】 查询女生的学生信息和年龄大于 20 的学生信息的交集。

```
SELECT *
FROM Student
WHERE sex='女'
INTERSECT
SELECT *
```

```
FROM Student
WHERE year(getdate())-year(birthday)>=20;
```

上述 SQL 语句也可以改写为：

```
SELECT *
FROM Student
WHERE sex='女'AND year(getdate())-year(birthday)>=20;
```

注意：SQL Server 数据库不支持交运算 INTERSECT，交运算完全可以用其他运算替代。

3. 将两个查询结果进行差运算

差运算符是 MINUS 或 EXCEPT，它将属于第一个查询结果表而不属于第二个查询结果表的行组成最终的结果表。

【例 11.57】 查询女生的学生信息和年龄大于 20 的学生信息的差集。

```
SELECT *
FROM Student
WHERE sex='女'
EXCEPT
SELECT *
FROM Student
WHERE year(getdate())-year(birthday)>=20;
```

上述 SQL 语句也可以改写为：

```
SELECT *
FROM Student
WHERE sex='女'AND sno NOT IN
                              (SELECT sno
                              FROM Student
                              WHERE year(getdate())-year(birthday)>=20);
```

注意：SQL Server 数据库不支持差运算 EXCEPT，差运算完全可以用其他运算替代。

11.8 SQL 的数据操纵

数据表创建之后，就可以对表执行各种操作了。操作表实际上就是操作数据。用户可以根据需要向表中添加数据，可以更新表中已有的数据，甚至可以删除表中不再使用的数据。SQL 数据更新语句包括三条：插入 INSERT、删除 DELETE 和修改 UPDATE。

11.8.1 插入数据

插入方式有两种：一是插入单条记录，二是插入子查询的结果。后者是一次插入多条记录。

1. 插入一个元组

表创建之后只是一个空表，因此向表中插入数据是在表结构创建之后首先需要执行的操作。向表中插入数据，应该使用 INSERT 语句。该语句包括两个子句，即 INSERT 子句和 VALUES 子句。INSERT 子句指定要插入数据的表名或视图名称，它可以包含表或视图中列的列表。VALUES 子句指定将要插入的数据。

一般地，使用 INSERT 语句一次只能插入一行数据。INSERT 语句的基本语法格式如下。

```
INSERT INTO <tableName>[ (<columnName1>[, <columnName2>… ]) ]
          VALUES (<value1>[, <value2>…] )
```

完成将新元组插入到指定的表中的功能。其中：

(1) <tableName>：要插入记录的表名。

(2) [<columnName1> [,<columnName2>…]]：指明被插入的元组按元组<columnName1>，<columnName2>，…指定的属性名称和顺序将元组数据插到表<tableName>中去。该项可以省略，若省略，表示必须按照<tableName>表的属性个数和属性顺序插入新元组。

(3) [<value1> [，<value2>…]]：指明被插入元组的具体属性值。值的个数和顺序必须与[<columnName1> [，<columnName2>…]]相对应；对于<tableName>表中的属性没有在[<columnName1> [，<columnName2>…]]中出现的属性列，系统自动取空值。

【例 11.58】 将一个新学生元组('201825025', '宋治亿', '男', '2000-8-9', '南京', '汉族', 'MP1802')插入到学生表 Student 中。

```
INSERT INTO Student
    VALUES ( '201825025', '宋治亿', '男', '2000-8-9', '南京', '汉族', 'MP1802');
```

本例表名 Student 后没有指定列名，表示按照 Student 表定义的属性列的个数和顺序将新元组插入到 Student 表中。

【例 11.59】 将一个新学生元组(姓名：张瀚文，出生日期：1999-10-12，学号：201825026)插入到学生表 Student 中。

```
INSERT INTO Student(sname, birthday, sno)
    VALUES ( '张瀚文', '1999-10-12', '201825026' );
```

本例按照指定列的顺序和列的个数向学生表 Student 插入一个新元组，没有列出的属性列自动取空值；插入新元组时，数据的组织可不按照表结构定义的属性个数和顺序进行插入。

在插入部分列数据时，应该注意下面两个问题。

(1) 在 INSERT 子句中，明确指定要插入数据的列名。

(2) 在 VALUES 子句中,列出与列名对应的数据。列名顺序和数据顺序应该完全对应。

2. 插入多个元组

虽然使用 INSERT 语句一次只能插入一行数据,但是如果在 INSERT 语句中包含 SELECT 语句,那么这时可以一次插入多行数据。INSERT 语句插入多个元组的语法格式如下。

```
INSERT INTO <tableName> [(<columnName1> [, <columnName2>… ])]
    <subquery>
```

其中:

(1) <tableName>: 要插入记录的表名。

(2) [<columnName1> [, <columnName2> …]]: 指明被插入的元组按<columnName1>, <columnName2>, …指定的属性名称和顺序插入到<tableName>中;该项可以省略,若省略则其查询出来的结果必须与<tableName>表结构相同。

(3) <subquery>: 由 SELECT 语句引出的一个查询。

【例 11.60】 建立一个学生总分表,存储每个学生的成绩总分。

先建立一张表来保存每个学生的总分,然后对 Score 表进行查询,将结果放入表中。

```
Create table StudentScore (
sno char(9),
total decimal(3));
```

然后执行如下语句。

```
Insert into StudentScore
SELECT sno, sum(score)
FROM Score
GROUP BY sno;
```

在使用 INSERT…SELECT 形式插入数据时,应该注意下面几点。

(1) 在 INSERT 语句中使用 SELECT 时,引用的表既可以是相同的,也可以是不相同的。

(2) 要插入数据的表必须已经存在。

(3) 要插入数据的表必须和 SELECT 语句的结果集兼容。兼容的含义是列的数量和顺序必须相同、列的数据类型兼容等。

11.8.2 更新数据

可以使用 UPDATE 语句更新表中已经存在的数据。UPDATE 语句既可以一次更新一行数据,也可以一次更新许多行,甚至可以一次更新表中的全部数据行。

在 UPDATE 语句中,使用 WHERE 子句指定要更新的数据行满足的基本条件,使用

SET 子句给出新的数据。新数据既可以是常量，也可以是指定的表达式。如果使用 UPDATE 语句更新数据时，数据与数据类型等约束定义有冲突，那么更新将不会发生，整个更新事务全部被取消。UPDATE 语句的基本语法格式如下。

```
UPDATE <tableName>
SET <columnName1>=<expr1>[, <columnName2>=<expr2>… ]
[FROM <tableName1 | queryName1 | viewName1>[AS] [<aliasName1>]
        [, <tableName2 | queryName2 | viewName2>[AS] [<aliasName2>] … ]
[WHERE <predicate>]
```

其中：

(1) <tableName>：要进行修改记录的表名。

(2) SET <columnName1> = <expr1> [，<columnName2> = <expr2>…]：用表达式的值替代属性列的值，一次可以修改元组的多个属性列，之间以逗号分隔。

(3) [WHERE <predicate>]：指出被修改的记录所满足的条件，该项可以省略，若省略，表示修改表中的所有记录，WHERE 子句中可以包含子查询。

【例 11.61】 将唐晓宇同学选修的 003 课程的成绩除 3 加 40 分。

```
UPDATE Score
SET score=score/3+40
WHERE cno='003' AND sno IN (
            SELECT sno FROM Student
            WHERE sname='唐晓宇');
```

也可以写成：

```
UPDATE Score
SET score=score/3+40
FROM Score a, Student b
WHERE cno='005' AND a.sno=b.sno AND sname='唐晓宇';
```

【例 11.62】 将信息管理与信息系统 18_01 班的男同学的成绩乘以 0.9 分。

```
UPDATE Score
SET score=score*0.9
FROM Score a, Student b, Class c
WHERE a.sno=b.sno AND b.classNo=c.classNo
   AND className='信息管理与信息系统 18_01 班' AND sex='男';
```

【例 11.63】 将学号为 201822001 同学的出生日期修改为 1999 年 12 月 6 日，籍贯修改为上海。

```
UPDATE Student
SET birthday='1999-12-6', native='上海'
WHERE sno='201822001';
```

注意：插入、删除和修改操作会破坏数据的完整性，如果违反了完整性约束条件，其操作会失败。

【例 11.64】 将每个班级的学生人数填入到班级表的 classNum 列中。

```
UPDATE Class
SET classNum=sCount
FROM Class a,
        (SELECT classNo, count(*) sCount
        FROM Student
        GROUP BY classNo ) b
WHERE a.classNo=b.classNo;
```

11.8.3 删除数据

当表中的数据不再需要时,可以将其删除。一般情况下,使用 DELETE 语句删除数据。DELETE 语句可以从一个表中删除一行或多行数据。

DELETE 语句的基本语法格式如下。

```
DELETE FROM <tableName> [WHERE <predicate>]
```

其中:

(1) <tableName>:要删除记录的表名。

(2) [WHERE <predicate>]:指出被删除的元组所满足的条件,该项可以省略,若省略则表示删除表中的所有元组,WHERE 子句中可以包含子查询。

【例 11.65】 删除学号为 201822001 同学的选课记录。

```
DELETE FROM Score
WHERE sno='201822001'
```

【例 11.66】 删除选修了“数据库系统原理”课程的选课记录。

```
DELETE FROM Score
WHERE cno IN (SELECT cno
              FROM Course
              WHERE cname='数据库系统原理');
```

【例 11.67】 删除平均分为 50～60 分的学生选课记录。

```
DELETE FROM Score
WHERE sno IN (SELECT sno
              FROM Score
              GROUP BY sno
              HAVING avg(score) BETWEEN 50 AND 60);
```

和 UPDATE 语句一样,在 DELETE 语句中还可以再使用一个 FROM 子句指定将要删除的数据与其他表或视图之间的关系。也就是说,一个正常的 DELETE 语句中可以包含两个FROM子句，但是这两个FROM子句的作用是不同的。第一个FROM子句用于指定将要删除的数据所在的表或视图名称，第二个FROM子句用于指定将要删除的数据的其他复杂条件。

11.9 视图

视图是虚表，是从一个或几个基本表（或视图）中导出的表，其结构和数据是建立在对表的查询基础上的。视图与基本表一样包含一系列带有名称的列和行数据。但是，视图没有存储任何数据，不占物理存储空间，行和列的数据来自定义视图的查询所引用的基本表，并且在生成视图时动态生成。和真实的表一样，视图也包括几个被定义的数据列和多个数据行，但从本质上讲，这些数据列和数据行来源于它所引用的表。因此，视图不是真实存在的基础表，而是一个虚拟表，视图中所显示的数据并不以视图结构存储在数据库中，而是存储在视图所引用的表中。在系统的数据字典中仅存放视图的定义，不存放视图对应的数据。当基本表中的数据发生变化时，从视图中查询出的数据也随之改变。

视图实现了数据库管理系统三级模式中的外模式。基于视图的操作包括：查询、删除、受限更新和定义基于该视图的新视图。视图的优点主要表现在以下方面。

(1) 数据集中显示。视图使用户着重于其感兴趣的某些特定数据和其所负责的特定任务，适当地利用视图可以更清晰地表达查询，可以提高数据操作效率。

(2) 简化对数据的操作。视图可以大大简化用户对数据的操作。可以将经常使用的连接、投影、联合查询或选择查询定义为视图，这样在每次执行相同的查询时，不必重新写这些复杂的查询语句，只要一条简单的查询视图语句即可。但视图向用户隐藏了表与表之间的复杂的连接操作。

(3) 使用户能以多种角度看待同一数据。视图能够让不同的用户以不同的方式看到不同或相同的数据集，即使不同水平的用户共用同一数据库时也是如此。

(4) 对重构数据库提供了一定程度的逻辑独立性。在某些情况下，由于表中数据量太大，在表的设计过程中，可能需要经常将表进行水平分割或垂直分割，然而表的结构的变化会对应用程序产生不良的影响。使用视图可以重新保持原有的结构关系，使得外模式保持不变，原有的应用程序仍可以通过视图重载数据。

(5) 能够对机密数据提供安全保护。视图可以被视作一种安全机制。数据库所有者可以把视图的权限授予需要查询的用户，而不必将基本表中某些列的查询权限授予用户。这样，就能保护修改基本表的设计，而用户可以连续查询视图，而不被影响。通过视图，用户只能查看和修改自己能看到的数据，其他数据或表既不可见也不可访问。视图所引用表的访问权限与视图权限的设置互不影响。

11.9.1 创建视图

使用视图前必须首先创建视图，其语法为：

```
CREATE VIEW <viewName> [<columnName1>, <columnName2>, … ]
```

```
    AS <subquery>
    [WITH CHECK OPTION]
```

其中：

(1) <viewName>：新建视图的名称，该名称在数据库中唯一。

(2) [<columnName1>，<columnName2>，…]：视图定义的列名。列名可以省略，列名自动取查询出来的列名，但是属于下列三种情况时必须写列名：某个目标列是聚集函数或表达式；多表连接中有相同的列名；在视图中为某列取新的名称更合适。

(3) AS <subquery>：子查询不允许含有 ORDER BY 子句和 DISTINCT 短语。

(4) [WITH CHECK OPTION]：当对视图进行插入、删除和更新操作时必须满足视图定义的谓词条件(子查询中的条件表达式)。

数据库执行 CREATE VIEW 语句时只把视图定义存入数据字典中，并不执行其中的 SELECT 语句。

【例 11.68】 创建仅包含 1999 年出生的学生视图 StudentView1999。

```
CREATE VIEW StudentView1999
AS
    SELECT *
    FROM Student
    WHERE year(birthday)=1999;
```

本例省略了视图的列名，自动取查询出来的列名。由于本例没有使用 WITH CHECK OPTION 选项，下面的语句可以执行。

```
INSERT INTO StudentView1999 VALUES
    ('201825025', '宋治亿', '男', '2000-8-9', '南京', '汉族', 'MP1802')
```

但是，对视图 StudentView1999 的查询不能查询出刚刚插入的记录。

【例 11.69】 创建仅包含 1999 年出生的学生视图 StudentView1999Chk，并要求进行修改和插入操作时仍需保证该视图只有 1999 年出生的学生。

```
CREATE VIEW StudentView1999Chk
AS
    SELECT *
    FROM Student
    WHERE year(birthday)=1999
    WITH CHECK OPTION;
```

本例建立的视图 StudentView1999Chk，其更新操作必须满足以下条件。

(1) 修改操作：自动加上 year(birthday)=1999 的条件。

(2) 删除操作：自动加上 year(birthday)=1999 的条件。

(3) 插入操作：自动检查 birthday 属性值是否满足为 1999 年出生，如果不是，则拒绝该插入操作。

本例使用了 WITH CHECK OPTION 选项，下面的插入语句可以执行。

```
INSERT INTO StudentView1991Chk VALUES
    ('201825025', '宋治亿', '男', '1999-8-9', '南京', '汉族', 'MP1802')
```

而下面的插入语句不可以执行。

```
INSERT INTO StudentView1991Chk VALUES
    ('201825025', '宋治亿', '男', '2000-8-9', '南京', '汉族', 'MP1802')
```

原因是插入的出生日期违反了出生日期必须为 1999 年。

当视图是基于一张表,且保留了主码属性,这样的视图称为行列子集视图。视图可以建立在一张表上,也可以建立在多张表上。

【例 11.70】 创建一个包含学生学号、姓名、课程名、获得的学分和相应成绩的视图 ScoreView。

由于成绩必须大于等于 60 分才获得学分,该视图必须含有该条件。

```
CREATE VIEW ScoreView
AS
    SELECT a.sno, sname, cname, creditHour, score
    FROM Student a, Course b, Score c
    WHERE a.sno=c.sno AND b.cno=c.cno
        AND score>=60;
```

在 SQL Server 中创建视图时需要遵循下列规则。

(1) 只能在当前数据库中创建视图。

(2) 如果视图引用的基本表或者视图被删除,则该视图不能再被使用,直到创建新的基本表或者视图。

(3) 如果视图中某一列是函数、数学表达式、常量或者来自多个表的列名相同,则必须为列定义名称。

(4) 不能在视图上创建索引,不能在规则、默认、触发器的定义中引用视图。

(5) 当通过视图查询数据时,SQL Server 要检查以确保语句中涉及的所有数据库对象存在,而且数据修改语句不能违反数据完整性规则。

视图的名称必须遵循标识符的规则,且对每个用户必须是唯一的。此外,该名称不得与该用户拥有的任何表的名称相同。

11.9.2 查询视图

查询是对视图进行的最主要的操作。从用户的角度来看,查询视图与查询基本表的方式是完全一样的。从系统的角度来看,查询视图的过程如下。

(1) 进行有效性检查,检查查询中涉及的表和视图是否存在。

(2) 从数据字典中取出视图的定义,将视图定义的子查询与用户的查询结合起来,转换成等价的对基本表的查询。

(3) 执行改写后的查询。

【例 11.71】 在 StudentView1999 中查询 CS1801 班同学的信息。

```
SELECT *
FROM StudentView1999
WHERE classNo='CS1801';
```

对于该查询，系统首先进行有效性检查，判断视图 StudentView1999 是否存在，如果存在，则从系统的数据字典中取出该视图的定义，将定义中的子查询与用户的查询结合起来，转换为基于表的查询，即将视图 StudentView1999 的定义转换为：

```
SELECT *
FROM Student
WHERE year(birthday)=1999 AND classNo='CS1801'
```

然后系统执行改写后的查询。这个把对视图的查询转换为对基本表的查询的过程称为视图的消解(View Resolution)。

11.9.3 视图更新

视图更新指通过视图来插入、删除和修改基本表中的数据。由于视图是一个虚表，不实际存放数据，对视图的更新，最终要转换为对基本表的更新。因此，如果视图的定义中包含表达式，或聚合运算，或消除重复值运算，则不能对视图进行更新操作。

对视图进行更新操作，其限制条件比较多，建立视图的作用不是利用视图来更新数据库中的数据，而是简化用户的查询，以及达到一定程度的安全性保护，因此尽量不要对视图执行更新操作。

【例 11.72】 在 StudentView1999 中，将学号为 201822002 的学生的名字修改为“唐大宇”。

```
UPDATE StudentView1999
SET sname='唐大宇'
WHERE sno='201822002';
```

对于该操作，系统首先进行有效性检查，判断视图 StudentView1999 是否存在，如果存在，则从系统的数据字典中取出该视图的定义，将定义中的子查询与用户查询相结合，转换为对基本表的修改。

```
UPDATE Student
SET sname='唐大宇'
WHERE year(birthday)=1999 AND sno='201822002';
```

【例 11.73】 在视图 StudentView1999 中将学号为 201822003 的学生的出生年份由 1999 年修改为 2000 年。

```
UPDATE StudentView1999
SET birthday='2000-05-20'
```

```
WHERE sno='201822003'
```

注意：在视图 StudentView1999Chk 中不能将出生年份修改为 2000 年，因为该视图对修改操作进行了检查。

【例 11.74】 在视图 StudentView1999 中将学号为 201825013 的同学记录删除。

```
DELETE FROM StudentView1999
WHERE sno='201825013'
```

系统将该操作转换为如下的操作。

```
DELETE FROM Student
WHERE year(birthday)=1999 AND sno='201825013';
```

更新视图中的数据实际上是对数据表的数据进行更新。事实上，当从视图中插入或者删除数据时，情况也相同。然而，某些视图是不能更新数据的，这些视图具有如下特征。

(1) 有 UNION 等集合操作符的视图。

(2) 有 GROUP BY 子句的视图。

(3) 有诸如 AVG、SUM 或者 MAX 等函数的视图。

(4) 使用 DISTINCT 短语的视图。

(5) 连接表的视图(其中有一些例外)。

通过视图可以修改数据，但是无论在什么时候修改视图中的数据，实际上都是在修改视图的基本表中的数据。在满足一定的限制条件下，可以通过视图自由地插入、删除和更新基本表中的数据。

在修改视图时，要注意下列一些条件。

(1) 不能同时影响两个或两个以上的基本表。可以修改由两个或两个以上的基本表得到的视图，但是每一次修改的数据只能影响一个基本表。

(2) 某些列不能修改。这些不能修改的列包括通过计算得到值的列、有内置函数的列或有合计函数的列等。

(3) 如果影响到表中那些没有默认值的列，那么可能会引起错误。例如，如果使用 INSERT 语句向视图中插入数据，该视图的基本表有一个没有默认值的列或有一个不允许空的列，且该列没有出现在视图的定义中，那么就会产生一个错误消息。

(4) 如果在视图定义中指定了 WITH CHECK OPTION 选项，那么系统将验证所修改的数据。WITH CHECK OPTION 选项强制对视图的所有修改语句必须满足定义视图使用的 SELECT 语句的标准。如果这种修改超出了视图定义的范围，那么系统将拒绝这种修改。

11.9.4 删除视图

有相关权限的用户，可以将已经存在的视图删除。删除视图后，表和视图所基于的数据不受到影响。删除视图的语法格式如下。

```
DROP VIEW <viewName> [CASCADE]
```

其中,CASCADE 为可选项,选择表示级联删除。

该语句从数据字典中删除指定的视图定义,如果该视图上还导出了其他视图,使用 CASCADE 级联删除语句,把该视图和由它导出的所有视图一起删除;删除基本表时,由该基本表导出的所有视图定义都必须显式地使用 DROP VIEW 语句删除。

【例 11.75】 删除视图 ScoreView。

```
DROP VIEW ScoreView;
```

小结

本章主要介绍了目前应用最为广泛的、结构化的 SQL 的用法。SQL 具有功能丰富、使用方法灵活、语言简洁等优点。主要从以下几个方面介绍了 SQL 的功能。

(1) 数据表的创建、修改、删除等操作。修改数据表的结构,包括添加、修改及删除某些字段。

(2) SELECT 语句的语法结构,给出了 SELECT 语句所包含的子句及其使用格式。

(3) 单表查询:选择列、满足条件、排序、查询表。

(4) 连接查询:常见的连接类型,从内连接、外连接、等值连接和自身连接几方面进行介绍。

(5) SQL 聚合查询:使用聚合函数结合 GROUP BY 子句进行统计和计算。

(6) 子查询(或嵌套查询):一个 SELECT 查询语句嵌套在 SELECT、INSERT、UPDATE、DELETE 语句或其他子查询语句中。

(7) 集合理论,可以实现查询结果的并、交和差运算。

(8) SQL 的数据操纵,包括 INSERT、DELETE 和 UPDATE 语句。

(9) 视图提供了查看和存取数据的另一种途径,使用视图不仅可以简化查询操作,还可以提高数据库的安全性;不仅可以检索数据,也可以通过视图查看、修改数据。

(10) 索引和数据表一样,是一种重要的数据库对象,可以提高访问表中数据的速度,而且能够强制实施某些数据完整性。

习题

建立一个图书管理数据库。图书管理数据库中包括 4 个表:图书分类表、图书表、读者表、借阅表。4 个表的结构如表 11.13～表 11.16 所示。

表 11.13 图书分类表 BookClass 结构

属性含义	属性名	数据类型	约束
分类号	classNo	字符型,长度为 3	非主键
分类名称	className	字符型,长度为 20	非空值

表 11.14　图书表 Book 结构

属性含义	属性名	数据类型	约束
图书号	bookNo	字符型，长度为 10	主键
分类号	classNo	字符型，长度为 3	非空值
图书名称	bookName	字符型，长度为 40	非空值
作者	authorName	字符型，长度为 8	非空值
出版社	publishingName	字符型，长度为 20	非空值
单价	price	数值型	非空值
入库时间	shopDate	日期型	空值
入库数量	shopNum	数值型	非空值

表 11.15　读者表 Reader 结构

属性含义	属性名	数据类型	约束
读者号	readerNo	字符型，长度为 8	主键
姓名	readerName	字符型，长度为 8	非空值
性别	sex	字符型，长度为 2	非空值
身份证号	identitycard	字符型，长度为 18	非空值
工作单位	workUnit	字符型，长度为 50	空值

表 11.16　借阅表 Borrow 结构

属性含义	属性名	数据类型	约束
读者号	readerNo	字符型，长度为 8	外键，引用读者表的主键
图书号	bookNo	字符型，长度为 10	外键，引用图书表的主键
借出日期	borrowDate	日期型	非空值
应归还时间	shouldDate	日期型	空值
归还日期	returnDate	日期型	空值
主键为：(读者号，图书号)			

插入如表 11.17～表 11.20 所示的记录。

表 11.17　图书分类表 BookClass 中的记录

分类号	分类名称	分类号	分类名称
001	文学类	003	计算机类
002	经济管理	004	数理科学类

表 11.18　图书表 Book 中的记录

图书号	分类号	图 书 名 称	作者	出 版 社	单价	入库时间	入库数量
001-000001	003	数据库系统概念	萨师煊	清华大学出版社	28	2010/10/10	500
001-000002	003	数据库系统原理与设计	万常选	清华大学出版社	35	2017/12/12	400
001-000006	003	C 语言程序开发	吴文君	电子工业出版社	44	2017/11/11	400
001-000007	003	C 语言程序设计	吴文君	机械工业出版社	55	2017/10/10	500
001-000011	002	经济管理学	朱江	电子工业出版社	49.5	2015/3/3	1000
001-000012	002	经济管理概论	李大海	石油工业出版社	36.3	2017/9/9	200
001-000029	001	美丽日记	方雪梅	文艺出版社	80	2017/4/4	70
002-000008	004	高等数学	吴建成	高等教育出版社	20	2016/1/1	5000
002-000009	004	离散数学	李大友	高等教育出版社	18	2016/6/6	3000

表 11.19　读者表 Reader 中的记录

读者号	姓名	性别	身份证号	工作单位
00000001	王飒	男	210211199903032563	信息管理学院
00000002	李骁勇	男	210210199905294589	信息管理学院
00000003	董晓阳	女	320203199912125689	信息管理学院
00000004	董大海	男	560529199907089852	信息管理学院
00000005	罗伯伯	男	394839200005054890	会计学院
00000006	黎明名	女	506050200004049808	会计学院
00000007	马永强	男	560965199808082563	电子工程学院
00000012	李楠	女	459125199804045896	会计学院

表 11.20　借阅表 Borrow 中的记录

读者号	书号	借出日期	应还日期	归还时间
00000001	001-000001	2018/1/1	2018/4/1	2018/3/4
00000001	001-000006	2017/6/9	2017/9/9	2017/8/9
00000001	001-000011	2017/5/5	2017/8/5	2017/7/5
00000001	001-000012	2017/5/5	2017/8/5	2017/7/5
00000001	001-000029	2018/6/6	2018/9/6	
00000001	002-000008	2016/8/8	2016/11/8	2016/10/9
00000001	002-000009	2017/5/5	2017/8/5	2017/7/20
00000004	001-000011	2018/5/5	2018/8/5	2018/7/5

续表

读者号	书号	借出日期	应还日期	归还时间
00000004	001-000012	2018/5/5	2018/8/5	2018/7/5
00000004	002-000009	2018/10/10	2019/1/10	
00000005	002-000009	2017/10/10	2018/1/10	
00000006	001-000011	2018/5/5	2018/8/5	2018/7/5
00000006	002-000009	2017/10/10	2018/1/10	
00000007	001-000001	2017/10/10	2018/1/10	2017/12/12
00000007	001-000006	2018/5/5	2018/8/5	2018/6/6
00000007	001-000012	2017/5/5	2017/8/5	2017/7/5
00000007	001-000029	2018/9/9	2018/11/9	2018/10/10
00000007	002-000008	2017/8/8	2017/11/8	2017/10/9
00000007	002-000009	2018/10/10	2019/1/10	

请基于上述结构用 SQL 语句完成如下操作。

11.1 显示所有借阅者的读者号，并去掉重复行。

11.2 查询全体图书的信息，其中单价打 8 折，并且将该列设置别名为“打折价”。

11.3 查询所有单价不在 20～30 元的图书信息。

11.4 查询清华大学出版社、电子工业出版社、机械工业出版社的图书信息。

11.5 查询既不是清华大学出版社，也不是机械工业出版社的图书信息。

11.6 查询 1999 年出生的读者姓名、工作单位和身份证号。

11.7 查询图书名中含有“数据库”的图书的详细信息。

11.8 查找姓名的第二个字符是“大”并且只有三个字符的读者的读者号、姓名。

11.9 查询“吴文君”老师编写的单价不低于 40 元的每种图书的图书编号、入库数量。

11.10 查询 2016—2017 年入库的图书编号、入库时间和图书名称，并按入库时间排序输出。

11.11 查询借阅了“002-000008”图书编号的读者姓名、借书日期、还书日期。

11.12 查询读者“董大海”借阅的图书编号、图书名称、借书日期和归还日期。

11.13 查询电子工程学院没有归还图书的读者编号、读者名称、图书名称、借书日期和应归还日期。

11.14 查询借阅了清华大学出版社出版的图书的读者编号、读者名称、图书名称、借书日期和归还日期。

11.15 查询借书时间 2016—2017 年的读者编号、读者名称、图书编号、图书名称。

11.16 查询借阅了图书编号为“002-000009”图书的读者编号、读者姓名以及他们所借阅尚未归还的所有图书的图书名称、借书日期。

11.17　查询 2016—2017 年借阅但没有归还图书的读者编号、读者姓名、读者工作单位以及他们所借阅过的所有图书的图书编号、图书名称和借书日期。

11.18　查询清华大学出版社图书的平均价格、最高价、最低价。

11.19　查询每种类别的图书分类号、最高价格和平均价格，并按最高价格的降序输出。

11.20　查询借阅图书本数超过两本的读者号、总本数，并按借阅本数值从大到小排序。

11.21　查询所借图书总价在 180 元以上的读者编号、读者名称和所借图书的总价。

11.22　查询正在借阅的图书信息。

11.23　查询没有借书的读者姓名、工作单位。

11.24　将"文学类"图书的单价提高 10%。

11.25　对于年龄 18～19 岁的读者所借阅的应归还未归还的图书，将其归还日期修改为系统当天日期。

11.26　将入库数量最多的图书单价下调 5%。

第 12 章　数据库设计及优化

本章学习目标

- 理解数据库系统设计的方法。
- 理解需求分析的任务和方法。
- 掌握概念结构设计的方法和步骤。
- 掌握逻辑结构设计的方法。
- 掌握规范化理论。
- 了解数据库的物理设计。

随着计算机技术的广泛应用，目前从小型的单项事务处理到大型的信息系统都采用数据库技术来保持数据的完整性和一致性，因此在应用系统的设计中，数据库设计得是否合理变得日趋重要。具体地说，数据库设计是指针对一个给定的应用环境，构造最优的数据库模式，建立数据库及其应用系统，使之能够有效地存储数据，满足各种用户的应用需求。数据库设计是数据库在应用领域的主要研究课题。目前我们所说的数据库设计，大多是在一个现成的 DBMS 的支持下进行的，即一个以通用的 DBMS 为基础开发的数据库应用系统。本章将围绕着数据库系统设计的 6 个基本步骤，介绍如何从最初的需求分析到完成数据库设计整个过程相关的知识。

12.1　数据库设计方法

数据库设计（Database Design）是指根据应用需求和软、硬件环境的约束，构造最优的数据库概念模型、逻辑模型（模式和外模式）、物理模型，建立数据库及其应用系统，使之能够有效地存储数据，满足各种用户的应用需求（信息要求和处理要求）。

12.1.1　数据库和信息系统

在数据库领域内，常常把使用数据库的各类系统统称为数据库应用系统。数据库与信息系统的关系如下。

（1）数据库是信息系统的核心和基础，把信息系统中大量的数据按一定的模型组织起来，提供存储、维护、检索数据的功能，使信息系统可以方便、及时、准确地从数据库中获得所需的信息。

（2）数据库是信息系统的各个部分能否紧密地结合在一起以及如何结合的关键所在。

(3) 数据库设计是信息系统开发和建设的重要组成部分。

数据库设计人员应该具备的技术和知识如下。

(1) 数据库的基本知识和数据库设计技术。

(2) 计算机科学的基础知识和程序设计的方法与技巧。

(3) 软件工程的原理和方法。

(4) 应用领域的知识。

在设计过程中应把数据库的设计和对数据库中数据处理的设计紧密结合起来,将这两个方面的需求分析、抽象、设计、实现在各个阶段同时进行,相互参照,相互补充,以完善两方面的设计。

12.1.2 数据库设计过程

数据库设计就是根据各种应用处理的要求、硬件环境及操作系统的特性等,将现实世界中的数据进行合理组织,并利用已有的数据库管理系统(DBMS)来建立数据库系统的过程。具体地说,即对于一个给定的应用环境,构造出最优的数据库逻辑模式和物理模式,并建立数据库及其应用系统,使之能够有效地存储和管理数据,满足用户的信息要求和处理要求。

目前,数据库设计一般都遵循软件的生命周期理论,分为6个阶段进行,如图12.1所示,即需求分析、概念结构设计、逻辑结构设计、物理结构设计、数据库实施和数据库的运行与维护。其中,需求分析和概念结构设计独立于任何的DBMS,而逻辑结构设计和物理结构设计则与具体的DBMS有关。

(1) 需求分析:整个数据库设计过程的基础,也是最困难和耗时的一步。该阶段的主要目的是要了解和分析系统将要提供的功能及未来数据库用户的数据需求,获得数据库设计所必需的数据信息。这一阶段数据库设计者同应用领域的专家和用户进行深入沟通和交流,了解他们对数据的要求及已有的业务流程,并把这些信息用数据流图和数据字典等图表或文字的形式记录下来,最终得到数据字典描述的数据需求规格说明书(和数据流图描述的处理需求)。

(2) 概念结构设计:概念设计是根据需求分析中得到的信息,进行综合、归纳与抽象,运用适当的工具将这些需求转化为数据库的概念模型(可以用E-R图表示)。E-R模型是Peter Chen于1976年提出的一种语义模型。该模型是基于对现实世界的这样一种认识:世界由一组称作实体的基本对象及这些对象间的联系组成。由于E-R模型能将现实世界中概念的含义和相互关联映射到数据库概念模型,因此许多数据库设计工具都基于它进行扩展。确定实体、属性及它们之间的联系,将各个用户的局部视图合并成一个总的全局视图,形成一个独立于具体DBMS的概念模型。一般来说,概念设计的目的是描述数据库的信息内容。本章基于E-R模型进行数据库概念设计,其目的是通过实体、联系、属性等概念和工具精确地描述系统的数据需求、数据联系及约束规则。

(3) 逻辑结构设计:该阶段主要把概念结构设计阶段设计好的概念模型(基本E-R图)转换为与选用数据库管理系统所支持的数据模型相符合的逻辑结构。它包括数据项、

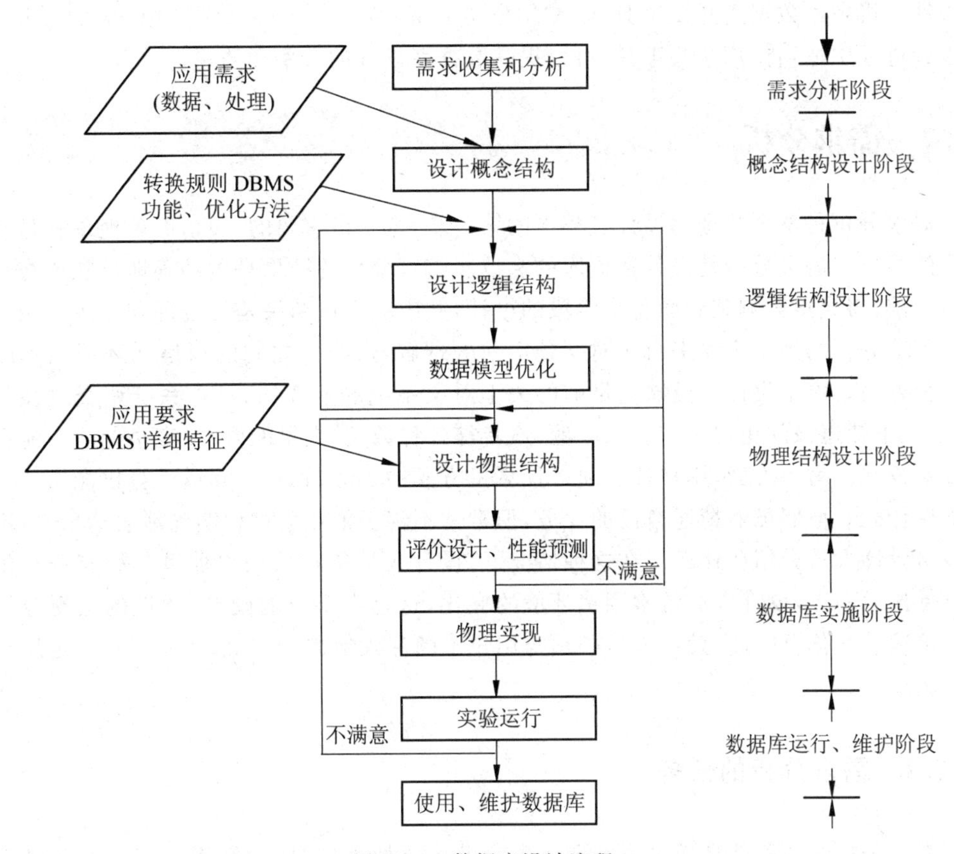

图 12.1 数据库设计流程

记录与记录间的联系、安全性和一致性约束等。导出的逻辑结构是否与概念模式一致，从功能和性能上是否满足用户的要求，要进行模式评价。如果达不到用户要求，还要反复、修正或重新设计。同时分析并发现数据库逻辑模式中存在的问题，如减少数据冗余，消除更新、插入与删除异常等，并进行改进和优化。

(4) 物理结构设计：该阶段主要考虑数据库要支持的负载和应用需求，为一个给定的逻辑数据模型选取一个最适合应用要求的物理结构，根据 DBMS 的特点和处理的需要进行物理存储的安排，建立索引，形成数据库的内模式。

(5) 数据库的实施：数据库的实施阶段是建立数据库的实质性阶段，在该阶段将建立实际数据库结构，装入数据，完成编码和进行测试，最终使系统投入使用。

(6) 数据库的运行和维护：运行和维护阶段是整个设计期间最长的时间段，设计者需要根据系统运行中产生的问题及用户的新需求不断完善系统功能和提高系统的性能，以延长数据库使用时间。

一个完善的数据库设计不可能一蹴而就。我们在每一设计阶段完成后都要进行设计分析，评价一些重要的设计指标，与用户进行交流，如果不满足要求则进行修改。在设计过程中，这种评价和修改可能会重复若干次，以求得理想的结果。

由于数据库设计是一个复杂而烦琐的过程，近年来，许多软件厂商通过研究，开发了许多计算机辅助数据库开发工具,如CA公司的ERWin、Sybase公司的PowerDesigner。在设计过程中适当使用这些工具,可以提高数据库设计的效率和质量。

12.2 需求分析

需求分析是整个数据库设计过程中的第一步,也是最重要的一步,简单地说就是分析用户的要求。需求分析是设计数据库的起点。需求分析的结果是否准确地反映了客户的实际要求,将直接影响到后面各个阶段的设计,并影响设计结果是否合理和是否实用。

需求分析的困难主要来自于对问题空间的理解,人与人之间的通信和环境的不断变化三个方面。由于设计人员缺乏足够的关于对象系统的业务知识,在系统调查时往往无从下手,不知道该问用户一些什么问题,或者被各种数字、大量的资料、庞杂的业务流程搞得眼花缭乱。另一方面,用户往往缺乏计算机方面的足够知识,不知道计算机能做什么和不能做什么。他们虽然精通自己的业务,但常常不善于把业务过程明确地表达出来,不知道该给设计人员介绍些什么。在这种情况下,设计人员很难从用户那里获得充分有用的信息。最后一点,设计人员常常困惑环境的变化,这是由于新的硬件、软件的出现会使用户需求发生变化。因此,设计人员必须与用户不断深入地进行交流,才能逐步确定用户的实际需求。

12.2.1 需求分析的任务

需求分析的任务就是通过详细调查现实世界要处理的对象(组织、部门、企业等),充分了解原系统(手工系统或计算机系统)的工作概况,明确用户的各种需求,然后在此基础上确定新系统的功能,新系统必须充分考虑今后可能的扩充和改变,不能仅按当前的应用需求来设计数据库,如图12.2所示。

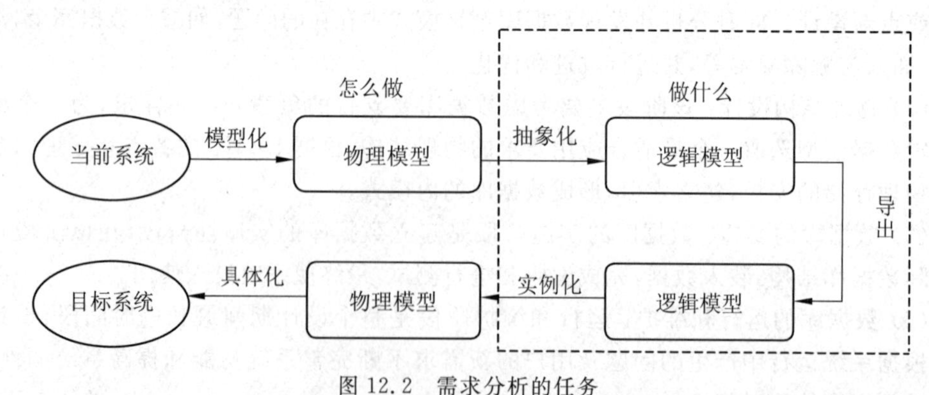

图12.2 需求分析的任务

需求分析的重点是调查、收集与分析用户在数据管理中的信息要求、处理要求、数据的安全性与完整性要求。通过调查、收集、分析,获取用户对数据库的如下具体要求。

(1) 信息要求:由信息要求导出数据要求,即在数据库中需要存储哪些数据。

(2) 处理要求:指用户要完成的处理功能,对处理的响应时间以及处理方式。

(3) 安全与完整性要求：指数据的保密措施和存取控制要求，数据自身的或数据间的约束限制。

12.2.2 需求分析的步骤

需求分析的步骤主要包括调查组织机构情况、调查各部门的业务活动情况、协助用户明确对新系统的各种要求、确定新系统的边界等4步，具体内容如下。

1. 调查组织机构情况

调查组织结构情况包括了解该组织的部门组成情况、各部门的职能等，弄清所设计的数据库系统与哪些部门相关，为分析信息流程做准备。

2. 调查各部门的业务活动情况

调查各部门的业务活动情况包括了解各个部门和他们使用什么数据，如何加工处理这些数据，输出什么信息，输出到什么部门，输出结果的格式是什么。

3. 协助用户明确对新系统的各种要求

在熟悉了业务活动的基础上，协助用户明确对新系统的各种要求，包括信息要求、处理要求、数据的安全性与完整性要求。

4. 确定新系统的边界

确定哪些功能由计算机完成或将来准备让计算机完成，哪些功能由人工完成。由计算机完成的功能就是新系统应该实现的功能。

12.2.3 需求分析的方法

需求分析的方法首先是调查情况，确定新系统的边界。需求分析常用的调查方法有以下几种。

1. 跟班作业

通过亲身参加工作来了解业务活动的情况。这种方法可以比较准确地了解用户的需求，但比较耗费时间和人力。

2. 开调查会

通过与用户座谈来了解业务活动的情况和用户需求。

3. 专人介绍

对于某些业务活动的重要环节，可以请业务熟练的专家或用户介绍专业知识和业务活动情况，方便设计人员从中了解并询问相关问题。

4. 设计调查表请用户填写

数据库设计人员可以提前设计一个合理的、详细的业务活动及数据要求调查表，并将此表发给相关用户。用户根据表中的要求，经过认真思考、充分准备后填写表中的内容。如果调查表设计合理，这种方法很有效，也易于被用户接受。

5. 查阅数据记录

调查中还需要查阅相关数据记录，包括账本、档案或文献等。

调查了解了用户的需求后，还需要进一步分析和表达用户的需求，在众多的分析方法中，结构化分析方法(Structure Analysis，SA)是一种简单实用的方法。SA 方法从最高层的系统组织机构入手，采用自顶向下、逐层分解的方式分析系统，用数据流图(Data Flow Diagram，DFD)、数据字典(Data Dictionary，DD)描述系统。调查了解用户的需求后，还需要进一步分析和抽象用户的需求，使用如下方法。

1）使用数据流图分析信息处理过程

数据流图是一种最常用的结构化分析工具，它从数据传递和加工角度，以图形的方式刻画系统内的数据运动情况。因为数据流图是逻辑系统的图形表示，即使不是专业的计算机人员也容易理解，所以是很好的交流工具。

数据流图是有层次之分的，越高层次的数据流图表现的业务逻辑越抽象，越低层次的数据流图表现的业务逻辑则越具体。在 SA 方法中，可以把一个系统都抽象为如图 12.3 所示的形式。它是最高层次抽象的系统概况，要反映更详细的内容，可将处理功能分解为若干子功能，每个子功能还可以继续分解，直到把系统工作过程表示清楚为止。

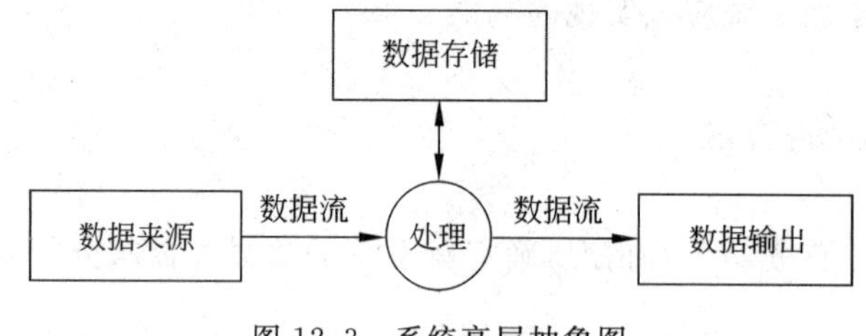

图 12.3　系统高层抽象图

2）使用数据字典汇总各类数据

数据字典是系统中各类数据描述的集合，是进行详细的数据收集和数据分析所获得的最主要成果，在数据库设计中占有很重要的地位和具有很重大的意义。

数据字典通常包括数据项、数据结构、数据流、数据存储和处理过程 5 个部分。

(1) 数据项描述={数据项名，数据项含义说明，别名，数据类型，长度，取值范围，取值含义，与其他数据项的逻辑关系}

(2) 数据结构描述={数据结构名，含义说明，组成：{数据项或数据结构}}

(3) 数据流描述={数据流名，说明，数据流来源，数据流去向，组成：{数据结构}，平均流量，高峰期流量}

(4) 数据存储描述={数据存储名,说明,编号,流入的数据流,流出的数据流,组成:{数据结构},数据量,存取方式}

(5) 处理过程描述={处理过程名,说明,输入:{数据流},输出:{数据流},处理:{简要说明}}

其中,数据项是数据的最小组成单位,若干个数据项可以组成一个数据结构。数据字典通过对数据项和数据结构的定义来描述数据流、数据存储的逻辑内容。数据字典是关于数据库中数据的描述,即元数据,而不是数据本身。数据字典在需求分析阶段建立,并在数据库系统设计过程中不断修改、充实、完善。

3) 撰写需求说明书

在数据库设计中,每个开发阶段的结果是具有一定格式的文档,这种文档既是评审的依据,也是后续工作的基础,但文档并不是都集中到一个阶段工作的结尾来做,而是贯穿在整个工作过程中。需求说明书是对项目需求分析的全部描述,为接下来的概念设计和物理设计提供了依据。

需求说明书一般包括需求分析的目标和任务、具体需求说明、系统功能和性能、系统运行环境等。此外,需求说明书还应包括在分析过程中得到的数据流图、数据字典等图表说明。需求说明书在完成后需要经过用户审核确认,充分核实要建立的系统是否符合用户的需求,这个过程需要反复进行,直到双方达成一致,方可进入概念结构的设计。

12.3 概念结构设计

将需求分析得到的用户需求抽象为信息结构即概念模型的过程,就是概念结构设计,它是整个数据库设计的关键。

12.3.1 概念模型的基本概念

概念结构设计的目标是在需求分析阶段产生的需求说明书的基础上,按照特定的方法把它们抽象为一个不依赖于任何具体机器的数据模型,即概念模式,描述概念结构的工具是E-R图。

概念模型是对信息世界各类对象、属性及联系等数据的描述。一方面,概念模型应该具有较强的语义表达能力,能够方便、直观地表达客观应用中的各种语义知识;另一方面,还应该简单、清晰、易于理解。概念结构是各种数据模型的共同基础,它比数据模型更独立于机器、更抽象,从而更加稳定。

12.3.2 概念模型的表示方法

概念模型的表示方法很多,其中最为著名且常用的是P. P. S. Chen于1976年提出的实体-联系方法(Entity-Relationship Approach)。该方法用E-R图来描述现实世界的概念模型,E-R方法也称为E-R模型。

E-R 图是描述概念世界、建立概念模型的实用工具,包括三个基本要素。

(1) 实体:客观存在并且可以相互区别的事物和活动的抽象,例如一个学生。实体用矩形框表示,在矩形框内写明实体名称。

(2) 属性:描述实体和联系的特性,例如学号、姓名、性别等。属性值指属性的具体取值,例如,201523050,赵成刚,男。属性用椭圆表示,并用无向边将其与相应的实体连接起来。

(3) 联系:用菱形表示,菱形框内写明联系名,并用无向边分别与有关实体连接起来,同时在菱形的无向边上表明联系的类型(如 1∶1 或者 1∶n,或 m∶n)。

实体间的联系有三类,即一对一的联系(1∶1)、一对多的联系(1∶n)和多对多的联系(m∶n)。

(1) 一对一的联系(1∶1):实体集 A 中的一个实体,在实体集 B 中至多有一个实体与之有联系;反之亦然。

(2) 一对多的联系(1∶n):实体集 A 中的一个实体,在实体集 B 中有 $n(n\geqslant 0)$ 个实体与之有联系;反之,在实体集 B 中的实体,在实体集 A 中至多只有一个实体与之有联系。

(3) 多对多的联系(m∶n):实体集 A 中的一个实体,在实体集 B 中有 $n(n\geqslant 0)$ 个实体与之有联系;反之,在实体集 B 中的实体,在实体集 A 中也有 $m(m\geqslant 0)$ 个实体与之有联系。

下面是用 E-R 图来表示某学校学生选课情况的概念模型,如图 12.4 所示。

学生选课涉及的实体及其属性如下。

(1) 学生:学号、姓名、性别、出生年月、所属班级。

(2) 课程:课程号、课程名称、学时、学分。

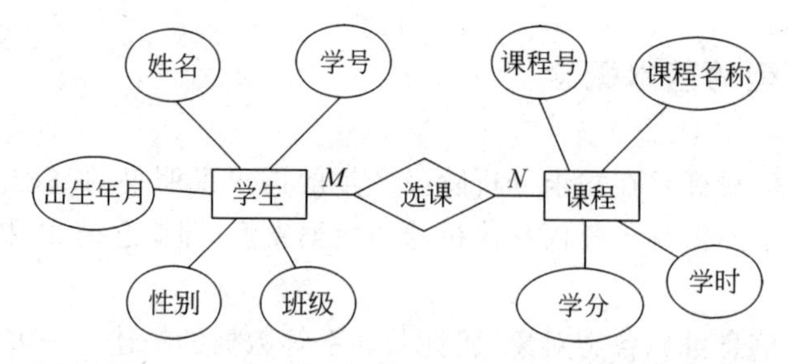

图 12.4　实体、实体属性及实体-关系模型图

12.3.3　概念结构的特点

概念结构的特点如下。

(1) 能真实充分地反映现实世界,包括事物与事物之间的联系,能满足用户对数据的处理要求,是对现实世界的一个真实建模。

(2) 易于理解,从而可以用它和不熟悉计算机的用户交换意见,用户的积极参与是数据库设计成功的关键。

(3) 易于修改,应用环境和应用要求改变时,容易对概念模型修改和扩充。

(4) 易于向关系、网状、层次等各种数据模型转换。

12.3.4 概念结构设计的方法

概念结构设计的方法如下。

(1) 自顶向下方法:这种方法是从总体概念结构开始逐层细化,如图 12.5 所示。如教师这个视图可以从一般教师开始,分解成高级教师、普通教师等。进一步再由高级教师细化为青年高级教师与中年高级教师等。

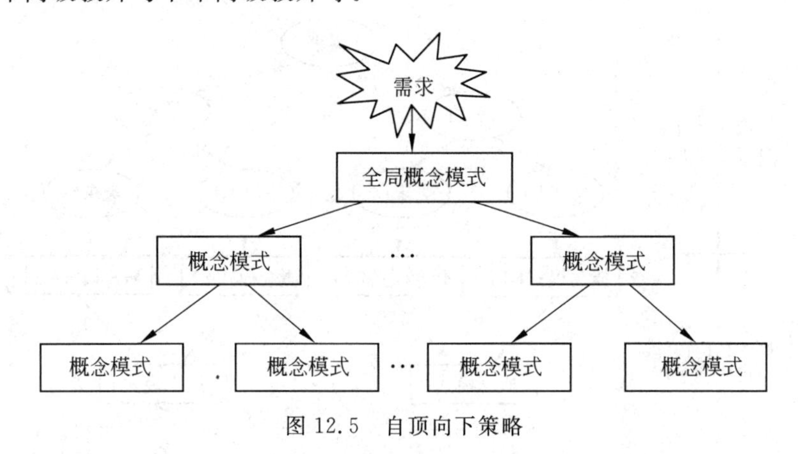

图 12.5 自顶向下策略

(2) 自底向上方法:这种方法是从具体的对象逐层抽象,最后形成总体概念结构,是被广泛使用的方法,如图 12.6 所示。

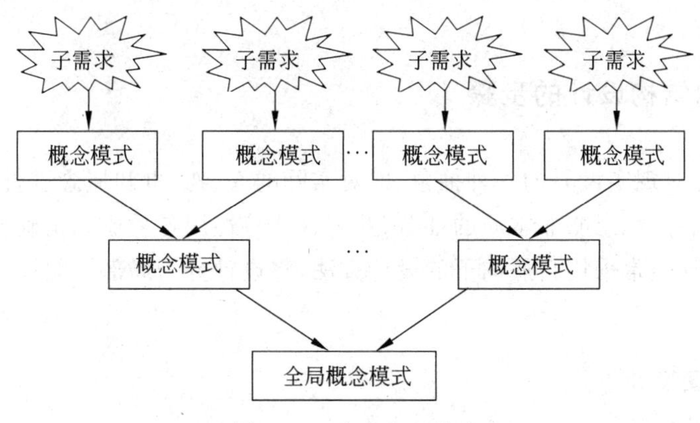

图 12.6 自底向上策略

(3) 逐步扩张方法:这种方法是从核心的对象着手,然后向四周逐步扩充,直到最终形成总体概念结构,如图 12.7 所示。如教师视图可从教师开始扩展至教师所担任的课程、上课的教室与学生等。

(4) 混合策略方法:该方法采用自顶向下和自底向上相结合的方法,先自顶向下定义全局框架,再以它为骨架集成自底向上方法中设计的各个局部概念结构。在数据库设

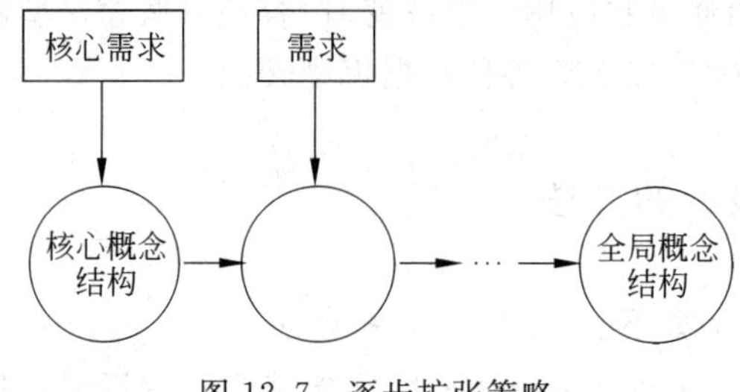

图 12.7 逐步扩张策略

计中常用策略是自顶向下地进行需求分析，自底向上地设计概念结构，如图 12.8 所示。

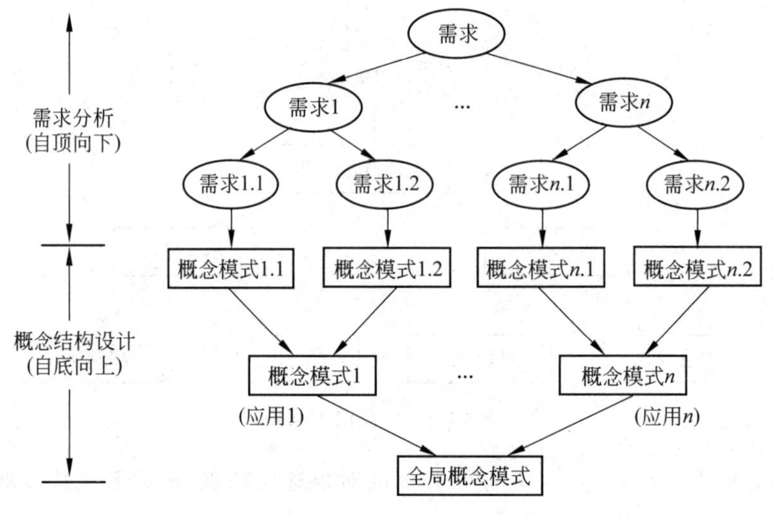

图 12.8 混合策略

12.3.5 概念结构设计的步骤

概念结构是对现实世界的一种抽象，即对实际的人、物、事和概念进行人为处理，抽取人们关心的共同特性，忽略非本质的细节，并把这些特性用各种概念精确地加以描述。因此，概念模型设计通常采用自底向下的设计方法，将设计分为局部视图设计和视图集成两个步骤进行。

1. 局部视图设计

一个整体的系统模型可以有多个局部视图。各个部门对于数据的需求和处理方式各不相同，对同一类数据的观点也可能不一样，它们有自己的视图，所以可以首先根据需求分析阶段产生的各个部门的数据流图和数据字典中的相关数据，设计出各自的局部视图。

数据流图和数据字典中的分析结果是确定实体、属性及实体关键字的最重要参考资料。可以先根据数据流图中的数据文件及相关内容来确定视图中的所有实体类型及其属性，然后再做必要的调整。实体类型确定之后可为之命名，使其名称反映实体的语义性质，然后根据语义对每个实体类型中属性间的函数相关性进行分析，并确定能够唯一标识实体的键。

依据需求分析结果，考察任意两个实体类型之间是否存在联系，若有，则确定其类型（一对一、一对多、多对多），接下来要确定哪些联系是有意义的，哪些联系是冗余的，并消除冗余的联系。

确定了实体及实体间的联系后，可用 E-R 图描述出来。形成局部 E-R 之后，还必须返回去征求用户意见，使之如实地反映现实世界，同时还要进一步规范化，以求改进和完善。每个局部视图必须满足：对用户需求是完整的，所有实体、属性、联系都是唯一的名称，不允许有同名异义的现象，无冗余的联系。

局部 E-R 模型建立以后，对照每个应用进行检查，确保模型能够满足数据流程对数据处理的需求。

2. 视图集成

当所有局部视图设计完毕，就可开始视图集成。视图的集成就是将各子系统的分 E-R 图综合成一个总的 E-R 图。集成阶段的主要任务是归并和重构局部视图，最后得到统一的整体视图。具体的实现可以是多个局部 E-R 模型一次集成合并，也可以是两个局部 E-R 模型合并，并不断累加。在合并局部 E-R 模型得到初步总体 E-R 模型，更进一步得到最后的总体 E-R 模型的集成过程中，由于各种差异，不可避免地会出现局部 E-R 模型间的不一致，这称为冲突。常见的冲突有下列几种。

(1) 命名冲突。包括属性名、实体名、联系名之间出现的同名异义冲突和异名同义冲突。

(2) 属性冲突。包括属性域冲突、属性取值单位冲突。

(3) 结构冲突。同一对象在不同应用中的不同抽象；同一实体在不同局部 E-R 模型中的属性组成不同；实体间的联系在不同局部 E-R 模型中出现不同的类型。

上述冲突一般在集成时需要做统一处理，形成一致性的表示。若是结构冲突，则要采用多种技术手段来消除，如把属性变换为实体或把实体变换为属性等。另外，还要消除不必要的冗余，包括冗余数据和冗余的联系。

集成后的视图应满足以下要求。

(1) 完整性和正确性，即整个视图应包含各局部视图所表达的所有语义，正确地表达与所有局部视图应用相关的数据观点。

(2) 最小化，即系统中同一个对象原则上只在一个地方表示。

(3) 可理解性，即整体视图对于设计者和用户都应是易于理解的。

视图集成一般有以下两种方式。

(1) 多个分 E-R 图一次集成。

(2) 逐步集成，如用累加的方式一次集成两个分 E-R 图。

局部视图的集成一般分为两步：第一步消除冲突，把各分 E-R 模型合并起来生成初步 E-R 模型；第二步对初步 E-R 模型进行修改，消除不必要的冗余，生成基本的 E-R 模型。

12.4 规范化

为了使数据库设计的方法走向完备，人们研究了规范化理论。关系必须规范化，即关系模型中的每一个关系模式都必须满足一定的要求。规范化有很多层次，对关系最基本的要求是每个属性值必须是不可分割的数据单元，即表中不能再包含表。

12.4.1 关系模式规范化的必要性

规范化的原因很多，其主要原因是不规范的关系模式在应用中可能产生很多弊病，导致产生各种存储异常。最常见的存储异常问题如下所示。

(1) 数据冗余。数据库中不必要的重复存储就是数据冗余，要避免这一点，需要数据库设计人员具有丰富的设计经验。

(2) 更新异常。当重复信息的一个副本被修改时，所有副本都必须进行同样的修改。因此当更新数据时，系统要付出很大的代价来维护数据库的完整性，否则会面临数据不一致的危险。

(3) 插入异常。只有当一些信息事先已经存放在数据库中时，另外一些信息才能存入数据库中。

(4) 删除异常。删除某些信息时可能丢失其他信息。

【例 12.1】 考虑学生选课关系模式：SScore(sno, sname, classNo, className, cno, cname, score)，属性集{sno, cno}是主码。如果允许一个学生选修多门课程，且一门课程可被多个学生选修，则该关系实例可能出现数据冗余，如表 12.1 所示。

表 12.1 学生选课关系表

sno	sname	classNo	className	cno	cname	score
201823001	李婷婷	IS1801	信息管理与信息系统 18_01 班	001	高等数学	61
201823001	李婷婷	IS1801	信息管理与信息系统 18_01 班	003	计算机原理	98
201823001	李婷婷	IS1801	信息管理与信息系统 18_01 班	006	数据库系统原理	89
201823002	梁启永	CS1801	计算机科学与技术 18_01 班	001	高等数学	62
201823002	梁启永	CS1801	计算机科学与技术 18_01 班	002	离散数学	80
201823002	梁启永	CS1801	计算机科学与技术 18_01 班	004	C 语言程序设计	47
201823002	梁启永	CS1801	计算机科学与技术 18_01 班	006	数据库系统原理	90
201823003	康鑫宇	MP1801	市场营销 18_01 班	001	高等数学	62
201823003	康鑫宇	MP1801	市场营销 18_01 班	002	离散数学	60

如果允许一个学生选修多门课程，且一门课程可被多个学生选修，则该关系实例可能出现如下问题。

(1) 冗余存储：学生姓名和课程名被重复存储多次。

(2) 更新异常：当修改某学生的姓名或某课程的课程名时，可能只修改了部分副本的信息，而其他副本未被修改到。

(3) 插入异常：如果某学生没有选修课程，或某课程未被任何学生选修时，则该学生或该课程信息不能存入数据库，因为主码值不能为空。

(4) 删除异常：当某学生的所有选修课程信息都被删除时，则该学生的信息将被丢失。对课程也是如此。

而产生上述异常现象的原因就是关系模式设计不合理，因此，必须有一个规范可以遵循。函数依赖理论正是用来改造关系模式的，通过分解较大的关系模式来消除其中不合适的数据依赖，以解决数据冗余及其带来的各种问题。理想情况下，我们希望没有模式冗余，但有时出于性能方面考虑，可能会接受一些带有冗余的模式。

12.4.2 函数依赖

关系中属性之间这种相互依赖又相互制约的联系称为数据依赖，数据依赖主要有两种形式，分别为函数依赖和多值依赖。

函数依赖是从数学角度来定义的，在关系中用来刻画关系各属性之间相互制约而又相互依赖的情况。函数依赖普遍存在于现实生活中，例如，描述一个学生的关系，可以有学号、姓名、所属班级等多个属性，由于一个学号对应一个且仅一个学生，一个学生就读于一个确定的系，因而当“学号”属性的值确定之后，“姓名”及“所属班级”的值也就唯一地确定了，此时，就可以称“姓名”和“所属班级”函数依赖于“学号”，或者说“学号”函数决定“姓名”和“所属班级”，记作：学号→姓名、学号→所属班级。下面对函数依赖给出确切的定义。

定义 12.1 设 $r(R)$ 为关系模式，$\alpha\subseteq R$，$\beta\subseteq R$。对任意合法关系 r 及其中任两个元组 t_i 和 t_j，$i\neq j$，若 $t_i[\alpha]=t_j[\alpha]$，则 $t_i[\beta]=t_j[\beta]$，则称 α 函数确定 β，或 β 函数依赖于 α，记作 $\alpha\rightarrow\beta$。如图 12.9 所示。其中，α 称为决定因素。进而若再有 $\beta\rightarrow\alpha$，则称 x 与 y 相互依赖，记作 $\alpha\longleftrightarrow\beta$。

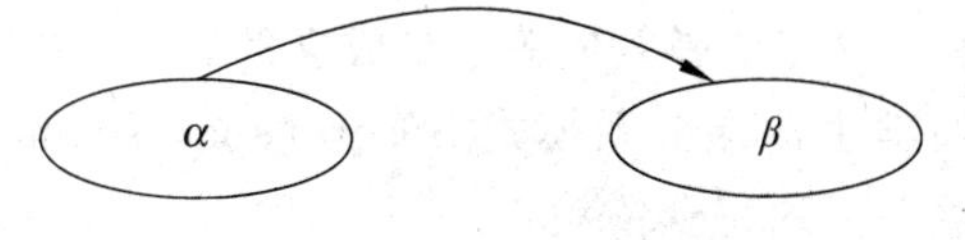

图 12.9 $\alpha\rightarrow\beta$ 函数依赖图

例如，对于 Student(Sno, Major)，假定每个学生都有唯一的学号 Sno，每个学生有且只有一个专业 Major，则只要给定 Sno 的值，就可以弄清楚该学生的专业。“学生专业”函数依赖于“学生学号”，或“学生学号”函数决定“学生专业”。函数依赖使用下面的形式来书写：Sno→Major。按照习惯，一般将箭头左边的属性称为决定因素。

对于函数依赖，应该注意以下几点。

(1) 函数依赖是指关系模型 R 中所有的元组都要满足的约束条件，而不仅仅是某个或某些元组的特例。

(2) 函数依赖并不一定具有可逆性。还以表 Student 为例,如果 Sno 决定 Major,则一个特定的 Sno 的值只能和一个特定的 Major 配对。相反,一个 Major 值可以和一个或多个 Sno 值配对(一个专业可以有多名学生)。因此 Major(学生专业)并不能决定 Sno(学生学号)。也就是说,如果 $\alpha \to \beta$,但反过来不一定有 $\beta \to \alpha$。一般地,如果 A 决定 B,那么,A 和 B 之间的关系是一对多($1:n$)的关系。

(3) 函数依赖中可以包含属性组。考虑关系表 Score(sno,cno,score),表中的意思是某位学生(sno)的某门功课(cno)的成绩(score)。当要查找成绩时,必须事先知道该学生的学号和该门功课的课程号,缺一不可。"学号"和"课程号"的结合决定了"成绩",该函数依赖记作:(sno,cno)→score。

(4) 函数依赖是语义范畴的概念,只能根据数据的语义来确定函数依赖,是不能够被证明的。例如,"姓名→出生年月"这个函数依赖只有在没有重名的条件下成立。如果有相同名字的人,则"出生年月"就不再函数依赖于"姓名"了。数据库设计者可以对现实世界做强制的规定,若发现有同名人存在,则拒绝插入该元组。

函数依赖中还可细分为多种函数依赖,分别介绍如下。

1. 完全函数依赖和部分函数依赖

定义 12.2 在关系模式 $r(R)$ 中,$\alpha \subseteq R$,$\beta \subseteq R$,且 $\alpha \to \beta$ 是非平凡函数依赖。若对任意的 $\gamma \subset \alpha$,$\gamma \to \beta$ 都不成立,则称 $\alpha \to \beta$ 是完全函数依赖,简称完全依赖。否则,若存在非空的 $\gamma \subset \alpha$,使 $\gamma \to \beta$ 成立,则称 $\alpha \to \beta$ 是部分函数依赖,简称部分依赖,如图 12.10 所示。所谓完全依赖是指在依赖关系的决定项(即依赖关系的左项)中没有多余属性,有多余属性就是部分依赖。

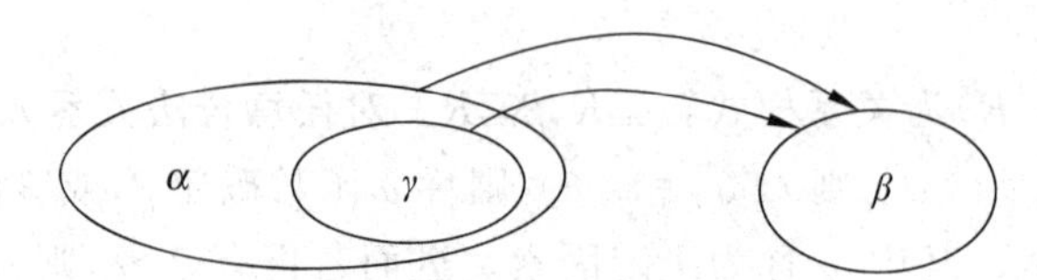

图 12.10 部分依赖 $\alpha \to \beta$ 的依赖图

当 α 是单属性时,则 $\alpha \to \beta$ 完全函数依赖总是成立的。

例如,在例 12.1 中的学生选课关系模式 SScore(sno, sname, classNo, className, cno, cname, score)中,存在下列完全依赖。

sno→sname

sno→classNo

sno→className

cno→cname

{sno, cno}→score

而下列依赖则是部分依赖。

{sno, cno}→sname

{sno, cno}→classNo

{sno, cno}→className

{sno, cno}→cname

对候选码的部分函数依赖会导致数据冗余和插入、删除、更新异常。

2. 传递函数依赖

定义 12.3 在关系模式 $r(R)$中，设 $\alpha\subseteq R$，$\beta\subseteq R$，$\gamma\subseteq R$，且 $\beta\nsubseteq\alpha$，$\gamma\nsubseteq\beta$。若 $\alpha\rightarrow\beta$，$\beta\nrightarrow\alpha$，$\beta\rightarrow\gamma$，则必存在函数依赖 $\alpha\rightarrow\gamma$，则称 $\alpha\rightarrow\gamma$ 是传递函数依赖，简称传递依赖，如图 12.11 所示。与部分依赖一样，传递依赖也可能会导致数据冗余及产生各种异常。

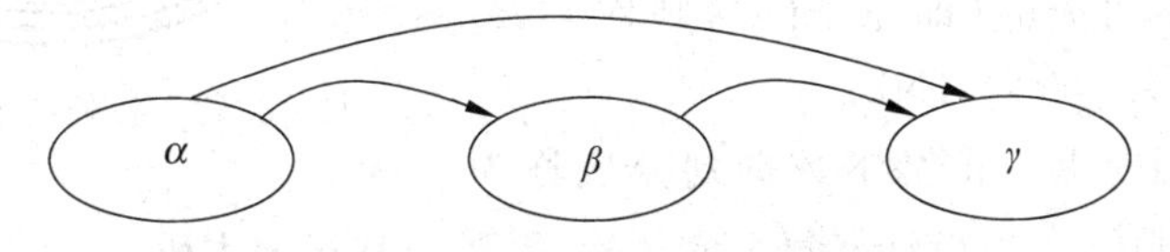

图 12.11 传递依赖 $\alpha\rightarrow\gamma$ 的依赖图

【例 12.2】 在学生班级关系模式 StuClass(sno, classNo, className, institute)中，存在下列函数依赖：

sno→classNo

classNo→className

classNo→institute

因此，该关系模式中存在下列传递函数依赖：

sno→className

sno→institute

因此可能导致数据冗余、更新异常、插入异常及删除异常。

函数依赖是指关系模式中属性之间存在的一种约束关系。这种约束关系既可以是现实世界事物或联系的属性之间客观存在的约束，也可以是数据库设计者根据应用需求或设计需要强加给数据的一种约束。但不论是哪种约束，一旦确定，进入数据库中的所有数据都必须严格遵守。正确了解数据的意义及确定属性之间的函数依赖关系，对设计一个好的关系模式是十分重要的。

12.4.3 范式与规范化

范式就是符合某一种级别的关系模式的集合。一个关系模式满足一定的要求，则称此关系模式为特定范式的关系模式。从范式来讲，主要是 E. F. Codd 做的工作，1971—1972 年他系统地提出了 1NF、2NF、3NF 的概念，讨论了规范化的问题。1974 年，Codd 和 Boyce 又共同提出了一个新的范式，即 BCNF。1976 年，FagiN 又提出了 4NF。满足最低要求的叫作第一范式，简称 1NF，在第一范式中满足进一步要求的为第二范式，以此类推。各范式之间的联系有 4NF⊂BCNF⊂3NF⊂2NF⊂1NF 成立。即满足 BCNF 范式的关系一定满足 3NF 范式，满足 3NF 范式的关系一定满足 2NF 范式，满足 2NF 范式的关系一定满足 1NF 范式。各种范式之间的联系可以用图 12.12 简单描述。

一个低一级的关系模式，通过模式分解转换为若干个高一级范式的关系模式的集合，这一过程就叫规范化。下面主要讨论 1NF、2NF、3NF 和 BCNF 范式。

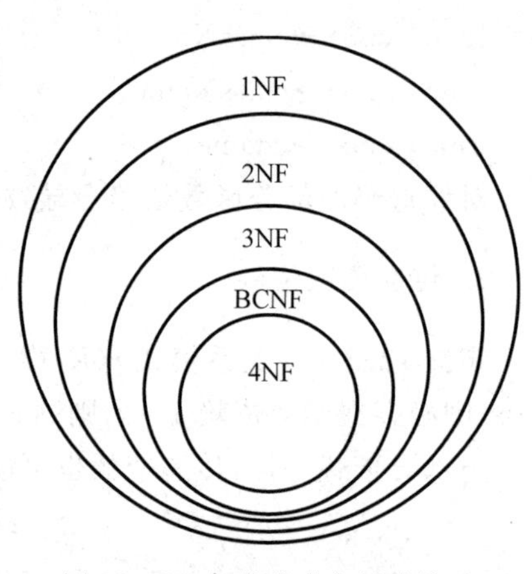

图 12.12 各种范式之间的关系

1. 第一范式

定义 12.4 如果一关系模式 $r(R)$ 的每个属性对应的域值都是不可分的（即原子的），则称 $r(R)$ 属于第一范式，记为 $r(R) \in 1NF$。

第一范式的目标是：将基本数据划分成称为实体集或表的逻辑单元，当设计好每个实体后，需要为其指定主码。

关系数据库的模式至少应是第一范式。表 12.2 是一个非规范化的关系模式结构，因为 familyaddress 的值域是可分的。

表 12.2 非规范化的关系模式

sno	sname	sex	birthday	age	familyaddress			classNo
					province	city	street	

将上述关系模式变为如表 12.3 所示的形式才是满足 1NF 范式的关系模式。

表 12.3 1NF 规范化后的关系模式

sno	sname	sex	birthday	age	province	city	street	classNo

2. 第二范式

定义 12.5 如果一个关系模式 $r(R) \in 1NF$，且所有非主属性都完全函数依赖于 $r(R)$ 的候选码，则称 $r(R)$ 属于第二范式，记为 $r(R) \in 2NF$。

例如，在例 12.1 中的学生选课关系模式 SScore(sno, sname, classNo, className, cno, cname, score) 中存在依赖关系 sno→sname，sno→classNo，sno→className 和 cno→cname 属于第一范式，但它不属于第二范式。原因是存在非主属性 sname，classNo，className 和 cname 部分依赖于 SScore 的主键{sno, cno}，所以 SScore 违反了 2NF 的定义，SScore∉2NF。

也就是说，在满足第一范式的实体中，如果有复合候选码（即多个属性共同构成的候选码），那么所有非主属性必须依赖于全部的候选码，不允许依赖于部分的候选码属性。即不允许候选码的一部分对非主属性起决定作用：全部是码。

第二范式的目标：将只部分依赖于候选码（即依赖于候选码的部分属性）的非主属性移到其他表中。违背 2NF 的模式，即存在非主属性对候选码的部分依赖，消除部分函数依赖的方法就是将关系分解，使其新的关系中非主属性与候选键之间不存在部分函数依赖。

分解的方法是投影。具体地说就是：用组成候选键的属性集合的每一个非空真子集作为主键构成一个新关系；对于每个新关系，将完全依赖或传递依赖于此主键的属性放置到此关系中。下面将 SScore 关系按上述方法分解如下。

(1) SScore 关系只有一个候选键，也就是主键(sno，cno)。

(2) 它的非空子集有 sno、cno、(sno，cno)。对应构成三个新关系，设分别为 Student、Course 和 Score。其中，Student 的主键为 sno，Course 的主键为 cno，Score 的主键为(sno，cno)。

(3) 将完全依赖或传递依赖于 sno 主键的属性放置到 Student 表中，完全依赖或传递依赖于 cno 主键的属性放置到 Course 表中，完全依赖或传递依赖于(sno，cno)主键的属性放置到 Score 表中得到：

Student(sno，sname， classNo， className)

Course(cno，cname)

Score(sno，cno，score)

根据 2NF 的标准衡量，这三个关系中都不存在非主属性部分函数依赖于候选键的情况，所以它们都属于 2NF。即 Student $\in$ 2NF、Course $\in$ 2NF、Score $\in$ 2NF。结果冗余问题已得到明显改善，第二范式虽然消除了由于非主属性对候选码的部分依赖所引起的冗余及各种异常，但并没有排除传递依赖，还有一定的数据冗余，还存在插入异常和删除异常。因此，还需要对其进一步规范化。

3. 第三范式

定义 12.6 如果一个关系模式 $r(R) \in$ 2NF，且所有非主属性都直接函数依赖于 $r(R)$的候选码(即不存在非主属性传递依赖于候选码)，则称 $r(R)$属于第三范式，记为 $r(R) \in$ 3NF。

也就是说，在满足 2NF 的实体中，非主属性不能依赖于另一个非主属性(即非主属性只能直接依赖于候选码)。

第三范式的目标：去掉表中不直接依赖于候选码的非主属性。

总之，所有的非主属性应该直接依赖于(即不能存在传递依赖，这是 3NF 的要求)全部的候选码(即必须完全依赖，不能存在部分依赖，这是 2NF 的要求)。

在例 12.1 中的学生选课关系模式 SScore(sno， sname， classNo， className， cno， cname， score)经过部分依赖的分解后得到的三个关系 Student、Course、Score，它们都属于第二范式了。但 Student(sno，sname， classNo， className)不属于 3NF。原因是存在非主属性 className 传递函数依赖于候选键 sno。根据 3NF 的定义，Students 不属于 3NF。

一个关系 R 若仅属于 2NF 但不属于 3NF，如关系 Students 仍然存在数据冗余过多、删除异常和插入异常等问题，解决的办法仍然是分解，以消除传递依赖。具体方法如下。

(1) 对于不是候选键的每个决定因子,从原关系中删去依赖于它的所有属性。

(2) 对原关系中不是候选键的每个决定因子,新建一个关系,新关系中包含依赖该决定因子的属性。

(3) 将该决定因子加入新关系并作为新关系的主键。

按上述方法来分解 Students 关系得到:

Student(sno,sname,classNo)

Class(classNo, className)

最终得到的所有关系如下。

Student(sno,sname,classNo)

Class(classNo, className)

Course(cno,cname)

Score(sno,cno,score)

都已经属于 3NF 的关系。对于一般的数据库应用来说,设计出的关系符合第三范式标准就够了。因为,一般来说,满足 3NF 的关系已能消除冗余和各种异常现象,获得较满意的效果。

4. BCNF

定义 12.7 给定关系模式 $r(R)$及函数依赖集 F,若 F^+(表示 F 的闭包)中的所有函数依赖 $\alpha\rightarrow\beta(\alpha\subseteq R,\beta\subseteq R)$至少满足下列条件之一:

(1) $\alpha\rightarrow\beta$ 是平凡函数依赖(即 $\beta\subseteq\alpha$);

(2) α 是 $r(R)$的一个超码(即 α^+ 中包含 R 的全部属性)。

则称 $r(R)$属于 Boyce-Codd 范式,记为 $r(R)\in$ BCNF。

换句话说,在关系模式 $r(R)$中,如果 F^+ 中的每一个非平凡函数依赖的决定属性集 α 都包含候选码,则 $r(R)\in$ BCNF。需要特别说明的是,为确定 $r(R)$是否满足 BCNF 范式,必须考虑 F^+ 而不是 F 中的每个函数依赖。

从函数依赖角度可得出,一个满足 BCNF 的关系模式必然满足下列结论(如果 $\alpha\rightarrow\beta$ 非平凡,则 α 是 $r(R)$的一个超码):

(1) 所有非主属性都完全函数依赖于每个候选码;

(2) 所有主属性都完全函数依赖于每个不包含它的候选码;

(3) 没有任何属性完全函数依赖于非候选码的任何一组属性。

因此,BCNF 不仅排除了任何属性(包括主属性和非主属性)对候选码的部分依赖和传递依赖,而且排除了主属性之间的传递依赖,其依赖关系如图 12.13 所示。

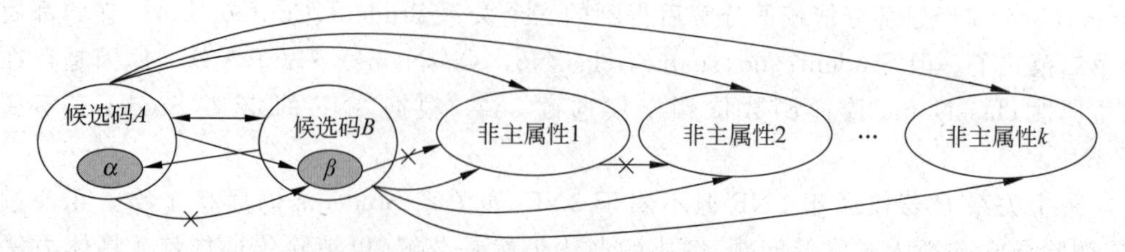

图 12.13 BCNF 关系模式中的函数依赖

5. 第四范式

定义 12.8 设一个关系模式 $R \in 1NF$，若 $X \to\to Y (Y \not\subset X)$ 是非平凡的多值依赖，且 X 含有码，则 $R \in 4NF$。

通俗地说，一个关系如果已满足 BCNF，且没有多值依赖，则关系属于 4NF。一个关系模式 $R \in 4NF$，则必有 $R \in BCNF$。如不满足 4NF，解决这些问题的方法仍然是继续分解消除非平凡的非函数多值依赖，使之满足 4NF 的要求。

12.4.4 模式分解原则

模式分解主要涉及以下两个原则。

(1) 无损连接(Lossless Join)。如果对新的关系进行自然连接得到的元组的集合与原关系完全一致，则称为无损连接。无损连接反映了模式分解的数据等价原则。

(2) 保持依赖(Preserve Dependency)。如果分解后总的函数依赖集与原函数依赖集保持一致，则称为保持依赖。保持依赖反映了模式分解的依赖等价原则。依赖等价保证了分解后的模式与原有的模式在数据语义上的一致性。

12.4.5 规范化的本质分析与总结

规范化是通过对已有的关系模式进行分解来实现的。把低一级的关系模式分解为多个高一级的关系模式，使模式中的各关系达到某种程度的分离，让一个关系只描述一个实体或实体间的联系。规范化实质上就是概念的单一化。1NF、2NF、3NF、BCNF 和 4NF 之间逐步深化的过程如图 12.14 所示。

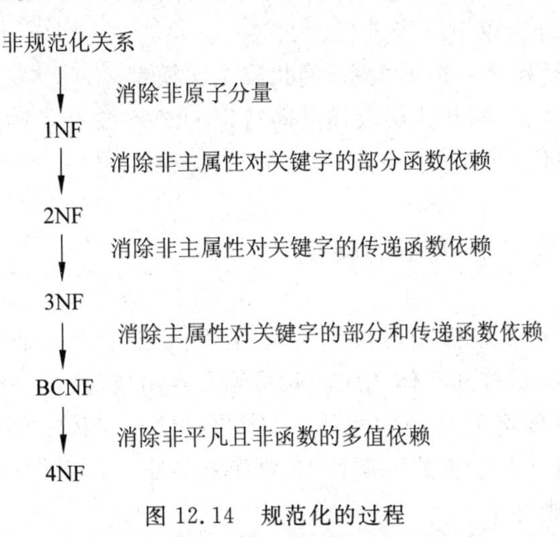

图 12.14 规范化的过程

通过逐步地规范化，不断提高模式的级别，人们可以最大限度地消除关系模式中插入、删除和修改的异常。但在数据库的设计实践中，单纯地分解关系，提高关系的范式级别并不一定就能产生合理的方案。

下面从数据库设计实践的角度给出几条经验原则。

(1) 部分函数依赖和传递函数依赖的存在是产生数据冗余、更新异常的重要原因。因此,在关系规范化中,应尽可能消除属性间的这些依赖关系。

(2) 非第三范式的1NF、2NF以至非规范化的模式,由于它们性能上的弱点,一般不宜作为数据库模式。

(3) 由于第三范式的关系模式中不存在非主属性对关键字的部分依赖和传递依赖关系,因而消除了很大一部分冗余和更新异常,具有较好的性能,所以,一般要求数据库设计达到3NF。

总结规范化的本质,即"一事一地"。如果某个关系有两个或多个事实,它就应该分解为多个关系,每个关系只包含一种事实。每当分解关系时,都应该考虑建立关系之间的关联,加入必要的外键。因为对关系进行的每一次分解都会产生参照完整性约束。因此,每当把一个关系分解为两个或多个时,就要检查这种约束。

12.5 逻辑结构设计

关系数据库设计需要设计出数据库赖以实现的实现模型,现在用的实现模型都是关系模型,因此需要设计一个关系模型。关系模型的数据结构是关系,一个关系用一个关系模式表示。所有的关系模式组成数据库的模式,所以关系数据库设计就是要设计出数据库的模式,也称逻辑结构或逻辑模型。

设计逻辑结构应该选择最适合描述与表达相应概念结构的数据模型,然后选择最合适的DBMS。目前,DBMS产品一般只支持关系、网状和层次三种模型中的一种。对于某一种数据模型,各个机器系统又有许多不同的限制,提供不同的环境与工具。所以,设计逻辑结构时一般要分为以下三步进行。

(1) 将概念结构转换为一般的关系、网状或层次模型;

(2) 将转换来的关系、网状或层次模型向特定DBMS支持下的数据模型转换;

(3) 对数据模型进行优化。

12.5.1 概念模型向关系模型的转换

设计方法是将实体-联系模型转换为关系模型,用若干个关系模式来表示。实体-联系模型由实体、属性、标识符和实体之间的联系等要素组成,所以将实体-联系模型转换为关系模型,实际上就是要将E-R图中实体、实体的属性和实体之间的联系等转换为若干个关系模式,并确定这些关系模式的属性、关键字和约束。

E-R图的转换规则如下。

(1) 一个实体型转换为一个关系模型,实体的属性就是关系的属性,实体的键就是关系的键。例如,如图12.15所示的实体类型"学生"可转换成如下的关系模式。

学生(<u>学号</u>,姓名,性别,出生年月,所属班级)

其中,带下画线的属性为主属性。

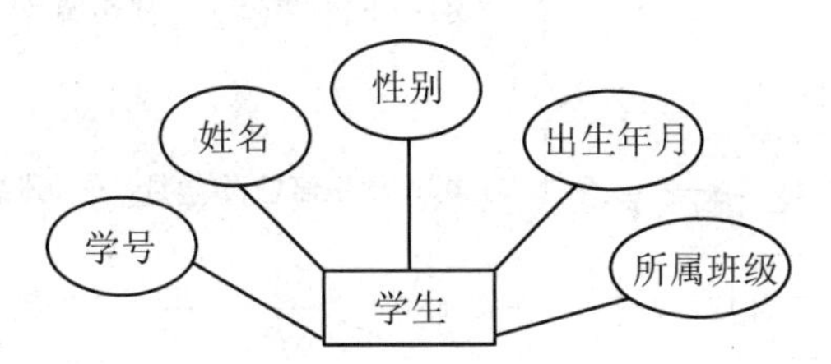

图 12.15 一个实体类型转换为一个关系模式

(2) 一个联系转换为一个关系模式,与该联系相连的每个实体型的键以及联系的属性都转换为关系的属性。这个关系的键分为以下三种不同的情况。

① 若联系为 1∶1,有两种转换方式:一是转换为一个独立的关系模式,联系名为关系模式名,与该联系相连的两个实体的关键字及联系本身的属性为关系模式的属性,其实每个实体的关键字均是该关系模式的候选键;二是与另一端的关系模式合并,可将相关的两个实体分别转换为两个关系,并在任意一个关系的属性中加入另一个关系的主关键字。转换方法及具体实例如图 12.16 所示。

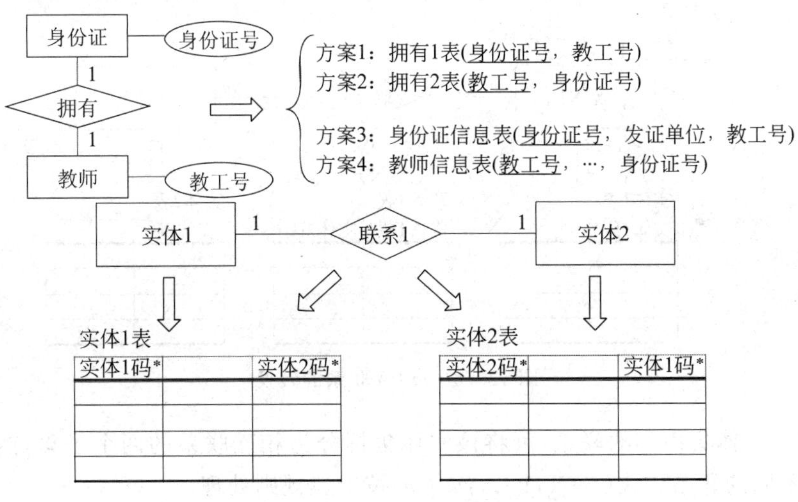

图 12.16 1∶1 联系的转换

② 若联系为 1∶n,也有两种转换方式:一是将 1∶n 联系转换为一个独立的关系模式,联系名为关系模式名,与该联系相连的各实体的关键字及联系本身的属性为关系模式的属性,关系模式的关键字为 n 端实体的关键字;二是将 1∶n 联系与 n 端关系合并,1 端的关键字及联系的属性并入 n 端的关系模式即可。转换方法及具体实例如图 12.17 所示。

③ 若联系为 m∶n,关系模式名为联系名,与该联系相连的各实体的关键字及联系本身的属性为关系模式的属性,关系模式的关键字为联系中各实体关键字的并集。转换方法及具体实例如图 12.18 所示。

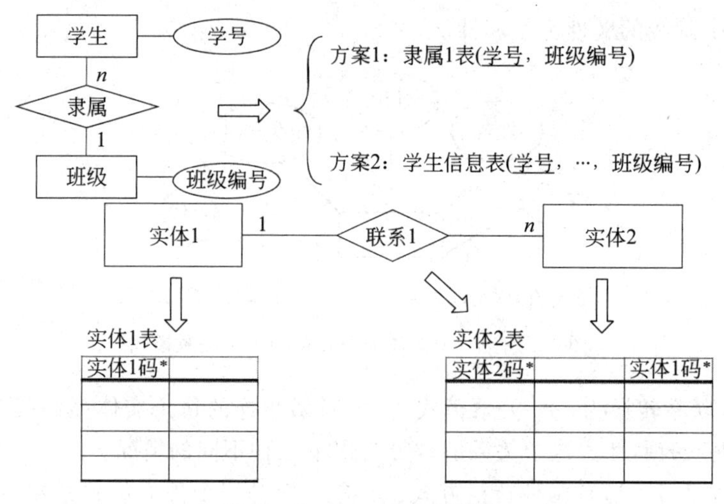

图 12.17　1∶n 联系的转换

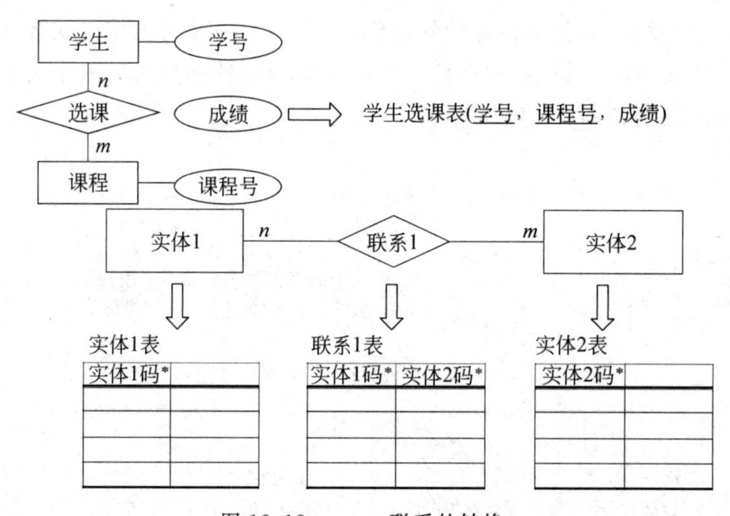

图 12.18　m∶n 联系的转换

④ 同一实体集内部的联系，可将该实体集拆分为相互联系的两个子集，然后根据它们相互间不同的联系方式(1∶1，1∶n，m∶n)按上述规则处理。

例如，企业员工实体内部存在领导与被领导的 1∶n 的联系，则将其与员工关系模式合并，并增加一个“经理员工号”属性以存放经理的员工号，如图 12.19 所示。

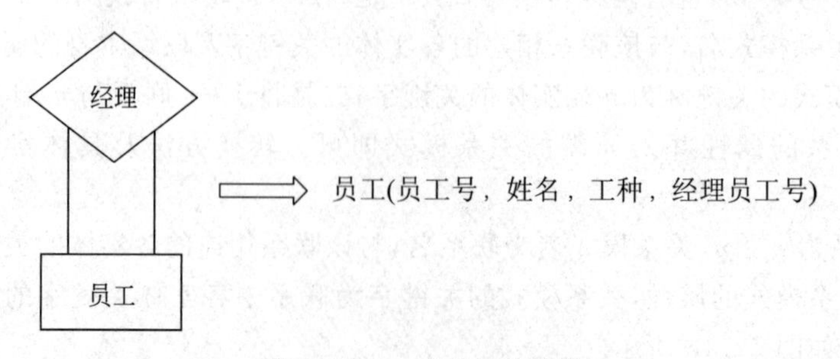

图 12.19　一元关系的转换

① 三个或三个以上实体间的一个多元联系可以转换为一个关系模式。与该多元联系相连的各实体的码以及联系本身的属性均转换为关系的属性，而关系的码为各实体码的组合。

② 具有相同码的关系模式可合并。为了减少系统中的关系个数，如果两个关系模式具有相同的主码，可以考虑将它们合并为一个关系模式。合并方法是将其中一个关系模式的全部属性加入到另一个关系模式中，然后去掉其中的同义属性(可能同名也可能不同名)，并适当调整属性的次序。

于是，按照上述 E-R 图的转换规则将例 9.1 中概念模型的实体及关系转换为关系模型，转换结果如下。

学生信息表(学号，姓名，性别，出生日期，籍贯，民族，身份证号，班级编号)

教师信息表(教工号，姓名，性别，出生日期，籍贯，民族，身份证号，教研室名称)

课程信息表(课程号，课程名称，学时数，学分数，先修课程)

班级表(班级编号，班级名称，班级人数，学院名称)

学院信息表(学院名称，学院地址)

教研室信息表(教研室名称，教研室人数，学院名称)

身份证信息表(身份证号，发证单位)

学生选课表(学号，课程号，成绩)

教师授课表(教工号，课程号)

12.5.2 数据模型的优化

数据库概念模型的转换结果并不是唯一的，为了提高数据库应用系统的性能，还应该对所得的关系模型进行适当的修改和调整，这就是数据库模型优化所要完成的工作。关系数据库的优化通常是以关系模型的规范化理论为基础的。

应用规范化理论优化逻辑模型一般要做如下 5 项工作。

(1) 确定数据依赖。如果需求分析阶段没有来得及做，可以现在补做，即按需求分析阶段所得到的语义，分别写出每个关系模式内部各属性之间的数据依赖以及不同关系模式属性之间的数据依赖。

(2) 对于各个关系模式之间的数据依赖进行极小化处理，消除冗余的联系。

(3) 按照数据依赖的理论对关系模式逐一进行分析，考察是否存在部分函数依赖、传递函数依赖、多值依赖等，确定各关系模式分别属于第几范式。

(4) 按照需求分析阶段得到的处理要求，分析这些模式对于这样的应用环境是否合适，确定是否要对某些模式进行合并或分解。必须注意的是，并不是规范化程度越高的关系就越优。例如，当查询经常涉及两个或多个关系模式的属性时，系统经常进行连接运算。连接运算的代价是相当高的，可以说关系模型低效的主要原因就是连接运算引起的。这时可以考虑将这几个关系合并为一个关系。因此在这种情况下，第二范式甚至第一范式也许是合适的。

又如，非 BCNF 的关系模式虽然从理论上分析会存在不同程度的更新异常或冗余，但如果在实际应用中对此关系模式只是查询，并不执行更新操作，则就不会产生实际影响。所以对于一个具体应用来说，到底规范化到什么程度，需要权衡响应时间和潜在问题两者的利弊决定。

(5) 对关系模式进行必要的分解，提高数据操作的效率和存储空间的利用率。常用的两种分解方法是水平分解和垂直分解。

① 水平分解是把(基本)关系的元组分为若干子集合，定义每个子集合为一个子关系，以提高系统的效率。

② 垂直分解是把关系模式 R 的属性分解为若干子集合，形成若干子关系模式。

③ 规范化理论为数据库设计人员判断关系模式的优劣提供了理论标准，可用来预测模式可能出现的问题，使数据库设计工作有了严格的理论基础。

12.5.3 数据库逻辑设计案例

下面是学生图书借阅管理子系统的设计。

1. 学生图书借阅管理子系统的基本需求

该子系统是一个专为该学校图书馆管理而设计的系统。读者从图书馆借书，对图书馆来说，读者好像书籍一样，都是先被注册在该系统中的。图书馆需要处理新买的图书，包括添加、删除等。图书管理员是图书馆的雇员，所有图书登记、读者注册的工作由图书管理员完成，他们负责和读者交互，该系统支持他的工作。图书馆要求系统能方便地建立、更新和删除存在该系统中的有关书名、读者等信息，也能方便地登记图书的借出与归还等的信息。

2. 学生图书借阅管理子系统的 E-R 模型设计

(1) 根据对学生图书借阅管理系统的需求分析，可以先得到实体：书、读者和管理员。

(2) 分析它们之间的关系，管理员与书之间存在着一对多的联系，联系命名为“登记”，因为一个管理员可以负责登记多本图书；管理员与读者之间也存在一对多的联系，联系命名为“注册”，因为一个管理员可以负责注册多名读者；管理员、读者、书之间存在多对多的借阅联系，因为一名读者可以借阅多本图书，一个管理员可以办理多次借阅，一本书可以被多个读者借阅。至此，三个实体与它们之间的联系可以表示为如图 12.20 所示。

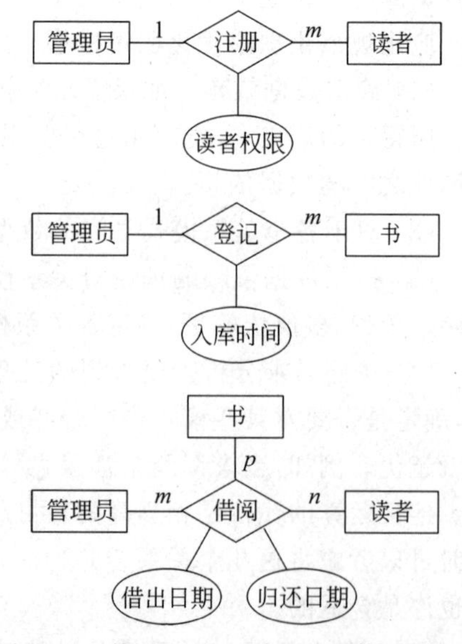

图 12.20 管理员、学生、书三个实体间的联系

(3) 为了简化 E-R 图，假定管理员的属性只有职工号、姓名、性别、权限级别，读者的属性只

有借书证号、姓名、性别、系别。书的属性有书号、书名、作者、出版社、分类号。

(4) 再分析每一个实体的标识符。假定管理员的标识符是职工号，书的标识符是书号，读者的标识符是借书证号。

(5) 将上述实体、联系、属性等集成，得到学生图书借阅管理系统完整的 E-R 模型图如图 12.21 所示。

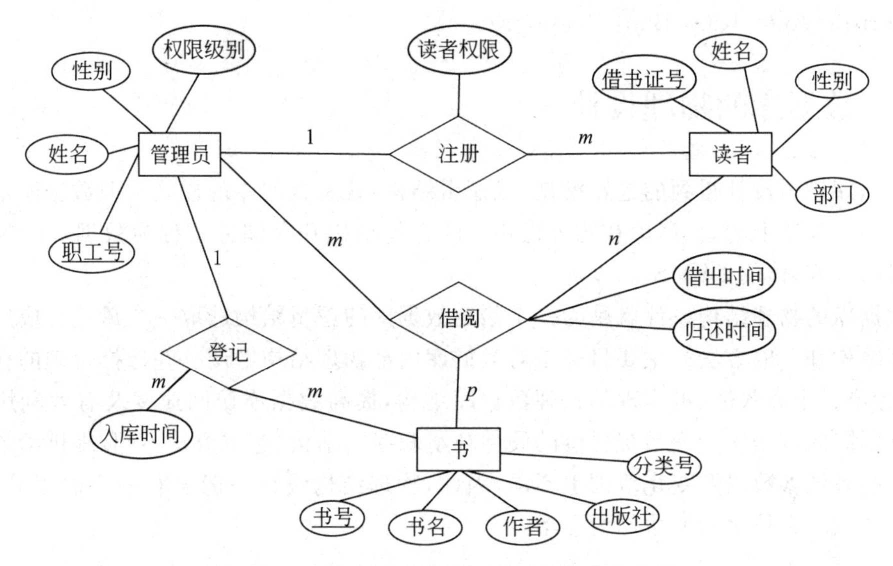

图 12.21 学生图书借阅管理子系统的 E-R 图

3. E-R 模型转换为关系模型

根据实体转换规则，先把管理员、书、读者实体转换关系，关系模式如下。

管理员(职工号，姓名，性别，权限级别)

书(书号，书名，作者，出版社，分类号)

读者(借书证号，姓名，性别，部门)

根据 1∶n 联系的转换规则，把联系“登记”的属性即“读者权限”和管理员关系的主键即“职工号”加入到读者关系中，得到读者改进后的关系：

读者(借书证号，姓名，性别，部门，读者权限，职工号)

再把 1∶n 联系“注册”的属性即“入库时间”和管理员关系的主键即“职工号”加入到书关系中，得到书改进后的关系：

书(书号，书名，作者，出版社，分类号，入库时间，职工号)

将一个三元关系管理员、书和读者之间的借阅联系转换为一个关系：

借阅(职工号，借书证号，书号，借出日期，归还日期)

所以最终得到的关系模型为：

管理员(职工号，姓名，性别，权限级别)

书(书号，书名，作者，出版社，分类号，入库时间，职工号)

读者(借书证号，姓名，性别，部门，读者权限，职工号)

借阅(职工号,借书证号,书号,借出日期,归还日期)

用英文命名的关系模式为:

Administrator(Ano, Aname, Asex, Aprivilege)

BOOK(Bno,Bname,Bauthor,Bpublisher,BTPno,Indate,Ano)

READER(Rno, Rname, Rsex, Rdept,Rprivilege,Ano)

Borrow(Ano, Rno, Bno, Bdate, Rdate)

12.6 数据库的物理设计

数据库逻辑设计得到的逻辑模型(或逻辑结构)就是数据库的模式。但数据库最终是存储在物理设备上的,数据库在物理设备上的存储结构和存储方式称为数据库的物理结构,它依赖于具体的 DBMS。

数据库的物理结构设计就是为一个给定数据库的逻辑结构选取一个最适合应用环境的物理结构和存取方法。主要目标是对数据库内部物理结构做调整并选择合理的存取路径,设计出一个高效的、可实现的物理数据库结构,提高数据库访问速度及有效利用存储空间。不同的数据库管理系统提供的硬件环境和存储结构、存取方法不同,提供给数据库设计者的系统参数以及变化范围也不同,因此,物理结构设计一般没有一个通用的准则,它只能提供一个技术和方法作为参考。

12.6.1 数据库物理设计的方法

在设计数据库的物理结构时,设计者首先需要充分了解所用 DBMS 的功能、性能、特点,包括所提供的物理环境、存储结构、存取方法,确定系统配置和可利用的工具。其次,设计者还需要对经常用到的查询和对数据进行更新的事物进行详细的分析,获得物理数据库设计所需的各种参数。

物理设计主要包括聚簇设计、索引设计和分区设计等方法。索引方法是数据库中经典的存取方法,使用最普遍。

1. 索引设计

根据用户需求确定每个关系是否需要建立索引,如果需要,则应确定在该关系的哪些属性列上建立索引。当索引属性列发生变化或增加、删除元组时,只有索引发生变化,而关系中原先元组的存放位置不受影响。每个关系可以同时建立多个索引。

下面是符合建立索引的条件。

(1) 主关键字及外关键字上一般都应建立索引,以加快实体间的连接速度,有助于引用完整性检查以及唯一性检查。

(2) 用户经常访问的字段上应建立索引。

(3) 以读操作为主的关系表尽可能多地建立索引。

(4) 对等值连接查询而言,如果满足条件的元组数量小则可以考虑在有关属性上建立索引。

(5) 有些查询可从索引中直接得到结果,不必访问数据块,此种查询可建索引,如查询某属性的 MIN,MAX,AVG,SUM,COUNT 等函数值可沿该属性索引的顺序集扫描直接求得结果。

2. 聚簇设计

根据用户需求确定每个关系是否需要建立聚簇,如果需要,则应确定在该关系的哪些属性列上建立聚簇。

聚簇是将有关的数据记录集中存放在一个物理块内或相邻物理块或同一柱面内以提高查询效率,在目前的关系型 DBMS 中均有此功能。聚簇一般至少定义在一个属性之上,它不仅适用于单个关系,也适用于多个关系。

聚簇功能可以大大提高按聚簇属性进行查询的效率,但是对于与聚簇属性无关的访问则效果不佳,而建立聚簇开销很大,会导致关系中元组移动其物理存储位置,并使此关系上原有的索引无效而必须重建。当一个元组的聚簇码发生改变时,该元组的存储位置也要做相应移动。因此只有在特定情况下可考虑建立聚簇。

(1) 通过聚簇访问该表是主要的,与聚簇无关的其他访问是次要的,可以考虑建立聚簇。

(2) 聚簇属性的对应数据量不能太少也不宜过大,太少效益不明显,而太大则要对盘区采用多个链接块,对提高效率不利。

(3) 聚簇属性的值应相对稳定以减少修改聚簇所引起的维护开销。

3. 分区设计

确定数据库的各种数据的存放位置,其目的还是提高系统性能。数据库中的数据,包括关系、索引、聚簇、日志等,一般都存放在磁盘内。由于数据量的增大,往往需要用到多个磁盘驱动器或磁盘阵列,这就产生了磁盘分区设计问题。

分区设计的一般指导性原则如下。

(1) 减少磁盘访问冲突,提高 I/O 并行性。

(2) 分散热点数据,均衡 I/O 负荷。

(3) 保证关键数据快速访问,缓解系统瓶颈。

12.6.2 确定数据库的物理结构

确定数据库存储结构,即确定关系、索引、聚簇、日志和备份等数据的存储安排和存储结构,确定系统配置等。

1. 确定数据存放位置和存储结构的因素

要综合考虑存取时间、存储空间利用率和维护代价三个方面的因素。这三个方面常常是相互矛盾的,例如消除一切冗余数据虽然能够节约存储空间,但往往会导致检索代价的增加，因此必须进行权衡，选择一个折中方案。基本原则是根据应用情况进行如下处理。

(1) 易变部分与稳定部分分开存放。

(2) 存取频率较高部分与存取频率较低部分分开存放。例如，数据库数据备份、日志文件备份等由于只在故障恢复时才使用，而且数据量很大，可以考虑存放在磁带上。

(3) 如果计算机有多个磁盘或磁盘阵列，可以考虑将表和索引分别放在不同的磁盘上，在查询时，由于磁盘驱动器并行工作，可以提高物理 I/O 读写的效率，确定数据的存放位置。

(4) 可以将比较大的表分别放在两个磁盘上，以加快存取速度，这在多用户环境下特别有效。

(5) 可以将日志文件与数据库对象(表、索引等)放在不同的磁盘以改进系统的性能。

2. 存储分配参数

DBMS 产品一般都提供了一些系统的配置变量，供设计人员和数据库管理员进行物理优化。参数变量有：同时使用数据库的用户数、同时打开的数据库对象数、内存分配参数、使用的缓冲区长度、个数和存储分配参数等。在初始情况下，系统都为这些变量赋予了合理的初值。但这些值只是从产品本身特性出发，不一定能适应每一种应用环境，在进行物理设计时，可以重新对这些变量赋值以改善系统的性能。

12.6.3 对物理结构进行评价

数据库物理设计过程中需要对时间效率、空间效率、维护代价和各种用户要求进行权衡，其结果可以产生多种方案，数据库设计人员必须对这些方案进行细致的评价，从中选择一个较优的方案作为数据库的物理结构。

评价物理数据库的方法完全依赖于所选用的 DBMS，主要是从定量估算各种方案的存储空间、存取时间和维护代价入手，对估算结果进行权衡、比较，选择出一个较优的合理的物理结构。如果该结构不符合用户需求，则需要修改设计。

12.7 数据库的实施与维护

完成数据库的物理设计之后，设计人员就要用 DBMS 提供的数据定义语言和其他程序将数据库逻辑设计和物理设计结果严格描述出来，成为 DBMS 可以接受的源代码，再经过调试产生目标模式。

12.7.1 数据库的实施

数据库实施主要包括以下工作：定义数据库结构，数据装载，编制与调试应用程序，数据库试运行。

1. 定义数据库结构

确定了数据库的逻辑结构与物理结构后，就可以用所选用的DBMS提供的数据定义语言(DDL)来严格描述数据库结构了。

2. 数据装载

数据库结构建立好后，就可以向数据库中装载数据了。组织数据入库是数据库实施阶段最主要的工作。对于数据量不是很大的小型系统，可以用人工方法完成数据的入库，其步骤如下。

1) 筛选数据

需要装入数据库中的数据通常都分散在各个部门的数据文件或原始凭证中，所以首先必须把需要入库的数据筛选出来。

2) 转换数据格式

筛选出来的需要入库的数据，其格式往往不符合数据库要求，还需要进行转换。这种转换有时可能很复杂。

3) 输入数据

将转换好的数据输入计算机中。

4) 校验数据

检查输入的数据是否有误。

对于中大型系统来说，由于数据量极大，用人工方式组织数据入库将会耗费大量人力和物力，而且很难保证数据的正确性。因此应该设计一个数据输入子系统，由计算机辅助数据的入库工作。

3. 编制与调试应用程序

在数据库实施阶段，当数据库结构建立好后，就可以开始编制与调试数据库的应用程序。也就是说，编制与调试应用程序是与组织数据入库同步进行的。在调试应用程序时，由于数据入库尚未完成，可先使用模拟数据。

4. 数据库试运行

应用程序调试完成，并且已有一小部分数据入库后，就可以开始数据库的试运行。数据库试运行也称为联合调试，其主要工作如下。

(1) 功能测试：实际运行数据库应用程序，对数据库执行各种操作，测试应用程序的功能是否满足要求。如果不满足，则要对应用程序进行修改、调整，直到达到设计要求为止。

(2) 性能测试：测量系统的性能指标，分析其是否达到设计目标。在对数据库进行物理结构设计时已经初步确定了系统的物理参数，但一般情况下，设计时在很多方面只是一个近似的估计，和实际系统的运行还有一定的差距。因此必须在试运行阶段实际测量和评价系统的性能指标，分析是否符合设计要求。事实上，有些参数的最佳值往往是经过调试后找到的。

如果测试的结果不符合设计目标，则需要返回物理结构设计阶段，重新调整物理结构，修改系统参数。有时甚至要返回逻辑设计阶段，修改逻辑结构。由于重新设计数据库的物理结构甚至逻辑结构，会导致数据重新入库，而入库的数据量巨大，因此应分期分批地组织数据入库，先输入小批量数据做调试。试运行基本合格后，再大批量输入数据，逐步增加数据量完成运行评价，以减少工作浪费。

另外，试运行阶段的数据库还不稳定，软、硬件故障随时都可能发生，而且系统的操作人员对系统也还不熟悉，误操作不可避免，因此应该首先调试运行 DBMS 的恢复功能，做好数据库的备份转储和恢复工作，一旦出现故障，可以尽快地恢复数据库，尽量减少对数据库的破坏。

12.7.2　数据库的维护

数据库试运行结果符合设计和目标后，数据库就可以真正投入运行了。数据库投入运行标志着开发任务的基本完成和维护工作的开始，并不意味着设计过程的终结。由于应用环境在不断变化，数据库运行过程中物理存储也会不断变化，对数据库设计进行评价、调整和修改等维护工作是一个长期的任务，也是设计工作的继续和提高。

在数据库运行阶段，对数据库经常性的维护工作主要是由数据库管理员完成的，包括以下内容。

1. 数据库的转储和恢复

定期对数据库和日志文件进行备份，以保证一旦发生故障，能利用数据库备份及日志文件备份，尽快将数据库恢复到某种一致性状态，并尽可能减少对数据库的破坏。

2. 数据库的安全性、完整性控制

数据库管理员必须对数据库安全性和完整性控制负起责任。根据用户的实际需要授予不同的操作权限。另外，由于应用环境的变化，数据库的完整性约束条件也会变化，也需要数据库管理员不断修正，以满足用户要求。

3. 数据库性能的监督、分析和改进

目前许多 DBMS 产品都提供了监测系统性能参数的工具，数据库管理员可以利用这些工具方便地得到系统运行过程中一系列性能参数的值。

数据库管理员应该仔细分析这些数据，通过调整某些参数来进一步改进数据库性能。

4. 数据库的重组织和重构造

数据库运行一段时间后，由于对记录不断进行增、删、改的操作，会使数据库的物理存储性能降低，从而降低数据库存储空间的利用率和数据的存取效率，使数据库的性能下降。这时数据库管理员就要对数据库进行重组织或部分重组织(只对频繁增、删的表进行重组织)。数据库的重组织不会改变原设计数据的逻辑结构和物理结构，只是按原设计要

求重新安排存储位置，回收垃圾，减少指针链，提高系统性能。DBMS 一般都提供了供重组织数据库使用的实用程序，帮助数据库管理员重新组织数据库。

当数据库应用环境发生变化时，将导致实体及实体间的联系也发生相应的变化，使原有的数据库设计不能很好地满足新的需求，从而不得不适当调整数据库的模式和内模式，这就是数据库的重构造。DBMS 一般都提供了修改数据库结构的功能。

重构造数据库的程度是有限的。若应用变化太大，已无法通过重构数据库来满足新的需求，或重构数据库的代价太大，则表明现有的数据库应用系统的生命周期已经结束，应该重新设计新的数据库系统，开始新数据库应用系统的生命周期。

小结

本章主要介绍了数据库设计的全过程，给出了其中的重要方法和基本步骤，详细描述了数据库设计各个阶段：需求分析、概念结构设计、逻辑结构设计、物理结构设计、数据库实施、数据库运行和维护 6 个阶段。本章的重点是数据库结构的概念结构设计和逻辑结构设计。

(1) 数据库设计的 6 个阶段：需求分析、概念结构设计、逻辑结构设计、物理结构设计、数据库实施和数据库的运行与维护。

(2) 需求分析，使用数据字典汇总各类数据：数据项、数据结构、数据流、数据存储和处理过程。

(3) 概念结构设计，是整个数据库设计的关键，它通过对用户需求进行综合、归纳与抽象，形成一个独立于具体 DBMS 的概念模型，基本表示方法是使用 E-R 图。

(4) 逻辑结构设计，是将概念结构转换为某个 DBMS 所支持的数据模型，并对其进行优化。

(5) 物理设计，为逻辑数据模型选取一个最适合应用环境的物理结构(包括存储结构和存取方法)。

(6) 实施阶段，设计人员运用 DBMS 提供的数据语言及其宿主语言，建立数据库，编制与调试程序，组织数据入库，并进行试运行。

(7) 运行和维护阶段，数据库应用系统经过试运行后即可投入正式运行，重构，重组织。

(8) 关系模式规范化的必要性：关系模式的冗余和异常问题。

(9) 数据依赖是关系数据库设计的中心问题，在规范化部分介绍了重要的形式函数依赖：部分函数依赖、完全函数依赖、传递依赖等。

(10) 1NF、2NF、3NF 的定义及模式分解。

习题

12.1 试述数据库设计过程。

12.2 什么是数据库概念设计？论述概念结构设计的特点和方法。

12.3 简述关系模式优化的主要步骤。

12.4 学生选课子系统用于学生选课注册管理和学生成绩管理。假定某学校只有一种类型的学生，学生注册时提供包括学生的姓名、性别、籍贯、年龄、身份证号码、入学年月，家庭住址、父母姓名、联系电话等基本情况，注册成功后，每一个学生有唯一的一个学号。学校中已经开设多门课程，每门课程有唯一的课程编号，并且还有课程名称、课程简介、学分等情况。学期初，每个学生可以选修若干门课程，每门选修课程可以有多个学生选修。请用E-R图画出该系统，然后将E-R模型转换为关系模型。

12.5 试根据图12.22的内容，设计交通违章处罚数据库的E-R图并转换为关系模式。注意，一张违章单可能有多种处罚。

交通违章通知书
通知书编号：TZ11719
姓名：××× 驾驶执照号：×××××× 地址：×××××××××× 邮编：×××××× 电话：××××××
机动车牌照号：×××××× 型号：×××××× 制造厂：×××××× 生产日期：××××××
违章日期：×××××× 时间：×××××× 地点：×××××× 违章记载：××××××
处罚方式 警告 □ 罚款 ☑ 暂扣驾驶执照 ☑
警察签字：××× 警察编号：×××
被处罚人签字：×××

图12.22 交通违章通知书的内容

第13章　数据库安全性与完整性

本章学习目标

- 掌握DBMS安全性保护的基本原理与方法，并能熟练运用SQL中的GRANT和REVOKE语句进行授权。
- 掌握DBMS完整性约束的保证措施，并能熟练运用SQL语句定义完整性约束条件。
- 掌握数据库编程中的游标概念及其使用方法。
- 理解使用存储过程编写复杂的业务处理和查询统计功能。
- 了解如何使用触发器实现复杂的安全性保护和完整性约束。

本章主要介绍数据库的完整性约束、安全性约束以及相应的数据库编程技术。数据库的安全性是指保护数据库以防止不合法使用所造成的数据泄密、更改或破坏；数据库的完整性是指防止数据库中存在不符合语义的数据，其防范对象是不合语义的、不正确的数据。前面章节中学习的标准SQL是通用的查询和执行语言，但在实际编程中功能并不全面。本章将介绍的Transact-SQL对SQL的功能做了很大扩展，利用这些扩展功能，用户可以编写出更复杂的语句，如游标、存储过程和触发器等，从而方便用户直接完成应用程序的开发，用于加强数据的安全性、完整性约束和业务规则等。

13.1　数据库安全性

安全性问题不是数据库系统所独有的，所有计算机系统都有这个问题。只是数据库系统中大量数据集中存放，且为许多最终用户直接共享，从而使安全性问题更为突出。企业的资产需要受到保护，特别是包含企业重要信息的数据库。安全性是评价一个数据库系统的重要指标。目前所有的技术中，没有任何一种技术像数据库这样受到持续的审核和攻击。对数据的威胁比黑客的威胁更可怕。公司需要审核打包的或定制应用的安全设置。数据库管理员需要对可能操作服务器的个体进行细粒度控制。这个个体既包括应用，也包括开发人员和数据分析师。

13.1.1　数据库安全的基本概念

数据库安全保护的目标是确保只有授权用户才能访问数据库，未被授权的人员则无法接近数据。通常，安全措施是指计算机系统中用户直接或通过应用程序访问数据库所要经过的安全认证过程。数据库安全认证过程如图13.1所示。

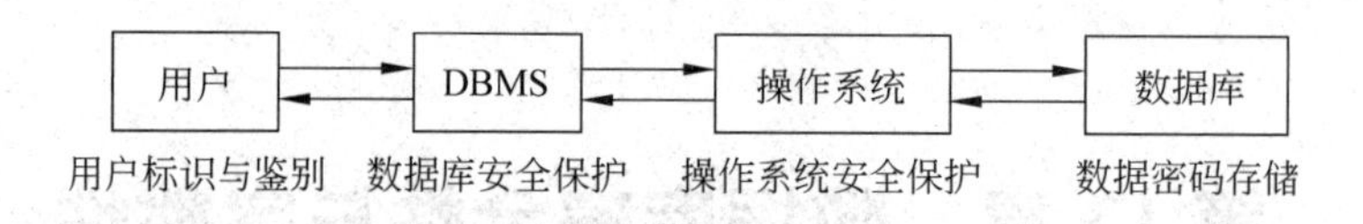

图 13.1　数据库安全认证过程

1. 用户标识与鉴别

当用户访问数据库时，要求先将其用户名(User Name)、口令与密码(Password)提交给数据库管理系统进行认证。只有在确定其身份合法后，才能进入数据库进行数据存取操作。当用户对数据库执行操作时，系统自动检查用户是否有权限执行这些操作。

2. 数据库安全保护

身份认证是安全保护的第一步。通过身份认证的用户，只是拥有了进入数据库的“凭证”，而用户在数据库中可以执行什么操作，还需通过“存取控制”或视图进行权限分配。

(1) 存取控制：决定用户可以对数据库中的哪些对象进行操作，进行何种操作。存取控制机制主要包括以下两部分。

① 定义用户权限及将用户权限登记到数据字典中。

② 合法权限检查：当用户发出存取数据库的操作请求后，DBMS查找数据字典并根据安全规则进行合法权限检查，若用户的操作请求超出了定义的权限，系统将拒绝执行此操作。

(2) 视图：可以通过为不同的用户定义不同的视图，达到限制用户访问范围的目的。视图机制能隐藏用户无权存取的数据，从而自动地对数据库提供一定程度的安全保护。

但是，视图的主要功能在于提供数据库的逻辑独立性，其安全性保护不太精细，往往不能达到应用系统的要求，因此在实际应用中，通常将视图机制与存取控制机制结合起来使用，如先通过视图屏蔽一部分保密数据，然后进一步定义存取权限。

(3) 审计：审计是一种监视措施，用于跟踪并记录有关数据的访问活动。审计追踪把用户对数据库的所有操作自动记录下来，存放在审计日志中。审计日志的内容一般包括：操作类型(如修改、查询、删除)，操作终端标识与操作者标识，操作日期和时间，操作所涉及的相关数据(如基本表、视图、记录、属性等)，数据库的前映像(即修改前的值)和后映像(即修改后的值)等。利用这些信息，可找出非法存取数据库的人、时间和内容等。数据库管理系统往往将审计作为可选特征，允许操作者打开或关闭审计功能。

3. 操作系统安全保护

通过操作系统提供的安全措施来保证数据库的安全性。在用户使用客户计算机通过网络实现数据库服务器的访问时，用户首先要获得计算机操作系统的使用权。一般来说，在能够实现网络互联的前提下，用户没有必要向运行数据库服务器的主机进行登录，除非数据库服务器就运行在本地计算机上。数据库管理系统可以直接访问网络端口，所以可以实现对操作系统安全体系以外的服务器及其数据库的访问。保护操作系统的安全性是操作系统管理员或者网络管理员的任务。由于数据库管理系统采用了集成操作系统网络安全性机制，所以使得操作系统安全性的地位得到提高，但同时也加大了管理数据库系统安全性的灵活性和难度。

4. 数据密码存储

访问控制和存取控制可将用户的应用系统访问范围最小化和数据对象操作权限最低化，但对一些敏感数据进行“加密存储”也是数据库管理系统提供的安全策略。

数据加密是防止数据库中数据存储和传输失密的有效手段。加密的基本思想是先根据一定的算法将原始数据即明文（Plaintext）加密为不可直接识别的格式即密文（Ciphertext），然后数据以密文的方式存储和传输。

13.1.2 用户管理

数据库用户有以下几种。

（1）dbo用户：数据库拥有者或数据库创建者。dbo在其所拥有的数据库中拥有所有的操作权限。dbo的身份可被重新分配给另一个用户，系统管理员sa可作为其所管理的任何数据库的dbo用户。

（2）guest用户：如果guest用户在数据库中存在，则允许任意一个登录用户作为guest用户访问数据库，其中包括那些不是数据库用户的SQL服务器用户。除系统数据库master和临时数据库tempdb的guest用户不能被删除外，其他数据库都可以将自己的guest用户删除，以防止非数据库用户的登录用户对数据库进行访问。

（3）新建的数据库用户：用户可根据实际需要创建不同权限的数据库用户。

用户权限是由两个要素组成的：数据对象和操作类型。用户可以在哪些数据对象上进行哪些类型的操作，这个定义存取权限的过程称为授权。GRANT和REVOKE语句向用户授予或收回对数据的操作权限，对数据库模式的授权由DBA在创建用户时实现。

1. 创建用户

创建用户的语法如下。

```
CREATE USER <username>
    [WITH] [DBA | RESOURCE | CONNECT]
```

只有系统的超级用户才有权限创建一个新的数据库用户，但该语法在SQL Server数据库中不支持。

2. 权限的授予与收回

GRANT和REVOKE有两种权限：目标权限和命令权限。

（1）命令权限的授予与收回。主要指DDL操作权限，语法分别为：

```
GRANT {all | <command_list>} TO {public | <username_list>}
```

```
REVOKE {all | <command_list>} FROM {public | <username_list>}
```

其中，

① ＜command_list＞可以是 create database、create default、create function、create procedure、create rule、create table、create view、create index、backup database 和 backup log 等。

② 一次可授予多种权限，授予多种权限时，权限之间用逗号分隔。如果具有创建对象的 create 权限，则自动具有其创建对象的修改权限 alter 和删除权限 drop。对于基本表，自动具有在所创建表上创建、删除和修改触发器的权限。修改权限 alter 和删除权限 drop 不额外授权。

③ all：表示上述所有权限。

④ public：表示所有的用户。

⑤ ＜username_list＞：指定的用户名列表。如果将某组权限同时授予多个用户，则用户名之间用逗号分隔。

【例 13.1】 将创建表和视图的权限授予 u1 和 u2 用户。

```
GRANT create table, create view TO u1, u2
```

【例 13.2】 从 u2 收回创建视图的权限。

```
REVOKE create view FROM u2
```

（2）目标权限的授予和收回。主要指 DML 操作权限，语法分别如下。

```
GRANT {all | <command_list>} ON <objectName> [(<columnName_list>)]
                    TO {public | <username_list>} [WITH GRANT OPTION]
REVOKE {all | <command_list>} ON <objectName> [(<columnName_list >)]
                    FROM {public | <username_list>} [CASCADE | RESTRICT]
```

其中，

① ＜command_list＞可以是 update、select、insert、delete、excute 和 all。excute 针对存储过程授予执行权限，update、select、insert、delete 针对基本表和视图授权，all 表示所有的权限。

② 对象的创建者自动拥有该对象的插入、删除、更新和查询操作权限；过程的创建者自动拥有所创建过程的执行权限。

③ CASCADE：级联收回。

④ RESTRICT：默认值，若转赋了权限，则不能收回。

⑤ WITH GRANT OPTION：允许将指定对象上的目标权限授予其他安全账户。但是不允许循环授权，即不允许将得到的权限授予其祖先。

【例 13.3】 将对课程表 Course 的查询、插入权限授予用户 u1，且用户 u1 可以转授其所获得的权限给其他用户。

```
GRANT select, insert ON Course TO u1 WITH GRANT OPTION
```

【例 13.4】 u1 将对课程表 Course 的查询、插入权限转授给用户 u2，且用户 u2 不可以转授其所获得的权限给其他用户。

```
GRANT select, insert ON Course TO u2
```

【例 13.5】 将对学生表 Student 的性别、出生日期的查询和修改权限授予用户 u3 和 u4,且不可以转授权限。

```
GRANT select, update ON Student(sex, birthday) TO u3,u4
```

如果是对列授予权限,命令项可以包括 select 或 update 或两者组合;若使用了 select *,则必须对表的所有列赋予 select 权限。

【例 13.6】 将用户 u1 对课程表 Course 的查询和插入权限收回。

```
REVOKE select, insert ON Course FROM u1 CASCADE
```

本例必须级联收回,因为 u1 将该表的查询和插入权限转授给了 u2。

【例 13.7】 将用户 u3,u4 对表 Student 的查询权限收回。

```
REVOKE select ON Student FROM u3, u4
```

13.1.3 角色管理

数据库角色是被命名的一组与数据库操作相关的权限。角色是权限的集合,可以为一组具有相同权限的用户创建一个角色。角色用来简化将很多权限分配给用户这一复杂任务的管理。用户可以使用系统自带的角色,也可以创建一个代表一组用户使用的权限角色,然后把这个角色分配给这个工作组的用户。一般来说,角色是为特定的工作组或者任务分类而设置的,用户可以根据自己所执行的任务成为一个或多个角色的成员。当然用户可以不必是任何角色的成员,也可以为用户分配个人权限。

用户自定义的数据库角色有两种类型:标准角色和应用程序角色。

(1) 标准角色通过对用户权限等级的认定而将用户划分为不同的用户组,用户属于一个或多个角色,从而实现管理的安全性。

(2) 应用程序角色是一种比较特殊的角色。当我们打算让某些用户只能通过特定的应用程序间接地存取数据库中的数据而不是直接地存取数据库中的数据时,就应该考虑使用应用程序角色。当某一用户使用了应用程序角色时,他便放弃了已被赋予的所有数据库专有权限,他所拥有的只是应用程序角色被设置的角色。

角色的创建、授权、转授和收回语句的语法如下。

(1) 角色的创建,在 SQL Server 数据库中,使用系统存储过程 sp_addrole 创建角色,其语法为:

```
sp_addrole <roleName>
```

(2) 给角色授权:

```
GRANT {all | <command_list>} ON <objectName> TO <roleName_list>
```

(3) 将角色授予其他的角色或用户：

```
GRANT <roleName_list>TO <roleName_list>| <username_list>
          [WITH ADMIN OPTION]
```

(4) 角色权限的收回：

```
REVOKE {all | <command_list>} ON <objectName>FROM <roleName_list>
```

(5) 从角色或用户中收回角色：

```
REVOKE <roleName>FROM {<roleName_list>| <username_list>}
```

【例 13.8】 通过角色实现将一组权限授予一个用户。

(1) 创建一个角色 R1。

```
sp_addrole R1
```

(2) 使用 GRANT 语句,使角色 R1 拥有 Student 表的 select、update、insert 权限。

```
GRANT select, update, insert ON Student TO R1
```

(3) 将角色 R1 授予用户 u1、u2 和 u3,使他们具有角色 R1 所包含的全部权限。

```
GRANT R1 TO u1, u2, u3
```

(4) 通过角色 R1 可以一次性地收回已授予用户 u1 的这三个权限。

```
REVOKE R1 FROM u1
```

【例 13.9】 将对表 Student 的删除权限授予角色 R1,并收回查询权限。

```
GRANT delete ON Student TO R1
REVOKE select ON Student FROM R1
```

通过修改角色的权限,一次性地将用户 u2 和 u3 的权限全部修改了。

13.2 数据库完整性

当操作表中数据时,由于种种原因,经常会遇到一些问题。比如,某个公司中员工的姓名有可能是重复的,但是员工的编号是不会重复的,可是因为人力资源部门的工作人员工作疏忽,某个员工的编码出错了,造成有两个员工的编号是相同的。但是当时并没有发现这个问题。在许多公司的数据库中,往往有很多表,每一个表中都保存某个领域的数据。例如,人事表中存储了员工的基本信息,借款表中记录了员工的借款信息。但是后来发现,借款表中的某个员工不是本公司的员工,因为人事表中没有该员工的基本信息。这种问题为什么会发生呢?诸如此类的问题,不能仅依靠数据录入人员和操作人员的认真和负责,而是应该有一套保障机制:要么防止这些问题发生,要么发生这些问题时可以及时地发现。数据完整性就是解决这些问题的机制。

数据完整性就是指存储在数据库中的数据的一致性和准确性,防止数据库中存在不符合语义、不正确的数据。为维护数据库的完整性，数据库管理系统提供：

(1) 完整性约束条件定义。完整性约束条件也称为完整性规则，是数据库中的数据必须满足的语义约束条件，由 SQL 的 DDL 实现，作为模式的一部分存入数据库中。

(2) 完整性检查方法。检查数据是否满足已定义的完整性约束条件称为完整性检查，一般在 insert、delete、update 执行后开始检查，或事务提交时进行检查。

(3) 违约处理。若发现用户操作违背了完整性约束条件，应采取一定的措施，如拒绝操作等。

目前商用 DBMS 都支持完整性控制。在定义数据库模式时，除了非常复杂的约束外，都可以很明确地对完整性约束加以说明。

13.2.1 完整性约束的概念和类型

约束是通过限制列中数据、行中数据和表之间数据来保证数据完整性的非常有效的方法。约束可以确保把有效的数据输入到列中和维护表与表之间的特定关系。每一种数据完整性类型，例如实体完整性、参照完整性和用户自定义完整性，都由不同的约束类型来保障。表 13.1 描述了不同类型的约束和完整性之间的关系。

表 13.1 约束的类型

完整性类型	约 束 类 型	描 述
实体完整性	主键	每一行的唯一标识符，确保用户不能输入冗余值和确保创建索引，提高性能，不允许为空值
	UNIQUE	防止出现冗余值，并且确保创建索引，提高性能，允许为空值
参照完整性	外键	定义一列或者几列，其值与本表或者另外一个表的主键值匹配
自定义完整性	DEFAULT	在使用 INSERT 语句插入数据时，如果某个列的值没有明确提供，则将定义的默认值插入到该列中
	CHECK	指定某一个列中的可保存值的范围

定义约束表示从无到有地创建约束，这种操作可以使用 CREATE TABLE 语句或 ALTER TABLE 语句完成。使用 CREATE TABLE 语句表示在创建表的时候定义约束，使用 ALTER TABLE 语句表示在已有的表中添加约束。即使表中已经有了数据，也可以在表中增加约束。

定义约束时，既可以把约束放在一列上，也可以把约束放在多列上。如果把约束放在一列上，该约束称为列级约束，因为它只能由约束所在的列参照。如果把约束放在多列上，该约束称为表级约束，这时可以由多列来参照该约束。

当定义约束或修改约束的定义时，应该考虑下列因素。

(1) 不必删除表，就可以直接创建、修改和删除约束的定义。

(2) 应该在应用程序中增加错误检查机制，测试数据是否与约束相冲突。

(3) 当在表上增加约束时，将检查表中的数据是否与约束冲突。

当创建约束时，可以指定约束的名称。否则，数据库管理系统将提供一个复杂的、系统自动生成的名称。对于一个数据库来说，约束名称必须是唯一的。

13.2.2 完整性约束的管理

本节将详细介绍主键、UNIQUE、外键、DEFAULT、CHECK 等约束的特点、创建方法、修改等内容。

1. 实体完整性约束

实体完整性要求基本表的主码值唯一且不允许为空值。在 SQL 中，实体完整性定义使用 CREATE TABLE 语句中的 PRIMARY KEY 短语实现，或使用 ALTER TABLE 语句中的 ADD PRIMARY KEY 短语实现。有关 CREATE TABLE、ALTER TABLE 语句的语法详见第 11.2 节。

对单属性构成的主键可定义为列级约束，也可定义为表级约束；对多个属性构成的主码，只能定义为表级约束。

【例 13.10】 在班级表 Class 中将 classNo 定义为主码。

```
CREATE TABLE Class (
    classNo      char(6)                    NOT NULL,           --班级号
    className    varchar(30)  unique        NOT NULL,           --班级名称
    institute    varchar(30)                NOT NULL,           --所属学院
    grade        smallint     default 0     NOT NULL,           --年级
    classNum     tinyint                    NULL,               --班级人数
    CONSTRAINT ClassPK PRIMARY KEY (classNo)
)
```

本例将 classNo 定义为主码，使用 CONSTRAINT 短语为该约束命名为 ClassPK，该主码定义为表级约束。该例还可按下面的方式定义。

```
CREATE TABLE Class (
    classNo      char(6)                    NOT NULL  PRIMARY KEY,  --班级号
    ...
)
```

它将主码 classNo 定义为列级约束，且由系统取约束名称。也可为约束取名，例如：

```
CREATE TABLE Class (
    classNo      char(6)                    NOT NULL            --班级号
        CONSTRAINT ClassPK PRIMARY KEY,
    ...
)
```

它也是将主码 classNo 定义为列级约束，且约束取名为 ClassPK。

【例 13.11】 在学生成绩表 Score 中将 sno、cno 定义为主码。

```
CREATE TABLE Score (
    sno         char(9)                      NOT NULL,              --学号
    cno         char(3)                      NOT NULL,              --课程号
    score    numeric(5, 1)  default 0        NOT NULL,              --成绩
    /* 主码由两个属性构成,必须作为表级完整性进行定义 */
    CONSTRAINT ScorePK PRIMARY KEY (sno, cno)
)
```

也可以写成:

```
CREATE TABLE Score (
    sno         char(9)                      NOT NULL,              --学号
    cno         char(3)                      NOT NULL,              --课程号
    score    numeric(5, 1)  default 0        NOT NULL,              --成绩
    /* 主码由两个属性构成,必须作为表级完整性进行定义 */
    PRIMARY KEY (sno, cno)
)
```

它由系统自动为约束取名。

当使用实体完整性约束时,应该考虑下列因素。

(1) 每一个表最多只能定义一个实体完整性约束。

(2) 主键列所输入的值必须是唯一的。如果实体完整性约束由两个或两个以上的列组成,那么这些列的组合必须是唯一的。

(3) 主键列不允许空值。

(4) 实体完整性约束在指定的列上创建了一个唯一性索引。该唯一性索引既可以是聚集索引,也可以是非聚集索引。默认情况下创建的是聚集索引。

(5) 可以在定义实体完整性约束时添加级联操作选项。

2. 参照完整性约束

参照完整性为若干参照完整性约束在表中定义外键值,一个表中的 FOREIGN KEY 指向另一个表中的 PRIMARY KEY。在 SQL 中,参照完整性定义使用 CREATE TABLE 语句中的 FOREIGN KEY 和 REFERENCES 短语来实现,或通过使用 ALTER TABLE 语句中的 ADD FOREIGN KEY 短语来实现。其中,FOREIGN KEY 指出定义哪些列为外码,REFERENCES 短语指明这些外码参照哪些关系。给出 FOREIGN KEY 定义的关系称为参照关系,由 REFERENCES 指明的表称为被参照关系。

【例 13.12】 在学生成绩表 Score 中将 sno、cno 定义为外码。

```
CREATE TABLE Score (
    sno      char(9)                      NOT NULL,              --学号
    cno      char(3)                      NOT NULL,              --课程号
    score    numeric(5, 1)  default 0     NOT NULL               --成绩
        CHECK( score BETWEEN 0.0 AND 100.0),
    /* 主码由两个属性构成,必须作为表级完整性进行定义 */
```

```
    CONSTRAINT ScorePK PRIMARY KEY (sno, cno),
    /* 表级完整性约束条件,sno 是外码,被参照表是 Student */
    CONSTRAINT ScoreFK1 FOREIGN KEY (sno)
           REFERENCES Student(sno),
    /* 表级完整性约束条件,cno 是外码,被参照表是 Course */
    CONSTRAINT ScoreFK2 FOREIGN KEY (cno) REFERENCES Course(cno)
)
```

本例中,Score 为参照表,Student 和 Course 为被参照表。Score 表中 sno 属性列参照 Student 的 sno 列,其含义为:Score 表中 sno 列的取值必须是 Student 表中 sno 列的某个属性值,即不存在一个未注册的学生选修了课程。Score 表中 cno 属性列参照 Course 表的 cno 列,其含义为:Score 中 cno 列的取值必须是 Course 中 cno 列的某个属性值,即不存在学生选修了一门不存在的课程。

本例也可改写为:

```
CREATE TABLE Score (
    ...
    /* 表级完整性约束条件,sno 是外码,被参照表是 Student */
    FOREIGN KEY (sno) REFERENCES Student(sno),
    /* 表级完整性约束条件,cno 是外码,被参照表是 Course */
    FOREIGN KEY (cno) REFERENCES Course(cno)
)
```

这里的外码约束由系统自动命名。

在实现参照完整性时,提供定义外码列是否允许空值的机制。如果外码是主码的一部分,则外码不允许为空值,本例的两个外码皆不允许为空值。

如果定义了参照完整性,在对参照表和被参照表进行修改操作时有可能会破坏参照完整性,系统首先会检查是否违反了参照完整性,如果违反了,则进行违约处理。违约处理的策略如下。

(1) 拒绝(NO ACTION)执行,这是系统的默认策略,如果发生了违约,则阻止该操作。当在被参照关系中删除元组时,仅当参照关系中没有任何元组的外码值与被参照关系中要删除元组的主码值相同时,系统才执行删除操作,否则拒绝此操作。如要删除学生表 Student 中学号为"201823001"的记录,系统将不允许,因为学号为"201823001"的学生在成绩表 Score 中选修了课程。

当在参照关系中修改元组时,仅当参照关系中修改后的元组的外码值依然在被参照关系中时,系统才执行修改操作,否则将拒绝。如在成绩表 Score 中修改"201823001"学生的学号为"201823006",系统将不允许,因为学号为"201823006"的学生在学生表 Student 中不存在。

在被参照关系中修改元组时,仅当被参照关系中修改前的元组的主码值没有出现在参照关系的外码中,系统才执行修改操作,否则拒绝该操作。如在学生表 Student 中修改"201823001"学生的学号为"201823006",系统将不允许,因为学号为"201823001"的学生在成绩 Score 中已经选修了课程。

在参照关系中插入元组：仅当参照关系中插入的元组的外码值等于被参照关系中某个元组的主码值时，系统才执行插入操作，否则拒绝该操作。如在成绩表Score中插入一条记录“201823006，001，78”，系统将不允许，因为学号“201823006”在学生表Student中不存在。

（2）级联（CASCADE）操作。当删除或修改被参照关系的某些元组造成了与参照关系的不一致时，则删除或修改参照表中所有不一致的元组。

例如，删除学生表Student中学号为“201823001”的记录，则自动删除被参照关系成绩表Score中学号为“201823001”的所有选课记录。修改学生表Student中的学号，由“201823001”改为“201823006”，则自动修改被参照关系成绩表Score中学号为“201823001”的所有选课记录，将“201823001”全部改为“201823006”。

（3）设置为空值（SET NULL）。对于参照完整性，除了定义外码，还应定义外码列是否允许空值。如果外码是主码的一部分，则外码不允许为空值。

（4）置空值删除（NULLIFIES）。删除被参照关系的元组，并将参照关系中相应元组的外码值置空值。

【例13.13】 在学生成绩表Score中将sno、cno定义为外码，且sno外码定义为级联删除和修改操作，cno外码定义为级联修改操作。

```
CREATE TABLE Score (
    sno          char(9)                       NOT NULL,      --学号
    cno          char(3)                       NOT NULL,      --课程号
    score        numeric(5, 1)  default 0      NOT NULL,      --成绩
    /* 主码由两个属性构成,必须作为表级完整性进行定义 */
    CONSTRAINT ScorePK PRIMARY KEY (sno, cno),
    /* 表级完整性约束条件,sno 是外码,被参照表是 Student */
    CONSTRAINT ScoreFK1 FOREIGN KEY (sno) REFERENCES Student(sno)
        ON DELETE CASCADE          /* 级联删除 Score 表中相应的元组 */
        ON UPDATE CASCADE,         /* 级联更新 Score 表中相应的元组 */
    /* 表级完整性约束条件,cno 是外码,被参照表是 Course */
    CONSTRAINT ScoreFK2 FOREIGN KEY (cno) REFERENCES Course(cno)
        ON DELETE NO ACTION        /* 该定义为默认值,可以不定义 */
        /* 当更新 course 表中的 cno 时,级联更新 Score 表中相应的元组 */
        ON UPDATE CASCADE
)
```

当使用参照完整性约束时，需要考虑下列因素。

（1）参照完整性约束提供了单列参照完整性和多列参照完整性。在FOREIGN KEY子句中列的数量和数据类型必须和REFERENCES子句中列的数量和数据类型匹配。

（2）不像实体完整性约束或唯一性约束，参照完整性约束不能自动创建索引。然而，如果在数据库中经常使用连接查询，那么，为了加快连接查询的速度，提高连接查询的性能，用户应该在参照完整性约束列上手工创建索引。

（3）当用户修改参照完整性约束所在表中的数据时，该用户必须拥有参照完整性约

束所参考表的 SELECT 权限或 REFERENCES 权限。

(4) 在定义参照完整性约束时,如果参照同一个表中的列时,只能使用 REFERENCES 子句,不能使用 FOREIGN KEY 子句。

3. 用户自定义完整性

实体完整性和参照完整性都是由系统规定的,而用户定义的完整性则是由用户根据具体的应用环境自己规定的一些特殊的约束条件。利用 UNIQUE 约束、CHECK 约束和 NOT NULL/NULL 约束等可以定义用户定义的完整性。

【例 13.14】 在学生表 Student 中定义属性 sno 取值必须为数字,性别只能取"男"或"女",民族默认值为"汉族"。

```
CREATE TABLE Student (
    sno          char(9)                                  NOT NULL
       CHECK ( sno LIKE '[0-9][0-9][0-9][0-9][0-9][0-9][0-9]' ),
                                                        --学号,由 7 位数字组成
    sname        varchar(20)    NOT NULL,               --姓名,不允许为空值
    /* 性别,允许为空值,仅取男或女两个值 */
    sex          char(2)        NULL      CHECK ( sex IN ( '男', '女') ),
    birthday     datetime       NULL,                   --出生日期,允许为空值
    native       varchar(20)    NULL,                   --籍贯,允许为空值
    nation       varchar(30)  default '汉族'      NULL,
                                                        --民族,允许为空值,默认为"汉族"
    classNo      char(6)        NULL,                   --所属班级,允许为空值
    CONSTRAINT StudentPK PRIMARY KEY (sno),
    CONSTRAINT StudentFK FOREIGN KEY (classNo)
              REFERENCES Class(classNo)
)
```

【例 13.15】 在班级表中定义班级名称唯一。

```
CREATE TABLE Class (
    classNo      char(6)                    NOT NULL,
                                                --班级号,不允许为空值
    className    varchar(30) UNIQUE         NOT NULL,
                                                --班级名称,必须唯一,不允许为空值
    institute    varchar(30)                NOT NULL,
                                                --所属学院, 不允许为空值
    grade        smallint  default 0        NOT NULL,
                                                --年级,默认值为 0,不允许为空值
    classNum     tinyint                    NULL, --班级人数,允许为空值
    CONSTRAINT ClassPK PRIMARY KEY (classNo)
)
```

13.3 Transact-SQL 基础

SQL 结构简洁，功能强大，简单易学，所以自从 IBM 公司 1981 年推出以来，就得到了广泛的应用。Transact-SQL（又称 T-SQL）是 Microsoft SQL Server 提供的查询语言，是微软公司对 SQL 的扩展，具有 SQL 的主要特点，同时增加了变量、运算符、函数、流程控制和注释等语言元素，使得其功能更加强大。使用 Transact-SQL 编写应用程序可以完成所有的数据库管理工作。应用程序必须依靠用 Transact-SQL 语句编写的指令与数据库管理系统进行交互。本节就这些附加的语言元素做一个详细的介绍。

13.3.1 SQL 对象的命名规则和注释

1. SQL 对象的命名规则

SQL 常规对象的标识符规则如下。

(1) 第一个字符必须是下列字符之一：字母 a～z 和 A～Z，来自其他语言的字母字符，下画线_、@或者数字符号#。

(2) 后续字符可以是所有的字母、十进制数字、@符号、美元符号($)、数字符号或下画线。

2. 注释

所有的程序设计语言都有注释。注释是程序代码中不被执行的文本字符串，用于对代码进行说明或暂时仅用于正在进行诊断的部分语句。一般地，注释主要描述程序名称、作者名称、变量说明、代码更改日期、算法描述等。在 Microsoft SQL Server 系统中支持两种注释方式，即双连字符(--)注释方式和正斜杠星号字符对(/*…*/)注释方式。

在双连字符(--)注释方式中，从双连字符开始到行尾的内容都是注释内容。这些注释内容既可以与要执行的代码处于同一行，也可以另起一行。双连字符(--)注释方式主要用于在一行中对代码进行解释和描述。当然，双连字符(--)注释方式也可以进行多行注释，每一行都须以双连字符开始。

在正斜杠星号字符对(/*…*/)注释方式中，开始注释对(/*)和结束注释对(*/)之间的所有内容均视为注释。这些注释字符既可以用于多行注释，也可以与执行的代码处在同一行，甚至还可以在可执行代码的内部。

双连字符(--)注释和正斜杠星号字符对(/*…*/)注释都没有注释长度的限制。一般地，行内注释采用双连字符(--)，多行注释采用正斜杠星号字符对。

13.3.2 数据类型

在建立 SQL Server 表格时，要求用户先对数据列进行数据类型的确定。定义表列的数据类型后，数据列的数据类型将作为表的永久属性加以保存，普通用户是无法对其进行更改的。因此在建立自己的表格前，先全面地了解 SQL Server 数据类型并精心选择表格列的数据类型，是创建的数据表格能够满足设计需求和表格性能良好的前提。SQL Server 提供了许多数据类型，总体来讲包括系统数据类型和用户自定义数据类型两大类。系统数据类型可以分为数字数据类型、字符数据类型、日期和时间数据类型、二进制数据类型以及其他数据类型等。而用户自定义数据类型则是用户在系统数据类型的基础上自己建立的数据类型。SQL Server 的数据类型如表 13.2 所示。

表 13.2　SQL Server 的数据类型

数据类型名称	主 要 类 型
整型数据类型	INT、SMALLINT、TINYINT
浮点数据类型	REAL、FLOAT、DECIMAL、NUMERIC
字符数据类型	CHAR、VARCHAR、TEXT、NVARCHAR、NTEXT
日期和时间数据类型	DATETIME、SMALLDATETIME
货币数据类型	MONEY、SMALLMONEY
位数据类型	BIT
二进制数据类型	BINARY、BARBINARY
特殊数据类型	TIMESTAMP、UNIQUEIDENTIFIER
用户自定义数据类型	—

下面分别介绍 SQL Server 的系统数据类型和用户自定义数据类型。

1. 系统数据类型

1) 整型数据类型

整型数据类型表示可以存储整数精确数据。整型数据类型可以分为 4 种，即 BIGINT、INT、SMALLINT、TINYINT。可以从取值范围和长度两个方面理解这些整型数据类型。

(1) BIGINT：长整数型，长度是 8B。由于每个字节的长度是 8 位且可以存储正负数字，因此 BIGINT 数据类型的取值范围是 －9 223 372 036 854 775 808～9 223 372 036 854 775 807。

(2) INT：整数型，长度为 4B，存储范围可以是－2 147 483 648～2 147 483 647。实际上，INT 数据类型是最常使用的数据类型。当 INT 数据类型表示的数据长度不足时，才应该考虑使用 BIGINT 数据类型。

(3) SMALLINT：短整数型，长度为 2B，存储范围较 INT 小，可以存储－32 768～32 767 的所有正负数。

(4) TINYINT：微整数型，长度为 1B，存储范围较 BINGINT、INT 和 SMALLINT 小，可以存储 0～255 的所有正整数。

2）浮点数据类型

浮点数据类型可以用来存储含小数的十进制数。浮点数值的数据在SQL Server中采用只入不舍的方式进行存储。

(1) REAL：长度为4B。可以存储－3.40E＋38～3.40E＋38的十进制数值，最大可以有7位精确数位。

(2) FLOAT：可以精确到第15位小数，其范围为－1.79E-308～1.79E＋308。

(3) DECIMAL和NUMERIC：这两种数据类型的功能是等价的，只是名称不同而已。它们可以提供小数需要的实际存储空间，但也有一定的限制，可以用2～17B来存储$-10^{38}+1$～$10^{38}-1$的数值。以DECIMAL数据类型为例，在声明数据类型时，可以使用DECIMAL (p, s)定义数据的精度和小数位数。其中，p表示数字的精度，s表示数字的小数位数。精度p的取值范围是1～38，默认值是18。小数位数s的取值范围必须是0～p的数值(包括0和p)。从这些约定可知，DECIMAL数据类型的取值范围是$-10^{38}+1$～$10^{38}-1$。

3）字符数据类型

字符数据类型可以用来存储各种含字母、数字和符号组成的字符串。在SQL中输入字符数据时，必须将数据引在单引号中，否则SQL不能接受该字符数据。字符数据类型包括CHAR、VARCHAR、TEXT、NVARCHAR和NTEXT等数据类型，其中前两种比较常用。

(1) CHAR：其定义形式为CHAR(n)，每个字符和符号占用一个字节的存储空间。其中，n表示该字符数据的字节长度，取值范围是1～8000的整数。如果长度超过规定范围，则系统只取规定范围内的字符串；长度不足规定范围时，则字符串后面的位置将被空格填充。

(2) VARCHAR：其定义形式为VARCHAR(n)。用VARCHAR数据类型可以存储长达8000个字符的可变长度字符串。它的存储空间随输入数据的实际长度而变化，但最大长度不得超过n指定的值。若存储数据没有超过最大长度n，则字符串后面的位置并不会填充空格，其他使用方式与CHAR数据类型类似。

(3) TEXT：文本数据类型用来存储可变长度的文本数据。TEXT存储大量文本数据时，其容量理论上为$2^{31}-1$(2 147 483 647)B。在实际应用时需要视硬盘的存储空间而定。

(4) NVARCHAR：其定义形式为NVARCHAR(n)，用于支持存储可变长度的国际上的非英语语种字符串。

(5) NTEXT：与TEXT数据类型类似，存储在其中的数据通常是直接能输出到显示设备上的字符，显示设备可以是显示器、窗口或者打印机。

4）日期和时间数据类型

日期和时间数据类型用于存储日期和时间数据。它具有下面两种形式，区别在于存储长度所代表的时间范围和存储精确度的不同。

(1) DATETIME：用于存储日期和时间的结合体。它可以表示的范围是1753年1月1日～9999年12月31日的所有日期和时间。时间精确度是3.33ms。

(2) SMALLDATETIME：与 DATETIME 数据类型类似，但其日期时间范围较小，表示的范围是 1900 年 1 月 1 日～2079 年 12 月 31 日，时间精确度是 1min。

5) 货币数据类型

货币数据类型用于存储货币或现金值，包括 MONEY 型和 SMALLMONEY 型。在使用货币数据类型时，应在数据前加上货币符号，以便系统辨识其为哪国的货币，如果不加货币符号，则系统默认为“￥”。

(1) MONEY：用于存储货币值，存储在 MONEY 数据类型中的数值以一个正数部分和一个小数部分存储在两个 4B 的整型值中，其取值为 -2^{63}(－9 223 372 036 854 775 808)～$2^{63}-1$(＋9 223 372 036 854 775 807)，精确到货币单位的千分之十。

(2) SMALLMONEY：与 MONEY 数据类型类似，但其存储的货币值范围比 MONEY 数据类型小，SMALLMONEY 数据类型只需要 4 个存储字节，取值范围为－214 748.364 8～214 748.364 7。

可以说，MONEY 和 SMALLMONEY 数据类型是一种确定性数值数据类型，因为它们的精度和小数位数都是确定的。但是，MONEY 和 SMALLMONEY 数据类型也有一些与其他数字数据类型不同的地方。第一，它们表示了货币数值，因此可以在数字前面加上 $ 或其他货币单位的记号作为货币符号。第二，它们的小数位数最多是 4 位，也就是说可以表示出当前货币单位的万分之一。第三，当小数位数超过 4 位时，自动按照四舍五入进行处理。

6) 位数据类型

BIT 是可以存储 1、0 或 NULL 数据的数据类型。这些数据主要是用于一些条件逻辑判断。也可以把 TRUE 和 FALSE 数据存储到 BIT 数据类型中，这时需要按照字符格式存储 TRUE 和 FALSE 数据。

7) 二进制数据类型

(1) BINARY：其定义形式为 BINARY(n)，数据的存储长度是固定的，即(n＋4)B。

(2) 当输入的二进制数据长度小于 n 时，余下部分填充 0。

(3) VARBINARY：其定义形式为 VARBINARY(n)，数据的存储长度是变化的，它为实际所输入的长度加上 4B，其他含义与 BINARY 相似。

除了前面介绍的数据类型之外，SQL Server 系统还提供了 CURSOR、TIMESTAMP、UNIQUEIDENTIFIER 及 XML 等数据类型。使用这些数据类型可以完成特殊数据对象的定义、存储和使用。

(1) CURSOR：是变量或存储过程的输出参数使用的一种数据类型，有时也把这种数据类型称为游标。

(2) TIMESTAMP：是一个特殊的用于表示先后顺序的时间戳数据类型。该数据类型可以为表中数据行加上一个版本戳。

(3) UNIQUEIDENTIFIER：是一个具有 16B 的全局唯一性标志符，用来确保对象的唯一性。可以在定义列或变量时使用该数据类型，这些定义的主要目的是在合并复制和事务复制中确保表中数据行的唯一性。

(4) XML：用于存储 XML 数据。可以像使用 INT 数据类型一样使用 XML 数据类型。需要注意的是，存储在 XML 数据类型中的数据实例的最大值是 2GB。

2. 自定义数据类型

SQL Server 还允许用户在系统数据类型的基础上建立自己的数据类型。但需要注意的是,SQL Server 的用户自定义数据类型并非是除了前面所述的基本类型以外的其他新的数据类型,而是在 SQL Server 的基本数据类型的基础上,将某个数据类型加上用户自定义的一些实际限制,成为用户在实际工作中根据自己的实际需要使用的特殊的、专门的一种数据类型。通过使用用户自定义数据类型的方式可以使数据库表格的结果更加容易阅读,方便用户自己的理解,并且保证了数据库内部数据类型的统一性。

13.3.3 变量

变量在编程中占有重要地位。利用变量可以存储临时性数据。SQL Server 提供两种变量:系统提供的全局变量和用户自定义的局部变量。

1. 全局变量

全局变量是由系统定义和维护的变量,是用于记录服务器活动状态的一组数据。全局变量名由@@符号开始。用户不能建立全局变量,也不可能使用 SET 语句去修改全局变量的值。SQL Server 提供了三十多个全局变量,下面简单介绍一下它们的功能。

@@SERVERNAME:返回运行 SQL Server 的本地服务器的名称。

@@VERSION:返回当前的 SQL Server 安装的版本、处理器体系结构、生成日期和操作系统。

@@CPU_BUSY:返回 SQL Server 自上次启动后的工作时间,以 ms 为单位。

@@IO_BUSY:返回 SQL Server 最近一次启动以来,执行输入和输出操作的时间。

@@IDLE:返回 SQL Server 自上次启动后的空闲时间。

@@CONNECTIONS:无论连接是成功还是失败,都会返回 SQL Server 自上次启动以来尝试的连接数。

@@MAX_CONNECTIONS:返回 SQL Server 实例允许同时进行的最大用户连接数。

@@PACK_RECEIVED:返回 SQL Server 自上次启动后从网络读取的输入数据包数。

@@PACK_SENT:返回 SQL Server 自上次启动后写入网络的输出数据包数。

@@PACKET_ERRORS:返回自上次启动 SQL Server 后,在读写过程中发生的网络数据包错误数。

@@TOTAL_ERRORS:返回自上次启动 SQL Server 之后所遇到的磁盘写入错误数。

@@TOTAL_READ:返回 SQL Server 自上次启动之后读取磁盘的数目。

@@TOTAL_WRITE:返回自上次启动 SQL Server 以来所执行的磁盘写入数。

@@ERROR:返回执行的上一个 Transact-SQL 语句的错误号。

@@LANGUAGE：返回当前 SQL Server 所用的语言名称。

@@LANGID：返回 SQL Server 当前使用的语言的逻辑标识号。

@@TRANCOUNT：返回当前连接的活动事务数。

@@NESTLEVEL：返回对本地服务器上执行的当前存储过程的嵌套级别，取值为0～16。

@@SPID：返回当前用户进程的标识号。

@@PROCID：返回 Transact-SQL 当前模块的对象标识号。Transact-SQL 模块可以是存储过程、用户定义函数或触发器。

@@MAX_PRECISION：按照服务器中的当前设置，返回 decimal 和 numeric 数据类型所用的精度级别，默认最大精度返回 38。

@@TEXTSIZE：返回 SET 语句的 textsize 选项的当前值，它指定 select 语句返回的 text 或 image 数据类型的最大长度，单位为 B。

@@DBTS：返回当前数据库的当前 timestamp 数据类型的值。

@@FETCH_STATUS：返回针对连接当前打开的任何游标，发出的上一条游标 FETCH 语句的状态。

@@ROWCOUNT：返回上一次语句影响的行数。

@@CURSOR_ROWS：返回连接上打开的上一个游标中的当前设定行的数目。可以调用@@CURSOR_ROWS 来确定当此全局变量被调用时检索了游标符合条件的行数。

@@DATEFIRST：返回一个星期中的第一天，如星期天、星期一等。

@@IDENTITY：返回插入到表的 IDENTITY 列的最后一个值。

@@LOCK_TIMEOUT：返回当前会话的当前锁定超时时限，其单位为 ms。

@@OPTIONS：返回有关当前 SET 选项的信息。

@@REMSERVER：返回远程 SQL Server 数据库服务器在登录记录中显示的名称。

@@SERVICENAME：返回 SQL Server 正在其下运行的注册表项名称。

@@TIMETICKS：返回每个时钟周期的微秒数。

2. 局部变量

用户自定义的变量称为局部变量。局部变量是用于保存特定类型的单个数据值的变量。在 Transact-SQL 中，局部变量必须先定义，然后再使用。

1）局部变量的定义

在 Transact-SQL 中，可以使用 DECLARE 语句声明变量。在声明变量时需要注意：第一，为变量指定名称，且名称的第一个字符必须是@；第二，指定该变量的数据类型和长度；第三，默认情况下将该变量值设置为 NULL。局部变量的声明格式为：

```
DECLARE @局部变量名  数据类型
          …
          @局部变量名  数据类型
```

可以在一个 DECLARE 语句中声明多个变量，多个变量之间使用逗号分隔开。变量的作用域是可以引用该变量的 Transact-SQL 语句的范围。变量的作用域从声明变量的地方开始到声明变量的批处理的结尾。

2）局部变量的赋值

有两种为变量赋值的方式，即使用 SET 语句为变量赋值和使用 SELECT 语句选择列表中当前所引用值来为变量赋值。

采用 SET 语句赋值的语法格式为：

```
SET @局部变量名=表达式
```

采用 SELECT 语句赋值的语法格式为：

```
SELECT @局部变量名=表达式
```

或

```
SELECT @局部变量名=表达式, @局部变量名=表达式, …
FROM 表名
WHERE 列名  比较运算符 列值
```

其中，使用 SELECT 语句给变量赋值时，如果省略了 FROM 子句和 WHERE 子句，就等同于 SET 语句赋值。如果有 FROM 子句和 WHERE 子句，若 SELECT 语句返回多个值，则将返回的最后一个值赋给局部变量。SELECT 语句的赋值功能和查询功能不能混合使用，否则系统会产生错误信息。

13.3.4 函数

在 Transact-SQL 中提供了丰富的函数。函数可分为系统函数和用户定义函数。

1. 系统函数

1）聚合函数

聚合函数用于对一组数据执行某种计算并返回一个结果。聚合函数经常在 SELECT 语句的 GROUP BY 子句中使用。除了 COUNT 函数之外，其他聚合函数都忽略空值。表 13.3 对聚合函数进行了简要说明。

表 13.3 常用的聚合函数

函数名	功能
AVG	返回一组值的平均值
COUNT	返回一组值项目的数量(返回值为 int 类型)
MAX	返回表达式或者项目中的最大值
MIN	返回表达式或者项目中的最小值
SUM	返回表达式中所有值的和，或者只返回 DISTINCT 值。SUM 只能用于数字列

2）数学函数

数学函数用于对数字表达式进行数学运算并返回运算结果。使用数学函数可以对SQL Server 提供的数字数据进行运算，如 DECIMAL、INTEGER、FLOAT、REAL、MONEY、SMALLMONEY、SMALLINT 和 TINYINT。常用的数学函数如表 13.4 所示。

表 13.4　常用的数学函数

数学函数	描　　述
ABS	绝对值函数，返回指定数值表达式的绝对值
ACOS	反余弦函数，返回其余弦值是指定表达式的角(弧度)
ASIN	反正弦函数，返回其正弦值是指定表达式的角(弧度)
ATAN	反正切函数，返回其正切值是指定表达式的角(弧度)
ATAN2	反正切函数，返回其正切值是两个表达式之商的角(弧度)
CEILING	返回大于或等于指定数值表达式的最小整数，与 FLOOR 函数对应
COS	正弦函数，返回指定表达式中以弧度表示的指定角的余弦值
COT	余切函数，返回指定表达式中以弧度表示的指定角的余切值
DEGREES	弧度至角度转换函数，返回以弧度指定的角的相应角度，与 RADIANS 函数对应
EXP	指数函数，返回指定表达式的指数值
FLOOR	返回小于或等于指定数值表达式的最大整数，与 CEILING 函数对应
LOG	自然对数函数，返回指定表达式的自然对数值
LOG10	以 10 为底的常用对数，返回指定表达式的常用对数值
PI	圆周率函数，返回 14 位小数的圆周率常量值
POWER	幂函数，返回指定表达式的指定幂的值
RADIANS	角度至弧度转换函数，返回指定角度的弧度值，与 DEGREES 函数对应
RAND	随机函数，随机返回 0～1 的 float 数值
ROUND	圆整函数，返回一个数值表达式，并且舍入到指定的长度或精度
SIGN	符号函数，返回指定表达式的正号、零或负号
SIN	正弦函数，返回指定表达式中以弧度表示的指定角的正弦值
SQRT	平方根函数，返回指定表达式的平方根
SQUART	平方函数，返回指定表达式的平方
TAN	正切函数，返回指定表达式中以弧度表示的指定角的正切值

3）字符串函数

字符串函数对二进制数据、字符串和表达式执行不同的运算。此类函数作用于CHAR、VARCHAR、BINARY 和 VARBINARY 数据类型以及可以隐式转换为 CHAR

或 VARCHAR 的数据类型。可以在 SELECT 语句和 WHERE 子句以及表达式中使用字符串函数。具体如表 13.5 所示。

表 13.5 字符串函数

字符串函数	描　述
ASCII	ASCII 函数,返回字符串表达式中最左端的字符的 ASCII 代码值
CHAR	ASCII 代码转换函数,返回指定 ASCII 代码的字符
CHARINDEX	确定字符位置函数,返回指定字符串中指定表达式的开始位置
DIFFERENCE	字符串差异函数,返回两个字符表达式的 SOUNDEX 值之间的差别
LEFT	左子串函数,返回指定字符串中从左边开始指定个数的字符
LEN	字符串长度函数,返回指定字符串表达式中字符的个数
LOWER	小写字母函数,返回指定表达式的小写字母,将大写字母转换为小写字母
LTRIM	删除前导空格函数,返回删除了前导空格的字符表达式
NCHAR	Unicode 字符函数,返回指定整数代码的 Unicode 字符
PATINDEX	模式定位函数,返回指定表达式中指定模式第一次出现的起始位置。0 表示没有找到指定的模式
QUOTENAME	返回带有分隔符的 Unicode 字符串
REPLACE	替换函数,用第三个表达式替换第一个字符串表达式中出现的所有第二个指定字符串表达式的匹配项
REPLICATE	复制函数,以指定的次数重复字符表达式
REVERSE	逆向函数,返回指定字符串的逆向表达式
RIGHT	右子串函数,返回字符串表达式中从右边开始指定个数的字符
RTRIM	删除尾随空格函数,返回删除所有尾随空格的字符表达式
SOUNDEX	相似函数,返回一个由 4 个字符组成的代码,用于评估两个字符串的相似性
SPACE	空格函数,返回由重复的空格组成的字符串
STR	数字向字符转换函数,返回由数字转换过来的字符串
STUFF	插入替代函数,删除指定长度的字符,并在指定的起点处插入另外一组字符
SUBSTRING	子串函数,返回字符表达式、二进制表达式等的指定部分
UNICODE	UNICODE 函数,返回指定表达式中第一个字符的整数代码
UPPER	大写函数,返回指定表达式的大写字母形式

4）转换函数

大多数情况下,SQL Server 能够自动处理不同数据类型之间的转换。例如,比较 CHAR 和 DATETIME 表达式、SMALLINT 和 INT 表达式,或不同长度的 CHAR 表达式之间的转换。这种转换被称为系统自带的隐性转换。但是,当 SQL 不能自动转换或自动转换的结果不符合要求时,就需要借助转换函数来实现,这种转换称为显式转换。常用的转换函数主要是 CONVERT()和 CAST()。这两个转换函数都可用于选择列表、WHERE 子句和允许使用表达式的任何地方。

CAST()函数可以将某一种数据类型强制转换为另一种数据类型,其语法格式如下。

```
CAST(表达式 AS 数据类型)
```

CONVERT()函数允许用户把表达式从一种数据类型转换为另一种数据类型,并且还在日期的不同显示格式之间进行转换,其语法格式如下。

```
CONVERT(<数据类型>[(<长度>)],<表达式>[,<格式>])
```

5) 日期和时间函数

日期和时间函数用于对日期和时间型数据进行各种不同的运算处理,其结果可以是字符型、数值型和日期/时间型数据。在 SQL Server 中,常用的日期和时间函数如表 13.6 所示。

表 13.6　日期和时间函数

日期和时间函数	描　　述
DATEADD()	返回给指定日期加上一个时间间隔后的新 datetime 值
DATEDIFF()	返回两个指定日期的日期边界数和时间边界数
DATENAME()	返回表示指定日期的指定日期部分的字符串
DATEPART()	返回表示指定日期的指定日期部分的整数
DAY()	返回指定日期的“天”部分的整数
GETDATE()	以标准格式返回当前系统的日期和时间
GETUTCDATE()	返回当前 UTC 日期和时间
MONTH()	返回指定日期的“月”部分的整数
YEAR()	返回指定日期的“年”部分的整数

2. 用户自定义函数

SQL Server 不仅提供了大量的内置函数,而且允许用户根据需要创建自定义函数。用户自定义函数是由一个或多个 Transact-SQL 语句组成的子程序,它接收参数,返回操作结果,返回值可以是单个的标量值或结果集。因此,用户自定义函数可分为标量函数和表值函数。其中,表值函数又可分为内联表值函数和多语句表值函数。

13.3.5　批处理和流程控制

在 SQL Server 中,可以使用批处理和流程控制语句来实现相应的功能。批处理是包含一个或多个 Transact-SQL 语句的组,从应用程序一次性地发送到 SQL Server 执行。流程控制语句用来控制 SQL 语句、语句块或者存储过程的执行流程。

1. 批处理

当用户用 Transact-SQL 编写程序时，可以利用批处理语句来提高程序的执行效率。批处理是使用 GO 语句将多条 SQL 语句进行分隔，其中每两个 GO 之间的 SQL 语句就是一个批处理单元。一个批处理中可以包含一条语句，也可以包含多条语句。在 SQL Server 执行批处理之前首先将批处理语句进行编译，使之成为一个可执行单元，然后再对编译成功的批处理单元进行处理。如果批处理中某条语句编译出现错误（如语法错误），则使整个执行计划无法编译成功，从而导致批处理中的任何语句均无法执行。如果批处理语句在运行时出错（如算术溢出或违反约束），则会产生以下影响。

(1) 大多数进行时错误将停止执行批处理中当前语句和它之后的语句。

(2) 少数运行时错误（如违反约束）仅停止执行当前语句，而继续进行批处理中其他所有语句。

(3) 在遇到运行时错误之前执行的语句不受影响，除非批处理在事务中而且错误导致事务回滚。

例如，在批处理中有 10 条语句。如果第 5 条语句中有一个语法错误，则不执行批处理中的任何语句。如果编译了批处理，而第 2 条语句在执行时失败，则第 1 条语句的结果不受影响，因为它已经执行了。

使用批处理时，应注意以下规则。

(1) CREATE DEFAULT、CREATE PROCEDURE、CREATE RULE、CREATE TRIGGER、CREATE VIEW 语句不能在批处理中与其他语句组合使用。批处理必须以 CREATE 语句开始，所有跟在批处理后的其他语句将被解释为第一个 CREATE 语句定义的一部分。

(2) 不能在同一个批处理中更改表，然后引用新列。

(3) 在编写批处理语句时，需要使用 GO 语句作为批处理命令的结束标识。

2. 流程控制语句

流程控制语句是用来控制程序执行和流程分支的语句。在 SQL Server 中，可以使用的流程控制语句有 BEGIN … END、IF … ELSE、CASE、WHILE … CONTINUE … BREAK、GOTO、WAITFOR、RETURN 等。

1) 语句块

一组 Transact-SQL 语句作为一个单元执行称为语句块。关键字 BEGIN 用于标志语句块的起始，关键字 END 用于标志语句块的结束，BEGIN 和 END 是流程控制语句的关键字，其语法格式如下。

```
BEGIN
    语句
    …
END
```

在条件语句和循环语句等流程控制语句中，当符合特定条件需要执行两个或多个语句时,就应该使用 BEGIN…END 语句将这些语句组合在一起。

2) 条件语句

条件语句用于控制批处理中的条件执行。IF…ELSE 语句是条件判断语句。如果 IF 后面给出的条件满足(布尔表达式返回 TRUE),则执行 IF 关键字之后的 Transact-SQL 语句,若不满足,则执行 ELSE 后面的语句,但 ELSE 关键字是可选的,其语法形式如下。

```
IF 条件表达式 1
    语句
[ ELSE [ IF 条件表达式 2 ]
    语句
]
```

其中,

(1) 条件表达式:返回 TRUE 或 FALSE 的布尔表达式。如果布尔表达式中含有 SELECT 语句,必须用圆括号将 SELECT 语句括起来。

(2) 语句:Transact-SQL 语句或用语句块定义的语句分组。除非使用语句块,否则 IF 或 ELSE 条件只能影响一个 Transact-SQL 语句性能。如果在 IF…ELSE 块 IF 区和 ELSE 区都使用了 CREATE TABLE 语句或 SELECT INTO 语句,那么 CREATE TABLE 语句或 SELECT INTO 语句必须指向相同的表名。

IF…ELSE 可以用在批处理、存储过程(经常使用这种结构测试是否存在着某个参数)以及特殊查询中。可以在其他 IF 之后或 ELSE 下面嵌套另一个 IF 测试,对于嵌套层数没有限制。

3) 分支语句

分支语句 CASE 是用于多重选择的条件判断语句,结果返回单个值。在 CASE 语句中可根据表达式的值选择相应的结果。CASE 语句通常是使用可读性更强的值替换代码或缩写。CASE 语句根据使用的格式不同可分为简单 CASE 语句和搜索 CASE 语句,两种格式都支持可选的 ELSE 参数。

(1) 简单 CASE 语句。简单 CASE 语句先计算 CASE 后面的表达式的值,然后将其与 WHEN 后面的表达式逐个进行比较,若相等则返回 THEN 后面的表达式,否则返回 ELSE 后面的表达式,其语法形式如下。

```
CASE 表达式
    WHEN 分支条件表达式 1   THEN   候选值表达式 1
    [ [ WHEN 分支条件表达式 2   THEN   候选值表达式 2 ]
    [… ] ]
    [ ELSE 候选值表达式 N ]
END
```

其中,

① 表达式:使用简单 CASE 格式时所计算的表达式。

② 分支条件表达式:使用简单 CASE 格式时与表达式比较的每个分支条件表达式。二者的数据类型必须相同,或者是可以隐性转换。

③ N：表明可以使用多个 WHEN 分支条件表达式 THEN 候选值表达式子句。

【例 13.16】 将成绩表 Score 中的学生所选课的课程号替换成课程名称显示。

```
SELECT sno, cno=CASE cno
    WHEN '001' then '高等数学'
    WHEN '002' then '离散数学'
    WHEN '003' then '计算机原理'
    WHEN '004' then 'C语言程序设计'
    WHEN '005' then '数据结构'
    WHEN '006' then '数据库系统原理'
    WHEN '007' then '计算机网络'
    ELSE '移动电子商务'
    END, score
FROM Score
```

(2) 搜寻 CASE 语句。按指定顺序对每个 WHEN 子句后面的逻辑表达式进行计算，返回第一个计算结果为 TRUE 的 THEN 后面的表达式。若所有的逻辑表达式都为假，则返回 ELSE 后面的表达式；若没有指定 ELSE 子句，则返回 NULL 值。其语法形式如下。

```
CASE
    WHEN 分支条件逻辑表达式 1  THEN  候选值表达式 1
    [ [ WHEN 分支条件逻辑表达式 2  THEN  候选值表达式 2 ]
    [...] ]
    [ ELSE 候选值表达式 N ]
END
```

其中，分支条件逻辑表达式是使用 CASE 搜索格式时所计算的布尔表达式。其他各项的说明参见简单 CASE 语句。

【例 13.17】 将成绩表 Score 中的学生所选课的合格成绩按照如下要求显示：当成绩大于或等于 90 时，显示“优”；当成绩大于或等于 80 时，显示“良”；当成绩大于或等于 70 时，显示“中”；当成绩大于等于 60 时，显示“及”。

```
SELECT sno, cno, score =
    CASE
    WHEN score >=90 then '优'
    WHEN score >=80 then '良'
    WHEN score >=70 then '中'
    ELSE '及'
    END
FROM Score
WHERE score >=60
```

4) 循环语句

WHILE 语句是 SQL 中的循环语句，用来重复执行 SQL 语句或语句块。如果 WHILE 后面的逻辑表达式为真，则重复执行循环内部的语句。其语法形式如下。

```
WHILE  <逻辑表达式>
    <SQL 语句>
```

定义 WHILE 语句时必须小心，如果 WHILE 语句的逻辑表达式取值一直为 TRUE，WHILE 语句将进入死循环。

【例 13.18】 用 WHILE 循环语句计算 100 内所有整数的和。

```
DECLARE @mysum int, @i int
SELECT @mysum =0
SELECT @i=1
WHILE @i<=100
    BEGIN
        SET @mysum =@mysum +@i
            SET @i=@i+1
    END
PRINT @mysum
```

输出结果为：5050。

5）等候语句

WAITFOR 语句用于暂停正在执行的语句、语句块，或者调用存储过程，直到某时间、时间间隔到达后才继续执行。其语法形式如下。

```
WAITFOR { DELAY <'时间'>|  TIME <'时间'>}
```

其中，DELAY 关键字表示等候由“时间”参数指定的时间间隔，完成 WAITFOR 语句之前等待的时间最多为 24 小时。TIME 关键字表示等候到指定的“时间”为止，其数据类型是有效的 datetime，格式为 hh：mm：ss，不允许有日期部分。

6）RETURN 语句

RETURN 语句用于无条件终止查询、存储过程或批处理。存储过程或批处理中 RETURN 语句后面的语句都不执行。当在存储过程中使用 RETURN 语句时，此语句可以指定返回给调用应用程序、批处理或过程的整数值。如果 RETURN 未指定值，则存储过程返回 0。对于大多数存储过程来说，使用返回代码可以表示存储过程的成败。没有发生错误时，存储过程返回值 0；任何非零值表示有错误发生。

其语法形式如下。

```
RETURN {整型表达式}
```

一般情况下，只有存储过程中才会用到返回的整型结果，调用存储过程的语句可以根据 RETURN 返回的值，判断下一步应该执行的操作。

13.4 游标

游标是一个在结果集中可以移动的指针，它可以指向结果集中的任意位置，允许用户对指定位置的数据进行处理。游标向数据库发送查询，得到一个记录集，但游标一次只返回一个记录行。若对 SELECT 语句返回的结果值进行逐行处理，必须使用游标。可对游标的当前位置进行更新、查询和删除，使用游标需要经历以下 5 个步骤。

(1) 定义游标：DECLARE。

(2) 打开游标：OPEN。

(3) 逐行提取游标集中的行：FETCH。

(4) 关闭游标：CLOSE。

(5) 释放游标：DEALLOCATE。

13.4.1 游标的使用

1. 定义游标

定义游标的语法为：

```
DECLARE <cursorName>CURSOR
FOR <SQL-Statements>
[ FOR { READ ONLY | UPDATE [OF <columnName_list>] } ]
```

在使用游标之前，必须先定义游标。其中。

(1) <cursorName>：定义的游标名称。

(2) <SQL-Statements>：游标要实现的功能程序。

(3) <columnName_list>：属性列名列表。

(4) [FOR { READ ONLY | UPDATE [OF <columnName_list>] }]：READ ONLY 表示当前游标集中的元组仅可以查询，不能修改；UPDATE [OF <columnName_list>]表示可以对当前游标集中的元组进行更新操作。如果有 OF <columnName_list>，表示仅可以对游标集中指定的属性列进行更新操作；默认为 UPDATE。

2. 打开游标

游标定义后，如果要使用游标，必须先打开游标。打开游标操作表示：系统按照游标的定义从数据库中将数据检索出来，放在内存的游标集中(如果内存不够，会放在临时数据库中)，并为游标集指定一个游标，该游标指向游标集中的第一个元组。打开游标的语法为：

```
OPEN <cursorName>
```

3. 获取当前游标值

要对当前游标所指向的元组进行操作，必须获取当前游标所指向的元组，其语法是：

```
FETCH <cursorName>INTO <@variableName_list>
```

执行一次该语句，系统将当前游标所指向的元组属性值放到变量中，然后游标自动下移一个元组。当前游标所指向元组的每个属性值必须分别用一个变量来接收，即变量个数、数据类型必须与定义游标中的 SELECT 子句所定义的属性(或表达式)个数、数据类型相一致。当游标移至尾部,不可再读取游标,必须关闭游标然后重新打开游标。

通过检查全局变量@@FETCH_STATUS 来判断是否已读完游标集中的所有行。@@FETCH_STATUS 的值有以下几个。

0：FETCH 语句成功,表示已经从游标集中获取了元组值。

－1：FETCH 语句失败或此行不在结果集中。

－2：被提取的行不存在。

4. 关闭游标

游标不使用时,必须关闭,其语法为：

```
CLOSE <cursorName>
```

在一个批处理中,可以多次打开和关闭游标。

5. 释放游标所占用的空间

关闭游标,并没有释放游标所占用的内存和外存空间,必须释放游标,其语法为：

```
DEALLOCATE <cursorName>
```

当释放完游标之后,如果要重新使用这个游标,则必须重新执行声明游标的语句。

6. 变量赋值与表达式显示

变量赋值语句的语法为：

```
SET <@variableName>=<expr>
```

变量列表赋值语句的语法为：

```
SELECT <@variableName>[=<expr | columnName>]
    [, <@variableName>[=<expr | columnName>] … ]
```

表达式列表显示语句的语法为：

```
SELECT <expr>[<aliasName>] [, <expr>[<aliasName>] … ]
```

【例 13.19】 创建一个游标,逐行显示每个班级的班级编号、班级名称和所属年级。

```
/* 定义变量及赋初值 */
DECLARE @classNo char(10), @className char(30), @grade int
--定义游标
DECLARE c_class CURSOR FOR
    SELECT classNo, className, grade
    FROM Class
OPEN c_class                                    --打开游标,游标指向查询结果集的第一个元组
--获取当前游标的值放到变量@classNo、@className 和@grade 中
```

```
FETCH c_class INTO @classNo,@className,@grade       --获取第一个元组,游标下移
WHILE @@FETCH_STATUS =0
BEGIN
    PRINT '班级号是:' +@classNo +'班级名称是:' +@className +'年级是:' +CONVERT
(CHAR,@grade)
    FETCH c_class INTO @classNo,@className,@grade   --获取游标所指向元组,并下移
END
CLOSE c_class                                         --关闭游标
DEALLOCATE c_class                                    --释放游标
```

【例 13.20】 创建一个游标,逐行显示选修了“数据库系统原理”课程的学生姓名、相应成绩和该课程的平均分。

分析:

(1) 选修“数据库系统原理”课程的同学可能不止一个,需要使用游标查询选修该门课程的学生姓名和相应的选课成绩。

定义游标为:

```
DECLARE myCur CURSOR FOR
SELECT sname,score
FROM Student a,Course b,Score c
WHERE a.sno=c.sno
    AND b.cno=c.cno
    AND cname='数据库系统原理'
```

(2) 要获得该课程的平均分,必须首先计算选课人数和总分,定义计数器和累加器变量@countScore、@sumScore,初始值为 0。

(3) 定义两个变量@sName 和@score,用于接收游标集中当前游标中的学生姓名和相应的选课成绩。

(4) 由于 FETCH 命令每次仅从游标集中提取一条记录,必须通过一个循环来重复提取,直到游标集中的全部记录被提取。全局变量@@FETCH_STATUS 用于判断是否正确地从游标集中提取到了记录,@@FETCH_STATUS=0 表示已经正确提取到了游标记录。循环语句为:WHILE (@@FETCH_STATUS=0)。

(5) 在循环体内,首先显示所提取到的学生姓名和相应的选课成绩,使用语句:

```
SELECT @sName 学生姓名, @score 课程成绩
```

其次,计数器@countScore 进行计数,并将提取到的成绩累加到变量@sumScore 中。语句为:

```
SET @sumScore=@sumScore+@score                        --计算总分
SET @countScore=@countScore+1                         --计算选课人数
```

最后,提取下一条游标记录,重复(5),直到全部游标记录处理完毕,退出循环。

(6) 处理完全部游标记录后,关闭和释放游标,同时对计数器@countScore 进行判断:如果为 0,表示没有同学选修,其平均分为 0;否则,平均分等于总分除以选课人数。

(7) 程序如下。

```
DECLARE @sName varchar(20), @score tinyint,
      @sumScore int, @countScore smallint
SET @sumScore=0
SET @countScore=0
DECLARE myCur CURSOR FOR
   SELECT sname,score
   FROM Student a,Course b,Score c
   WHERE a.sno=c.sno
      AND b.cno=c.cno
      AND cname='数据库系统原理'
OPEN myCur
FETCH myCur INTO @sName,@score
WHILE (@@FETCH_STATUS=0)
   BEGIN
      SELECT @sName 学生姓名,@score 成绩
      SET @sumScore=@sumScore+@score                 --计算总分
      SET @countScore=@countScore+1                  --计算选课人数
      FETCH myCur INTO @sName,@score
   END
IF @countScore>0
   SELECT @sumScore/@countScore 课程平均分
ELSE
   SELECT 0.00 课程平均分
CLOSE myCur
DEALLOCATE myCur
```

13.4.2 当前游标集的修改

可以对当前游标集中的元组执行删除和更新操作。

1. 删除游标集中当前行

语法:

```
DELETE FROM <tableName> WHERE CURRENT OF <cursorName>
```

从游标中删除一行后,游标定位于被删除游标的下一行,但还需要用 FETCH 语句得到该行的值。

【例 13.21】 把 Score 表学号为"201825011"的成绩为空的选课记录逐条删除。

```
DECLARE @sno char(9),@cno char(3),@score decimal
DECLARE c_stu CURSOR FOR
   SELECT sno, cno, score
```

```
    FROM Score
    WHERE sno='201825011'
OPEN c_stu
FETCH c_stu into @sno, @cno, @score
WHILE @@FETCH_STATUS =0
BEGIN
    if @score IS NULL
        DELETE FROM Score
        WHERE CURRENT OF c_stu
    --删除当前游标获取值的元组,并且游标指向下一元组
    FETCH c_stu into @sno, @cno, @score
END
CLOSE c_stu
DEALLOCATE c_stu
```

2. 更新游标集中当前行

语法：

```
UPDATE <tableName>
SET <columnName>=<expr>[, <columnName>=<expr>… ]
WHERE CURRENT OF <cursorName>
```

【例 13.22】 把选修了课程号为“001”的成绩逐行修改为除 3 加 50。

```
DECLARE @sno char(9),@cno char(3),@score decimal
DECLARE c_score CURSOR FOR
    SELECT sno, cno, score
    FROM Score
    WHERE cno='001'
    FOR UPDATE OF score
OPEN c_score
FETCH c_score into @sno, @cno, @score
WHILE @@FETCH_STATUS =0
BEGIN
    UPDATE Score
    SET score=score/3+50
    WHERE CURRENT OF c_score
    --修改当前游标获取值的元组,并且游标指向下一元组
    SELECT @sno, @cno, @score
    FETCH c_score into @sno, @cno, @score
END
CLOSE c_score
DEALLOCATE c_score
```

13.5 存储过程

在 SQL Server 应用程序开发中，开发人员使用存储过程可以提高应用程序的设计效率，增强系统的安全性。本节将详细介绍存储过程的定义、特点和类型等内容。

13.5.1 存储过程概述

存储过程是为了完成特定功能汇集而成的一组命名了的 SQL 语句集合，是利用 SQL Server 提供的 Transact-SQL 所编写的程序，该集合编译后存放在数据库中，可根据实际情况重新编译。存储过程可直接运行，也可远程运行，存储过程直接在服务器端运行。

使用存储过程具有如下优点。

(1) 将业务操作封装。可以为复杂的业务操作编写存储过程，放在数据库中。一个存储过程一旦成功创建，便可以在程序中被任意重复地调用，这样就提高了程序的重用性和共享性，增强了程序的可维护性，从而大大提高程序的设计效率。用户可以调用存储过程执行，而业务操作对用户是不可见的。若存储过程仅修改了执行体，而没有修改接口(即调用参数)，则用户程序不需要修改，达到业务封装的效果。

(2) 实现一定程度的安全性保护。由于存储过程存放在数据库中，且在服务器端运行，因此，对于那些不允许用户直接操作的表或视图，可通过调用存储过程来间接地访问这些表或视图，从而达到一定程度的安全性。这种安全性源于用户对存储过程只有执行权限，没有查看权限。拥有了存储过程的执行权限，就自动获取了存储过程中对相应表或视图的操作权限，但这些操作权限仅能通过执行存储过程来实现，一旦脱离存储过程，也就失去了相应操作权限。

(3) 提高操作的执行速度。由于存储过程在服务器端存储和运行，并且第一次执行后在内存中保留，以后调用时不需要再次从磁盘装载，能够实现更快的执行速度。

(4) 减少网络通信量。存储过程仅在服务器端执行，客户端只接收结果。如果有一千条 Transact-SQL 语句的命令，逐条地通过网络在客户端和服务器之间传送，那么这种传输将耗费较长的时间；但是，如果把这一千条 Transact-SQL 语句的命令组织成一个存储过程并存储在服务器端，这时，用户调用存储过程只需在客户端发一条调用命令即可，从而大大减少了客户端和服务器之间的网络通信流量。

使用存储过程前，首先要创建存储过程。可以对存储过程进行修改和删除，创建存储过程后，必须对存储过程授予执行 EXECUTE 的权限，否则该存储过程仅可以供创建者执行。

13.5.2 创建和执行存储过程

1. 创建存储过程

用户自定义存储过程需要用户在数据库中先成功创建，然后才能被执行。在创建和执行存储过程中需要满足一定的约束和规则。本节将分别介绍如何在图形界面下和Transact-SQL语句环境下来创建、执行存储过程。

1）用Transact-SQL语句创建不带参数的存储过程

用Transact-SQL语句创建不带参数的存储过程语法格式如下。

```
CREATE PROCEDURE <procedureName>
AS
    <SQL-Statements>
```

其中，procedureName表示要创建的存储过程的名字，SQL-Statements表示SQL语句。

【例13.23】 创建一个名为searchStu的不带参数的存储过程，该存储过程查询全部学生的学号、姓名和性别。

```
CREATE PROCEDURE searchStu
AS
    SELECT sno, sname, sex FROM Student
```

2）用Transact-SQL语句创建带参数的存储过程

用Transact-SQL语句创建带参数的存储过程语法格式如下。

```
CREATE PROCEDURE <procedureName>
    [(<@parameterName><datatype>[=<defaultValue>] [OUTPUT]
    [, <@parameterName><datatype>[=<defaultValue>] [OUTPUT] ] ) ]
AS
    <SQL-Statements>
```

其中，

(1) <procedureName>：过程名，必须符合标识符规则，且在数据库中唯一。

(2) <@parameterName>：参数名，存储过程可不带参数，参数可以是变量、常量和表达式。

(3) <defaultValue>：用于指定参数的默认值。

(4) OUTPUT：说明该参数是输出参数，被调用者获取使用。缺省时表示是输入参数。

【例13.24】 输入某个同学的学号，统计该同学的姓名和平均分。

```
CREATE PROCEDURE proStuByNo(@sNo char(9))
AS
    SELECT sname, avg(score)
    FROM Student a, Score b
    WHERE a.sno=b.sno
        AND a.sno=@sNo
    GROUP BY sname
```

【例13.25】 输入某个同学的学号，统计该同学的平均分，并返回该同学的姓名和平均分。

该过程涉及三个参数：一个输入参数，设为@sNo，用于接收某同学的学号；两个输出参数，用于返回查询到的同学姓名和平均分，设为@sName 和@avg。

实现方法如下。

```
CREATE PROCEDURE proStuByNoo (@sNo char(9), @sName varchar(20) OUTPUT,
                              @avg numeric(5, 1) OUTPUT )
AS
DEGIN
   --查询同学的姓名放入输出参数@sName 中
   SELECT @sName=sname
   FROM Student
   WHERE sno=@sNo
   --查询同学选课的平均分放入输出参数@avg 中
   SELECT @avg=avg(score)
   FROM Score
   WHERE sno=@sNo
   GROUP BY sno
END
```

2. 执行存储过程

使用存储过程时，必须执行命令 EXECUTE，语法如下。

```
EXECUTE <procedureName>
    [ [<@parameterName>=] <expr>,
      [<@parameterName>=] <@variableName> [OUTPUT]
      [, [<@parameterName>=] <expr>,
       [<@parameterName>=] <@variableName> [OUTPUT] ] ]
```

EXECUTE 的参数必须与对应的 PROCEDURE 的参数相匹配。

【例 13.26】 执行存储过程 searchStu。

```
EXECUTE searchStu
```

【例 13.27】 执行存储过程 proStuByNo。

```
EXECUTE proStuByNo '201822001'
```

【例 13.28】 执行存储过程 proStuByNoo。

```
DECLARE @sName varchar(20), @avg numeric(5, 1)
EXECUTE proStuByNoo '201822001', @sName OUTPUT, @avg OUTPUT
SELECT @sName, @avg
```

13.5.3 修改和删除存储过程

常用的存储过程管理主要包括修改存储过程和删除存储过程。本节将简要阐述如何通过这些方式来管理存储过程。

1. 修改存储过程

使用 ALTER PROCEDURE 语句同样可以完成存储过程的修改。其语法格式如下。

```
ALTER PROCEDURE <procedureName>
    [ <@parameterName><datatype>[=<defaultValue>] [OUTPUT]
    [, <@parameterName><datatype>[=<defaultValue>] [OUTPUT] ] ]
AS
    <SQL-Statements>
```

该语法中各参数的意义与 CREATE PROCEDURE 语句中参数的意义基本相同,不再赘述。

2. 删除存储过程

使用 DROP PROCEDURE 语句同样可以完成存储过程的删除。其语法格式如下。

```
DROP PROCEDURE <procedureName>
```

【例 13.29】 删除存储过程 proStuByNo。

```
DROP PROCEDURE proStuByNo
```

13.6 触发器

13.6.1 触发器概述

触发器(Trigger)是用户定义在关系表上的一类由事件驱动的存储过程,由服务器自动激活。触发器可进行更为复杂的检查和操作,具有更精细和更强大的数据控制能力。触发器是一种特殊的存储过程,它包括大量的 Transact-SQL 语句。但是触发器又与一般的存储过程有着显著的区别,一般的存储过程可以由用户直接调用执行,但是触发器不能被直接调用执行,它依存于表的数据库对象,只能由事件触发而自动执行,例如当对一个表进行操作(如 INSERT、UPDATE 或 DELETE 等操作)时就可能会触发它执行,无须客户调用。

触发器具有以下几个特点。

(1) 触发器是自动执行的,当用户对表中数据做了某些操作之后立即被触发。

(2) 触发器可通过数据库中的相关表实现级联更改,实现多个表之间数据的一致性和完整性。

(3) 触发器可以强制比用 CHECK 约束定义的约束更为复杂的约束。与 CHECK 约束不同,触发器可以引用其他表中的列。

(4) 触发器也可以评估数据修改前后的表状态,并根据其差异采取对策。

13.6.2 创建触发器

触发器自身根据依存的表的操作类型分为 INSERT、UPDATE 和 DELETE 三种。创建触发器的语法如下。

```
CREATE TRIGGER <triggerName>
ON <tableName>
FOR { INSERT | UPDATE | DELETE }
AS <SQL-Statement>
```

其中，

(1) ＜triggerName＞：触发器的名称，在数据库中必须唯一。

(2) ＜tableName＞：触发器作用的基本表，该表也称为触发器的目标表。

(3) { INSERT | UPDATE | DELETE }：触发器事件，触发器的事件可以是插入 INSERT、更新 UPDATE 和删除 DELETE 事件，也可以是这几个事件的组合。

(4) INSERT 类型的触发器：是指当对指定表＜tableName＞执行了插入操作时系统自动执行触发器代码。

(5) UPDATE 类型的触发器：是指当对指定表＜tableName＞执行了更新操作时系统自动执行触发器代码。

(6) DELETE 类型的触发器：是指当对指定表＜tableName＞执行了删除操作时系统自动执行触发器代码。

(7) ＜SQL-Statement＞：触发动作的执行体，即一段 SQL 语句块，如果该触发执行体执行失败，则激活触发器的事件就会终止，且触发器的目标表＜tableName＞或触发器可能影响的其他表不发生任何变化，即执行事务的回滚操作。

【例 13.30】 当插入一学生记录时，提示信息“插入了一条学生记录”。

```
CREATE TRIGGER tg_print_student_insert
ON Student
FOR INSERT
AS
Print '插入了一条学生记录'
```

可以触发该触发器的 INSERT 语句如下。

```
INSERT INTO Student values ('201825016','李娜',null,null,null,null,null)
```

触发器执行结果如图 13.2 所示。

```
插入了一条学生记录
(所影响的行数为 1 行)
```

图 13.2 触发器 tg_print_student_insert 的执行结果

本例中 INSERT 触发器的工作过程如下。

(1) 在定义了 INSERT 触发器的学生信息表上执行 INSERT 语句。

(2) INSERT 语句插入的记录被记录下来。

(3) 触发器操作被执行。

【例 13.31】 创建名为 tg_course_update 的 UPDATE 触发器,防止用户修改课程信息表中的"课程名称"列。

```
CREATE TRIGGER tg_course_update
ON Course
FOR UPDATE
AS
    IF UPDATE (cname)
    BEGIN
      RAISERROR('不能修改课程名称',16,10)
      ROLLBACK TRANSACTION
    END
```

可以触发该触发器的 UPDATE 语句如下。

```
UPDATE Course SET cname='数据结构与数据库' WHERE cno='006'
```

触发器执行结果如图 13.3 所示。

```
服务器: 消息 50000, 级别 16, 状态 10, 过程 tg_course_update, 行 7
不能修改课程名称
```

图 13.3 触发器 tg_course_update 的执行结果

回滚事务 ROLLBACK 语句,即撤销表的修改操作,执行此语句时所做的操作为:由修改语句对基础表执行的所有工作都被撤销。若该语句在撤销表的修改操作时给出错误消息,则可在执行 ROLLBACK 语句时,使用 PRINT 语句显示提示信息,或使用 RAISERROR 语句返回错误消息。

此外,触发器常用于保证完整性,并在一定程度上实现安全性,如可以用触发器来进行审计。

【例 13.32】 创建触发器,只有数据库拥有者才可以修改成绩表中的成绩,其他用户对成绩表的插入、删除和修改操作必须记录下来。

记录用户的操作轨迹,首先创建一张表,表结构如下。

```
CREATE TABLE TableOperation (
    userid char(10)          NOT NULL,        --用户标识
    operateDate datetime     NOT NULL,        --操作时间
    operateType char(10)     NOT NULL,        --操作类型:插入/删除/更新
    CONSTRAINT tableOperationPK PRIMARY KEY (userid, operateDate)
)
```

分别建立三个触发器,将用户的操作轨迹插入到审计表 TableOperation 中。

```
/*插入触发器*/
```

```
CREATE TRIGGER ScoreOperationIns
ON Score
FOR INSERT
AS
    INSERT INTO TableOperation VALUES(user, getdate(), 'insert')
/*删除触发器*/
CREATE TRIGGER ScoreOperationDel ON Score
FOR DELETE
AS
    INSERT INTO TableOperation VALUES(user, getdate(), 'delete')
/*更新触发器*/
CREATE TRIGGER ScoreOperationUpt ON Score
FOR UPDATE
AS
    IF EXISTS ( SELECT * FROM deleted )
    BEGIN
        IF user!='dbo'       --如果当前用户不是dbo,则不允许修改
            ROLLBACK
        ELSE
            INSERT INTO TableOperation VALUES (user, getdate(), 'update')
    END
```

注意：原则上并不限制一张表上定义的触发器的数量，但是由于触发器是自动执行的，如果为一张表建立了多个触发器，必然加大系统的开销。所以如果触发器设计得不好，会带来不可预知的后果。触发器常常用于维护复杂的完整性约束，不用于业务处理。凡是可以用一般约束限制的，就不要使用触发器。如限制性别仅取“男”和“女”，可以使用检查约束CHECK实现。

13.6.3 删除和修改触发器

常用的触发器管理主要包括修改触发器和删除触发器管理。以上两个操作与创建触发器的基本方法大体相同，因此本节只介绍其语法。

1. 修改触发器

使用ALTER TRIGGER语句修改触发器的语法格式如下。

```
ALTER TRIGGER <triggerName>
ON <tableName>
FOR {INSERT | UPDATE | DELETE}
AS <SQL-Statement>
```

2. 删除触发器

触发器不需要时可以删除，使用DROP TRIGGER语句删除触发器的语法格式

如下。

```
DROP TRIGGER <triggerName>
```

【例 13.33】 删除触发器 tg_course_update。

```
DROP TRIGGER tg_course_update
```

小结

本章在标准 SQL 的基础上进行了 Transact-SQL 的功能扩充，主要介绍数据库的完整性约束、安全性约束以及相应的数据库编程技术，编写出更复杂的语句，如游标、存储过程和触发器等，从而加强数据的安全性、完整性约束和业务规则等。

(1) 数据库的安全性：保护数据库以防止不合法使用所造成的数据泄密、更改或破坏。

(2) 数据库用户和角色的权限管理方法。

(3) 数据库的完整性：防止数据库中存在不符合语义的数据，其防范对象是不合语义的、不正确的数据。

(4) Transact-SQL 语句中的变量、数据类型、函数、批处理和流程控制语句。

(5) 游标的概述及使用游标的 5 个步骤：定义游标 DECLARE；打开游标 OPEN；逐行提取游标集中的行 FETCH；关闭游标 CLOSE；释放游标 DEALLOCATE。

(6) 存储过程的基本概念和特点，如何创建、执行、管理存储过程。

(7) 触发器的概念和特点，如何创建和管理触发器。

习题

13.1 实体完整性和参照完整性的作用和创建方式是什么？

13.2 流程控制语句包括哪些？各自的作用是什么？

13.3 存储过程主要有哪些优点？

13.4 触发器和存储过程的相同点和不同点各是什么？

13.5 触发器的作用是什么？

第14章 事务管理与恢复

本章学习目标

- 掌握事务的概念及其特征。
- 理解数据库的并发控制。
- 掌握数据库的备份和还原方法。

数据库作为一种提供共享数据服务的机构，在支持用户并发访问数据的同时，必须保证数据访问的正确性和可靠性。在某些现实应用中需要把一些操作作为一个整体，或者都做，或者都不做。本章介绍利用事务解决此类问题的方法，介绍事务的基本概念和事务的特性，深入分析和讨论保证事务并发执行的隔离性、原子性和永久性的方法与策略，以及数据库的备份和恢复技术。

14.1 事务

14.1.1 并发操作时产生的问题

前面讨论的数据库操作都没有考虑不同操作之间的内在联系。而在现实应用中，数据库的操作与操作之间往往具有一定的语义和关联性。数据库应用希望将这些有关联的操作当作一个逻辑工作单元看待，要么都执行，要么都不执行。下面先看一个例子。

【例14.1】 假设航班的剩余票数为30张，有两个订票点都可以出售飞机票，分别记为T_1和T_2。如果是串行执行，则不管是T_1先执行再执行T_2，还是T_2先执行再执行T_1，都可得到正确的执行结果，如图14.1所示。

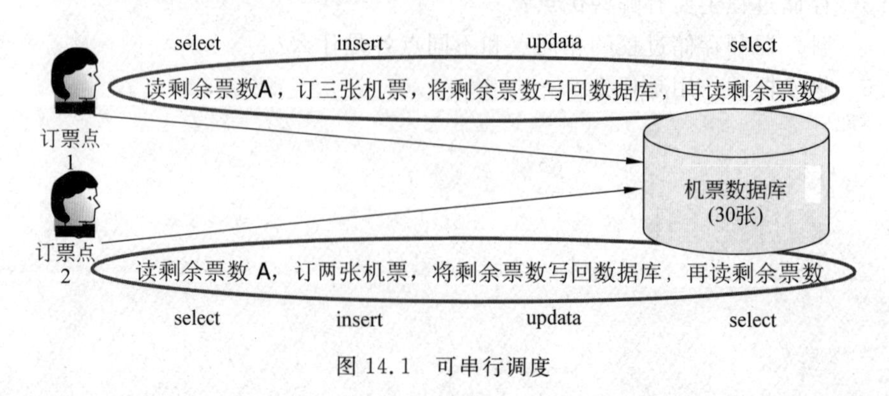

图14.1 可串行调度

在并发操作时它们的执行序列如图14.2～图14.4所示，可能产生丢失更新问题、不一致分析问题和未提交依赖问题。

丢失更新问题：在图14.2中，T_1 和 T_2 都读到余票数为30，由于 T_2 后于 T_1 提交，导致 T_1 的更新操作没有发生作用，被 T_2 的更新值覆盖。

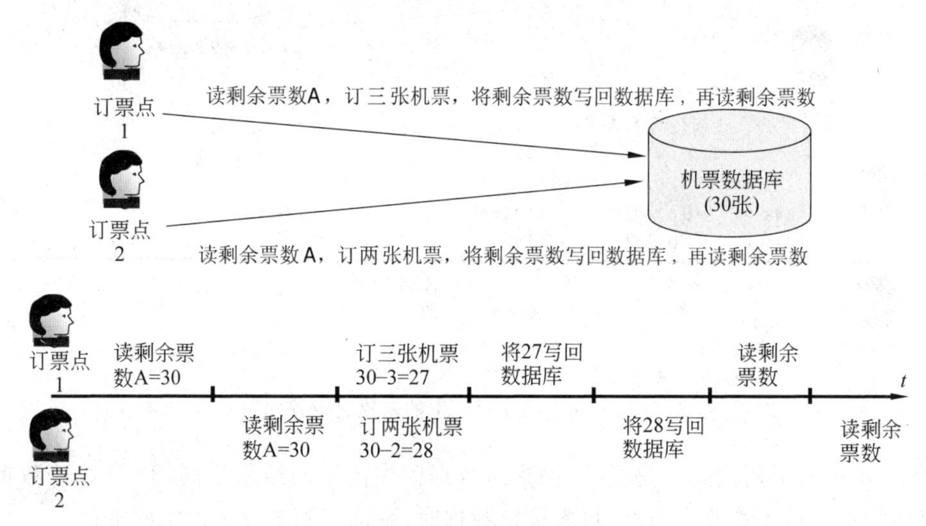

图14.2 并发操作时产生的丢失更新问题

不一致分析问题：在图14.3中，第一次读剩余票数为30张，第二次读时为27张，两次读结果不一致。

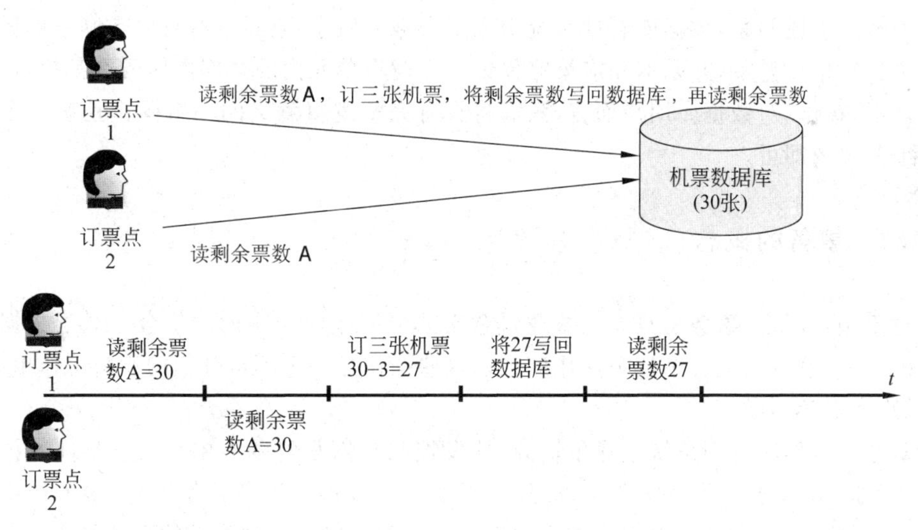

图14.3 并发操作时产生的不一致分析问题

未提交依赖问题：在图14.4中，T_1 在 T_2 读取其更新值后回滚，而 T_2 仍然使用读到 T_1 修改后的值进行运算，得到的结果是27。但实际上 T_1 未执行成功，剩余票数应为30。

综上所述，并发操作可能出现以下问题：

(1) 丢失更新问题。两个或多个 T_i 都读取了同一数据值并修改，最后提交的执行结果覆盖了前面提交的执行结果，从而导致前面的更新丢失。

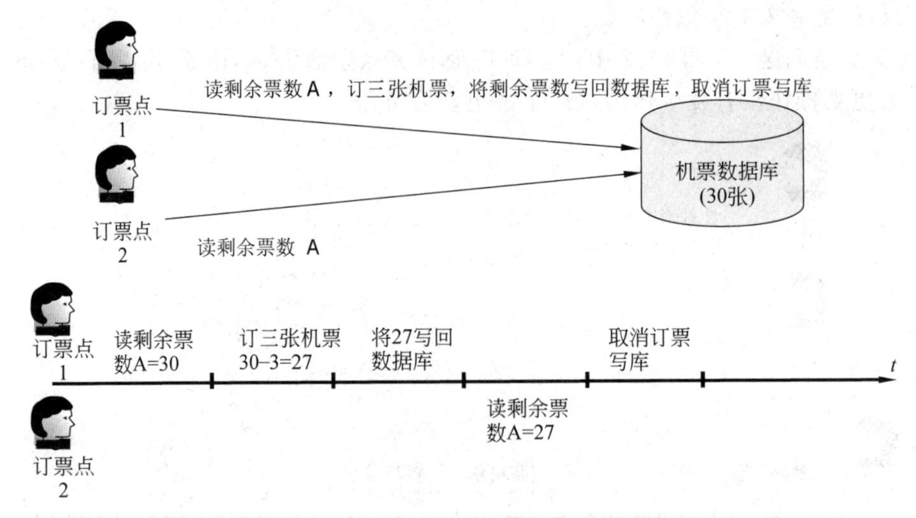

图 14.4 并发操作时产生的未提交依赖问题

(2) 不一致分析问题。是指 T_i 两次从数据库中读取的结果不同，T_i 读取一数据后，T_j 对该数据进行了更改。当 T_i 再次读该数据时，则会读到与前一次不同的值。

(3) 未提交依赖问题。如果 T_2 读取 T_1 修改但未提交的数据后，T_1 由于某种原因中止而撤销，这时 T_2 就读取了不一致的数据。数据库中将这种读未提交且被撤销的数据为读“脏数据”。

为解决上述问题，数据库管理系统引入了事务的概念，它将这些有内在联系的操作当作一个逻辑单元看待，并采取相应策略保证一个逻辑单元内的全部操作要么都执行成功，要么都不执行。对数据库用户而言，只需将具有完整逻辑意义的一组操作正确地定义在一个事务之内即可。

14.1.2 事务的概念

对于用户而言，**事务**是具有完整逻辑意义的数据库操作序列的集合。对于数据库管理系统而言，事务则是一个读写操作序列。这些操作是一个不可分割的逻辑工作单元，要么都做，要么都不做。

事务是数据库管理系统中竞争资源、并发控制和恢复的基本单元。它是由数据库操作语言(如 SQL)或高级编程语言(如 Java、C、C++)提供的事务开始语句、事务结束语句以及由它们包含的全部数据库操作语句组成。通常有以下两种类型的事务结束语句。

(1) 事务提交(Commit)：将成功完成事务的执行结果(即更新)永久化，并释放事务占有的全部资源。

(2) 事务回滚(Rollback)：中止当前事务、撤销其对数据库所做的更新，并释放事务占有的全部资源。

SQL Server 数据库提供了三种类型的事务模式：显式事务、隐式事务及自定义事务。

(1) 显式事务是指用户使用 Transact-SQL 事务语句所定义的事务,其事务语句包括以下三种。

① 事务开始:BEGIN TRANSACTION。

② 事务提交:COMMIT TRANSACTION,COMMIT WORK。

③ 事务回滚:ROLLBACK TRANSACTION,ROLLBACK WORK。

(2) 隐式事务是指事务提交或回滚后,系统自动开始新的事务。该类事务不需要采用 BEGIN TRANSACTION 语句标识事务的开始。

(3) 自动定义事务:当一个语句成功执行后,它被自动提交,而当执行过程中出错时,则被自动回滚。

14.1.3 事务的特性

为了保证事务并发执行或发生故障时数据库的一致性(完整性),事务应具有以下特性。

(1) 原子性(Atomicity)。事务的所有操作要么全部都被执行,要么都不被执行。

一个事务是一个不可分割的工作单位,事务中包括的诸操作要么都做,要么都不做,这就是事务的原子性。这里的原子性也称为故障原子性或(故障)可靠性,由 DBMS 通过撤销未完成事务对数据库的影响来实现。保持事务的原子性是 DBMS 事务管理子系统的职责。

(2) 一致性(Consistency)。一个单独执行的事务应保证其执行结果的一致性,即总是将数据库从一个一致性状态转换到另一个一致性状态。

一致性是指单个事务的一致性,也称为并发原子性或正确性,由编写该事务代码的应用程序员负责,但有时也可利用 DBMS 提供的数据库完整性约束(如触发器)的自动检查功能来保证。

事务的一致性包括显式一致性和隐式一致性。显式一致性是显式定义的完整性约束,如主码、外码、用户自定义约束等。隐式一致性是业务规则隐含的完整性要求。如机票售出后,一航班已售出票数和剩余票数之和应等于该航班全部座位数;转账完成后 A 账户和 B 账户的存款余额总数不变等。

(3) 隔离性(Isolation)。当多个事务并发执行时,一个事务的执行不能影响另一个事务,即并发执行的各个事务不能互相干扰。

多个事务并发执行的结果与分别执行单个事务的结果是完全一样的,这就是事务的隔离性。隔离性也称为执行原子性或可串行化,可以看作是多个事务并发执行时的一致性或正确性要求。事务的隔离性是由 DBMS 的并发控制子系统保证的。

(4) 持久性(Durability)。一个事务成功提交后,它对数据库的改变必须是永久的,即使随后系统出现故障也不会受到影响。

持久性也称为恢复原子性或恢复可靠性,它是利用已记录在稳固存储介质(如磁盘阵列)中的恢复信息(如日志、备份等)来实现丢失数据(如因中断而丢失的存放在主存中但还未保存到磁盘数据库中去的数据等)的恢复。持久性要求事务对数据库的更新在其结束前已写入磁盘，或在数据库更新时记录足够多的信息，使得在出现故障时 DBMS 能利用这些信息重构数据库的更新。它是由 DBMS 的恢复管理模块保证的。

由于允许 CPU 和 I/O 操作并行执行，操作系统采用了多道程序设计技术，即允许多个程序并发执行，可提高 CPU 和设备的利用率。同样，数据库管理系统也允许多个事务并发执行，其主要优点体现在以下两个方面。

（1）增加系统吞吐量（Throughput）。吞吐量是指单位时间系统完成事务的数量。当一个事务需等待磁盘 I/O 时，CPU 可去处理其他正在等待 CPU 的事务。这样，可减少 CPU 和磁盘空闲时间，增加给定时间内完成事务的数量。

（2）减少平均响应时间（Average Response Time）。事务响应时间是指事务从提交给系统到最后完成所需要的时间。事务的执行时间有长有短，如果按事务到达的顺序依次执行，则短事务就可能会由于等待长事务导致完成时间的延长。如果允许并发执行，短事务可以较早地完成。因此，并发执行可减少事务的平均响应时间。

事务的并发执行可提高系统性能，缺点是若不对事务的并发执行加以控制，则可能破坏数据库的一致性。

14.2 并发控制

当数据库中多个事务并发执行时，事务的隔离性不总是能得以保证，DBMS 必须采取一定的措施对并发执行事务之间的相互影响加以控制，这种措施就是并发控制机制。

并发控制机制大体上可分为悲观的和乐观的两种。悲观的并发控制方法认为数据库的一致性经常会受到破坏，因此在事务访问数据对象前须采取一定措施加以控制，只有得到访问许可时，才能访问数据对象，如基于封锁的并发控制方法。乐观的并发控制方法则认为数据库的一致性通常不会遭到破坏，故事务执行时可直接访问数据对象，只在事务结束时才验证数据库的一致性是否会遭到破坏，如基于有效性验证方法。本章主要介绍前者，基于封锁的并发控制方法。

基于封锁的并发控制方法的基本思想是：当事务 T 需访问数据对象 Q 时，先申请对 Q 的锁。如获得批准，则事务 T 继续执行，且此后不允许其他任何事务修改 Q，直到事务 T 释放 Q 上的锁为止。给数据项加锁的方式有多种，这里介绍基本锁类型。

（1）共享锁（shared lock，记为 S）：如果事务 T 获得了数据对象 Q 的共享锁，则事务 T 可读 Q 但不能写 Q。

（2）排他锁（eXclusive lock，记为 X）：如果事务 T 获得了数据对象 Q 上的排他锁，则事务 T 既可读 Q 又可写 Q。

封锁方法要求每个事务都要根据自己对数据对象的操作类型（读操作、写操作或读写操作）向事务管理器申请适度的锁：读操作申请 S 锁，写操作或读写操作申请 X 锁。事务管理器收到封锁请求后，按封锁相容性原则判断是否能满足该事务的加锁请求。事务只有得到授予的锁后，才能继续其操作，否则等待。

“锁相容”是指如果 T_i 已持有数据对象 Q 的某类型锁后，事务 T_j 也申请对 Q 的封锁。如果允许事务 T_j 获得对 Q 的锁，则称事务 T_j 申请锁类型与事务 T_i 的持有锁类型相容;否则称为不相容。基本锁类型的封锁相容性原则为:共享锁与共享锁相容,而排他锁与共享锁、排他锁与排他锁是不相容的。

设事务可通过下列操作申请和释放锁。

(1) SL(Q)——申请数据对象 Q 上的共享锁。

(2) XL(Q)——申请数据对象 Q 上的排他锁。

(3) UL(Q)——释放数据对象 Q 上的锁。

封锁是防止存取同一资源的用户之间破坏性的干扰的机制,该干扰是指不正确地修改数据或不正确地更改数据结构。事务在对某个数据对象如关系、元组等进行查询或更新操作以前,应先向系统发出对该数据对象进行加锁的请求,否则就不可以进行相应操作,而事务在获得了对该数据对象的锁以后,其他的事务就不能查询或更新此数据对象,直到相应的锁被释放为止。封锁协议保证了并发执行事务结果的正确性,但仍然存在两个主要的问题:死锁和活锁。

(1) 死锁:在多个事务并发执行的过程中,还会出现另外一种称为死锁的现象,即多个并发事务处于相互等待的状态。其中的每一个事务都在等待它们中的另一个事务释放封锁,这样才可以继续执行下去,但任何一个事务都没有释放自己已获得的锁,也无法获得其他事务已拥有的锁,所以只好相互等待下去,不难发现图 14.5 中发生了死锁现象。事务 T_1 和事务 T_2 分别在同一时刻锁住了机票数据对象和客户数据对象,而后事务又申请对另一数据对象加锁,而这两个数据对象都已分别被对方事务控制且没有释放,所以双方事务只好相互等待。这样,双方因为得不到自己想要的锁,所以无法继续往下执行。同时,也就没有机会释放已得到的锁,所以对方事务的等待是永久性的,这就是死锁。

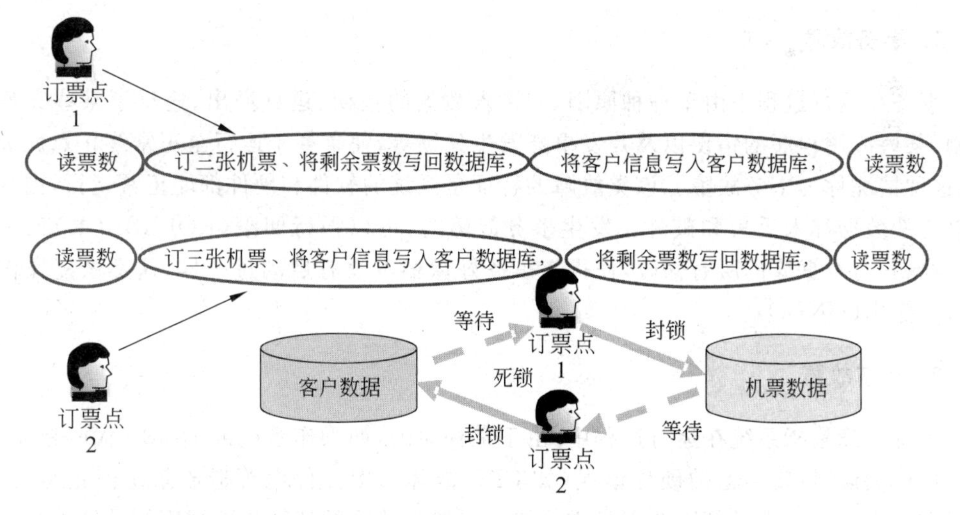

图 14.5 并发操作时产生的死锁问题

(2) 活锁:多个事务并发执行的过程中,可能会存在某个有机会获得锁的事务却永远也没有得到锁,这种现象称为活锁。采用"先来先服务"的策略可以预防活锁的发生。

死锁的预防:数据库中预防死锁的方法有两种。第一种方法是要求每个事务必须一次性地将所有要使用的数据加锁,或必须按照一个预先约定的加锁顺序对使用到的数据加锁。第二种方法是每当处于等待状态的事务有可能导致死锁时,就不再等待下去,强行回滚该事务。

死锁的检测:定期检查是否有死锁发生,当系统存在死锁时,一定要解除死锁。具体的方法是从发生死锁的事务中选择一个回滚代价最小的事务,将其彻底回滚,或回滚到可以解除死锁处,释放该事务所持有的锁,使其他的事务可以获得相应的锁而得以继续运行下去,从而解锁。

14.3 恢复与备份

当我们使用一个数据库时,总希望数据库的内容是可靠的、正确的,但由于计算机系统的故障(硬件故障、软件故障、网络故障、进程故障和系统故障)会影响数据库系统的操作,影响数据库中数据的正确性,甚至破坏数据库,使数据库中全部或部分数据丢失,一旦数据出现丢失或者损坏,都将给企业和个人带来巨大的损失。因此当发生上述故障后,人们希望能重新建立一个完整的数据库,该处理称为数据库恢复。恢复子系统是数据库管理系统的一个重要组成部分,恢复处理随所发生的故障类型所影响的结构而变化。本节将对数据库的备份和恢复做一介绍。

14.3.1 数据库系统的故障

数据库运行过程中可能发生的故障可分为以下几类。

1. 事务故障

事务在运行过程中由于种种原因,如输入数据的错误、运算溢出、违反了某些完整性限制、某些应用程序的错误以及并发事务发生死锁等,使事务未运行至正常终止点就夭折了,这种情况称为事务故障。该类故障的特征是系统的软件和硬件都能正常运行,内存和磁盘上的数据都未丢失和破坏。发生事务故障时,可以强行回滚(ROLLBACK)夭折事务,清除其对数据库的所有修改,使得该事务好像根本没有启动过一样,这类恢复操作称为事务撤销(UNDO)。

2. 系统故障

系统故障是指系统在运行过程中,由于某种原因,如操作系统或 DBMS 代码错误、操作员操作失误、特定类型的硬件错误(如 CPU 故障)、突然停电等造成系统停止运行,致使所有正在运行的事务都以非正常方式终止。该类故障的特征是数据库缓冲区的信息全部丢失,但存储在外部存储设备上的数据未被破坏。发生系统故障时,为了保证数据一致性,需要清除这些事务对数据库的所有修改,强行 UNDO 所有未完成事务。另一方面,恢复程序除需要撤销所有未完成事务外,还需要重做(REDO)所有已提交的事务,以便将数据库真正恢复到某个一致状态。

3. 介质故障

介质故障是指系统在运行过程中，由于某种硬件故障，如磁盘损坏、磁头碰撞，或操作系统的某种潜在错误、瞬时强磁场干扰等，致使存储在外存中的数据部分丢失或全部丢失。这类故障比前两类故障的可能性小得多，但破坏了磁盘上的数据，危害性最大。事务故障和系统故障可以由系统自动恢复，而介质故障必须借助数据库管理员的帮助，由数据库管理员和系统一起恢复。发生故障后，存储在磁盘上的数据被破坏，这时需要装入发生介质故障前某个时刻的数据库数据副本，并重做（REDO）自备份相应副本数据库之后的所有成功事务，将这些事务已提交的更新结果重新反映到数据库中去。

4. 其他故障

随着网络技术的不断发展，数据库面临的恶意破坏现象也越来越多，如黑客入侵、病毒、恶意流氓软件等引起的事务异常结束、篡改数据等不一致性。该类故障主要通过数据库的安全机制、审计机制等实现对数据的授权访问和保护。

对于不同类型的故障在恢复时应做不同的恢复处理。从原理上讲，恢复的本质是利用存储的冗余数据（如日志、影子、备份副本等）来重建数据库中已经被破坏或已经不正确的那部分数据。DBMS 中的恢复管理模块由以下两部分组成。

（1）正常事务处理过程中：系统需记录冗余的恢复信息，以保证故障发生后有足够的信息进行数据库恢复。

（2）故障发生后：利用冗余信息进行 UNDO 或 REDO 等操作，将数据库恢复到一致性状态。

14.3.2 数据库备份

数据库备份（Backup）是数据库管理系统用来进行介质故障恢复的常用方法。它是由 DBA 周期性地将整个数据库的内容复制到其他外存储器上（通常为大容量的磁带或磁鼓）保存起来。数据库备份操作可分为静态备份和动态备份。静态备份是在系统中无运行事务时进行的备份操作，优点是简单，但由于备份必须等待用户事务结束后才能进行，而新的事务必须等待备份结束后才能执行，因此会降低数据库的可用性。动态备份是指备份操作与用户事务的执行并发进行，备份期间允许对数据库进行存取或修改。动态备份克服了静态备份的缺点，它不用等待正在运行的用户事务结束，也不会影响新事务的运行，但它不能保证副本中的数据正确有效。

按照备份数据库的大小，数据库备份有 4 种类型，分别应用于不同的场合。

1. 完全数据库备份（数据库备份）

数据库备份是指对数据库的完整备份，这是大多数人常用的方式，它可以备份整个数据库，包含用户表、系统表、索引、视图和存储过程等所有数据库对象、数据和事物日志中的事务。这种备份方式非常简便易行，通常按照一个常规的时间间隔进行，但它需要花费更多的时间和空间，所以，一般推荐一周做一次完全备份。在还原数据库时，只需用简单的操作即可完成数据库的恢复。恢复后的数据库与备份完成时的数据库状态一致。这种方式应该与下面的其他几种备份方式相互结合，才能最大程度地对数据库数据进行保护。

2. 差异数据库备份(增量备份)

差异数据库备份是指将最近一次完全数据库备份以来发生的数据变化备份起来，因此差异数据库备份实际上是一种增量数据库备份。它是只备份数据库一部分的另一种方法，它不使用事务日志，相反，它使用整个数据库的一种新映像。它比最初的完全备份小，因为它只包含自上次完全备份以来所改变的数据库。对于一个经常进行数据操作的数据库而言，需要在完全数据库备份的基础上，进行差异备份。差异数据库备份比完全数据库备份需要的磁盘空间小而且备份速度快，因此可以更经常地备份。通过增加差异备份的备份次数，可以减少丢失数据的危险。使用差异数据库备份只能将数据库还原到差异数据库备份完成时的那一点，若要恢复到精确的故障点，必须使用事务日志备份。

3. 事务日志备份

事务日志备份是对数据库发生的事务进行备份，包括从上次事务日志备份、差异备份和完全数据库备份后，数据库已经执行完成的所有事务。它可以在相应的数据库备份的基础上，将数据库恢复到特定的即时点或恢复到故障点时的状态。由于事务日志备份仅对数据库事务日志进行备份，所以所需的磁盘空间和备份时间都比完全数据库备份(备份数据和日志)少得多，这是它的优点所在。正是基于此，我们在备份时常常采用这样的策略，即每一天进行一次完全数据库备份，而以一个小时或几个小时的频率备份事务日志。这样利用事务日志备份，可以将数据库恢复到任意一个创建事务日志备份的时刻。

差异备份需要的时间和事务日志备份需要的时间比完全数据库备份需要的时间都少得多，但它们之间有一个重要的差别：事务日志备份含有自上次备份以来某数据变化所包含的多次所有修改，它记录操作的过程；而差异备份只包含该行的最后一次修改，它记录动作的结果。

4. 文件或文件组备份

文件或文件组备份指对数据库文件或文件夹进行备份，但其不像完全数据库备份那样同时也进行事务日志备份。使用该方法可提高数据库恢复的速度，因为仅对遭到破坏的文件或文件组进行恢复。

但是在使用文件或文件组进行恢复时，仍要求有一个自上次备份以来的事务日志备份来保证数据库的一致性，所以在进行完文件或文件组备份后应再进行事务日志备份，否则备份在文件或文件组备份中的所有数据库变化将无效。

14.3.3 数据库恢复

数据库恢复是指数据库系统在进行的某事务失败后重新恢复之前的数据的操作。例如，当一个顾客在超市购买商品，在出口结账时，商品信息是逐条被终端扫描并记录的，但是，整个购买行为会被作为一个事务在所有商品信息扫描完毕后提交给数据库系统。然后，系统再执行该事务，修改数据库中有关收入和存货清单的数据表。如果数据库突然发生故障，顾客的购买行为没有全部完成，如果不对数据库进行恢复操作，会给数据库系统恢复后的数据维护以及当前的客户结账造成麻烦。因为已经把该客户的整个购买行为定义为事务，所以这时就只需要撤销其事务即可。

尽管数据库系统采取很多措施保证事务的正确执行，但是仍旧无法保证数据库中数据的绝对安全，故障是不可避免的。故障一旦发生，轻则造成运行事务非正常中断，影响数据库中数据的一致性，重则破坏数据库，使数据库中的数据全部或部分丢失，因此数据库管理系统必须具有数据库恢复功能。

数据库恢复是指通过技术手段，将保存在数据库中丢失的电子数据进行抢救和恢复的技术。数据库备份的数据文本称为后备副本或后援副本。一旦系统发生介质故障，数据库遭到破坏，可以将后备副本重新装入，再利用日志重做最后一次备份之后所提交的所有事务或按提交顺序重新运行这些事务，将数据库恢复到故障前的一致性状态，如图 14.6 所示。

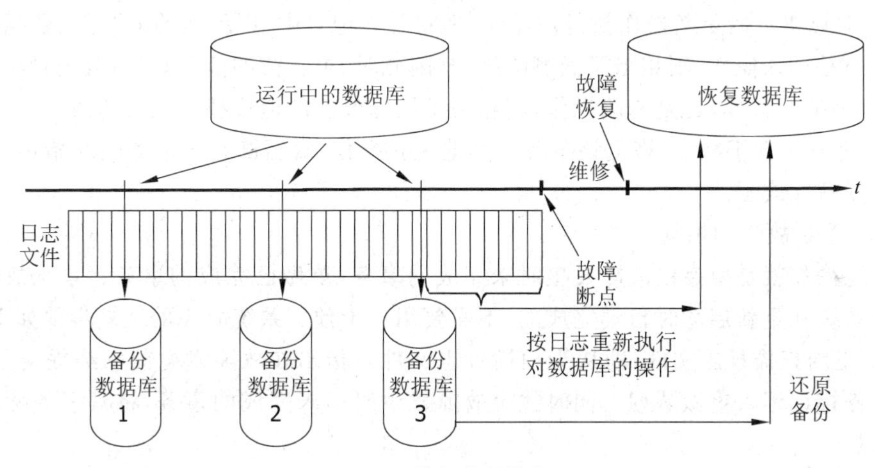

图 14.6 数据库的恢复

数据库可能因为硬件或软件(或两者同时)的故障变得不可用，不同的故障情况需要不同的恢复操作。我们必须决定最适合业务环境的恢复方法。恢复数据库有三种类型或方法，即应急恢复、版本恢复和前滚恢复。

(1) 应急恢复：应急恢复用于防止数据库处于不一致或不可用状态。数据库执行的事务(也称工作单元)可能被意外中断，若在作为工作单位一部分的所有更改完成和提交之前发生故障，则该数据库就会处于不一致和不可用的状态。这时，需要将该数据库转换为一致和可用的状态。为此，需要回滚未完成的事务，并完成当发生崩溃时仍在内存中的已提交事务。如在 COMMIT 语句之前发生了电源故障，则在下一次重新启动并再次访问该数据库时，需要回滚到执行 COMMIT 语句前的状态。回滚语句的顺序与最初执行时的顺序相反。

(2) 版本恢复：版本恢复指的是使用备份操作期间创建的映像来复原数据库的先前版本。这种恢复是通过使用一个以前建立的数据库备份恢复出一个完整的数据库。一个数据库的备份允许把数据库恢复至和这个数据库在备份时完全一样的状态。而从备份建立后到日志文件中最后记录的所有工作事务单位将全部丢失。

(3) 前滚恢复：这种恢复技术是版本恢复的一个扩展，使用完整的数据库备份和日志相结合，可以使一个数据库或者被选择的表空间恢复到某个特定时间点。如果从备份时刻起到发生故障时的所有日志文件都可以获得的话，则可以恢复到日志上涵盖到的任意时间点。前滚恢复需要在配置中被明确激活才能生效。

数据库系统的三种主要故障的恢复方法如下。

(1) 事务故障恢复。

当事务发生故障时，恢复子系统应利用日志文件撤销(UNDO)此事务对数据库进行的修改。事务故障的恢复通常是由系统自动完成，用户并不知道系统是如何进行事务恢复的。

事务故障的恢复步骤如下。

① 反向扫描日志文件(即从最后向前扫描日志文件)，查找该事务的更新操作。

② 对该事务的更新操作执行逆操作，即将日志记录中“更新前的值”写入数据库。如果记录中是插入操作，则相当于做删除操作(因此时“更新前的值”为空)；若记录中是删除操作，则做插入操作；若是修改操作，则相当于用修改前的值代替修改后的值。

③ 重复执行①和②，恢复该事务的其他更新操作，直至读到该事务的开始标记，事务故障恢复就完成了。

(2) 系统故障的恢复。

恢复操作就是要撤销故障发生时未完成的事务，重做已完成的事务。系统故障的恢复是由系统在重新启动时自动完成的，不需要用户干预。系统故障的恢复步骤如下。

① 正向扫描日志文件(即从头扫描日志文件)，指出在故障发生前已经提交的事务，将其事务标记记入重做队列。同时找出故障发生时尚未完成的事务，将其事务标记记入撤销队列。

② 对撤销队列中的各个事务进行撤销(UNDO)处理。进行撤销处理的方法是：反向扫描日志文件，对每个事务的更新操作执行逆操作，即将日志记录中“更新前的值”写入数据库。

③ 对重做队列中的各个事务进行重做(REDO)处理。进行重做处理的方法是：正向扫描日志文件，对每个重做事务重新执行日志文件登记的操作，即将日志记录中“更新后的值”写入数据库。

(3) 介质故障的恢复。

介质故障会破坏磁盘上的物理数据库和日志文件，这是最严重的一种故障。恢复方法是重装数据库后备副本，然后重做已完成的事务。

介质故障的恢复步骤如下。

① 装入最新的数据库后备副本(离故障发生时刻最近的转储副本)，使数据库恢复到最近一次转储时的一致性状态。对于动态转储的数据库副本，还需要同时装入转储开始

时刻的日志文件副本。利用恢复系统故障的方法(即重做＋撤销的方法)才能将数据库恢复到一致性状态。

② 装入相应的日志文件副本(转储结束时刻的日志文件副本),重做已完成的事务,即首先扫描日志文件,找出故障发生时已提交的事务的标识,将其记入重做队列,然后正向扫描日志文件,对重做队列中的所有事务进行重做处理(将日志记录中“更新后的值”写入数据库)。

随着磁盘技术的发展(容量大、价格低),恢复技术发展很快。各种实际DBMS的恢复技术还是不尽相同的,在实际应用中,应按照实际DBMS的要求来完成恢复的前期工作和恢复工作。

小结

本章详细介绍了事务的概念与特征、并发控制和数据库恢复技术。

(1) 事务是数据库进行并发控制的基本单位,多个事务的并发调度会带来一些问题。如丢失更新、不一致分析和未提交依赖问题。

(2) 事务是具有完整逻辑意义的数据库操作序列的集合。对于数据库管理系统而言,事务则是一个读写操作序列。这些操作是一个不可分割的逻辑工作单元,要么都做,要么都不做。

(3) 解决并发问题的方法是封锁,封锁可分为排他锁和共享锁。在利用封锁进行并发控制时必须遵守一定的封锁协议。另外,在封锁的过程中,还会发生活锁和死锁现象。

(4) 数据库系统在运行过程中会遇到各种障碍,常见的故障类型有事务故障、系统故障、介质故障和其他故障。

(5) 数据库备份可以有4种类型:完全数据库备份(数据库备份)、差异数据库备份(增量备份)、事务日志备份和文件或文件组备份,分别应用于不同的场合。

(6) 数据库恢复是指通过技术手段,将保存在数据库中丢失的电子数据进行抢救和恢复的技术。

习题

14.1 试述事务的定义和特征。

14.2 事务并发执行可能带来哪些问题?试举例说明。

14.3 什么是活锁和死锁?如何预防和解除?

14.4 试述数据库系统的故障类型。

第15章　数据库应用开发

本章学习目标

- 了解C#语言常用的数据库连接方法。
- 掌握使用C#语言和SQL Server 2000开发数据库应用程序的方法。

一个完整的数据库应用系统应包括用户界面、业务逻辑和数据库访问。SQL Server不具有图形用户界面的设计功能，因此一般把它作为数据库应用系统的后端数据库，而图形用户界面的设计可使用可视化的开发工具来完成。本章将以Visual Studio 2008为开发环境，使用C#语言作为开发工具，以酒店客房管理系统为例，介绍数据库应用系统的开发方法。

15.1　ADO.NET概述

ADO.NET(ActiveX Data Objects.NET)是Microsoft公司提供的程序访问数据库系统的API，它是一组向.NET程序员公开数据访问服务的类。ADO.NET模型是Microsoft公司新一代的数据库访问模型，通过它可以进行数据库的连接与访问。通过ADO.NET，程序员可以很轻易地使用各种对象(控件)来访问符合自己要求的数据库内容。ADO.NET是应用程序和数据源之间的桥梁。通过ADO.NET所提供的对象，再配合SQL语句，可以访问很多数据库中的数据，如dBase、Excel、Access、SQL Server和Oracle。Visual Studio 2008通过提供数据访问技术ADO.NET来实现对数据库访问的支持。

ADO.NET为创建分布式数据共享应用程序提供了一组丰富的组件，它可以对关系数据、XML和应用程序数据进行访问，是.NET Framework中不可缺少的一部分。ADO.NET支持多种开发需求，包括创建由应用程序、工具、语言或Internet浏览器使用的前端数据库客户端和中间层业务对象。

ADO.NET定义了两个核心组件：.NET Framework数据提供程序和DataSet，其结构如图15.1所示。

DataSet组件设计的目的是为了实现独立于任何数据源的数据访问，它可以用于多种不同的数据源和XML数据。DataSet数据集是ADO.NET离线数据访问模型中的核心对象，主要作用是在内存中暂存并处理各种从数据源中所取回的数据。

.NET Framework数据提供程序是ADO.NET中的一个核心元素，其组件的设计目的是为了实现数据处理和对数据的快速、只进、只读访问。.NET Framework数据提供程序由Connection、Command、DataReader和DataAdapter 4个核心对象组成。Connection

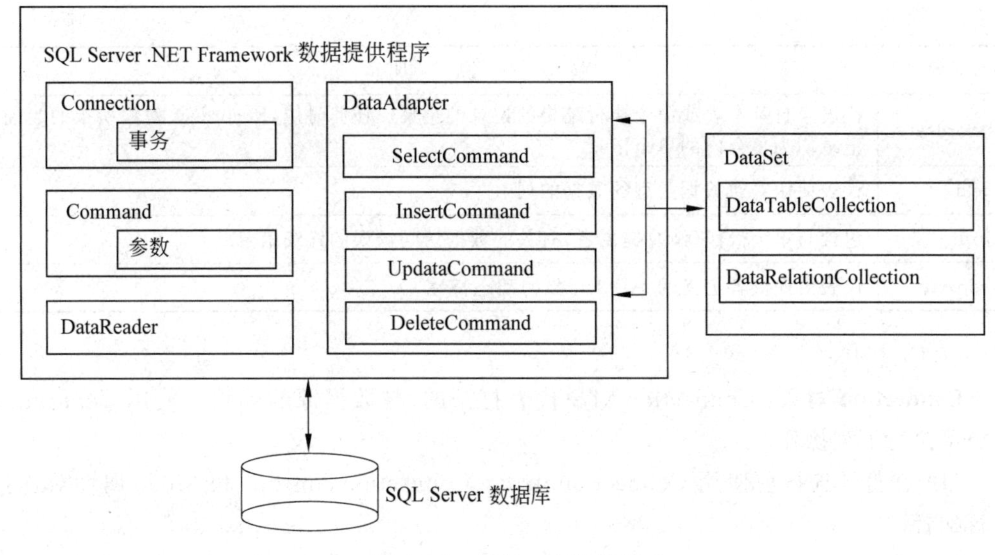

图 15.1 ADO .NET 结构

对象用于提供与数据源的连接。Command 对象用于对数据源执行命令,使用户能够访问用于返回数据、修改数据、运行存储过程以及发送或检索参数信息的数据库命令。DataReader 对象用于从数据源中提供高性能的数据流。DataAdapter 对象是提供连接 DataSet 对象和数据源的桥梁,它使用 Command 对象在数据源中执行 SQL 命令,以便将数据加载到 DataSet 中,并使对 DataSet 中数据的更改与数据源保持一致。

ADO 提供类和对象以完成以下活动。

(1) 连接到数据源(Connection),并可选择开始一个事务;

(2) 可选择创建对象来表示 SQL 命令(Command);

(3) 可选择在 SQL 命令中指定列、表和值作为变量参数(Parameter);

(4) 执行命令(Command、Connection 或 Recordset);

(5) 如果命令按行返回,则将行存储在缓存中(Recordset);

(6) 可选择创建缓存视图,以便能对数据进行排序、筛选和定位(Recordset);

(7) 通过添加、删除或更改行和列编辑数据(Recordset);

(8) 在适当情况下,使用缓存中的更改内容来更新数据源(Recordset);

(9) 如果使用了事务,则可以接受或拒绝在完成事务期间所做的更改并结束事务(Connection)。

表 15.1 给出了 ADO 对象模型中的对象及其说明。

表 15.1 ADO 对象模型中的对象及其说明

对象	说 明
Connection	代表打开的、与数据源的连接
Command	Command 对象定义了将对数据源执行的指定命令
Parameter	代表与基于参数化查询或存储过程的 Command 对象相关联的参数或自变量

续表

对象	说　明
Recordset	代表来自基本表或命令执行结果的记录的全集。任何时候，Recordset 对象所指的当前记录均为集合内的单个记录
Field	代表使用普通数据类型的数据的列
Error	包含与单个操作(涉及提供者)有关的数据访问错误的详细信息
Property	代表由提供者定义的 ADO 对象的动态特性

表 15.1 中，

Connection 对象：Connection 对象代表打开的、与数据源的连接。使用 Connection 对象可执行下列操作。

(1) 在打开连接前使用 ConnectionString、ConnectionTimeout 和 Mode 属性对连接进行配置。

(2) 设置 CursorLocation 属性以便调用支持批更新的“客户端游标提供者”。

(3) 使用 DefaultDatabase 属性设置连接的默认数据库。

(4) 使用 IsolationLevel 属性为在连接上打开的事务设置隔离级别。

(5) 使用 Provider 属性指定 OLE DB 提供者。

(6) 使用 Open 方法建立到数据源的物理连接，使用 Close 方法将其断开。

(7) 使用 Execute 方法执行连接的命令，并使用 CommandTimeout 属性对执行进行配置。

(8) 使用 BeginTrans、CommitTrans 和 RollbackTrans 方法以及 Attributes 属性管理打开的连接上的事务(如果提供者支持则包括嵌套的事务)。

(9) 使用 Errors 集合检查数据源返回的错误。

(10) 通过 Version 属性读取使用中的 ADO 执行版本。

(11) 使用 OpenSchema 方法获取数据库模式信息。

Command 对象：Command 对象定义了将对数据源执行的指定命令。使用 Command 对象可进行下列操作。

(1) 使用 CommandText 属性定义命令(如 SQL 语句)的可执行文本。

(2) 通过 Parameter 对象和 Parameters 集合定义参数化查询或存储过程参数。

(3) 使用 Execute 方法执行命令并在适当的时候返回 Recordset 对象。

(4) 执行前应使用 CommandType 属性指定命令类型以优化性能。

(5) 使用 Prepared 属性决定提供者是否在执行前保存准备好(或编译好)的命令版本。

(6) 使用 CommandTimeout 属性设置提供者等待命令执行的秒数。

(7) 通过设置 ActiveConnection 属性使打开的连接与 Command 对象关联。

(8) 设置 Name 属性将 Command 标识为与 Connection 对象关联的方法。

(9) 将 Command 对象传送给 Recordset 的 Source 属性以便获取数据。

Parameter 对象：Parameter 对象代表与基于参数化查询或存储过程的 Command 对

象相关联的参数或自变量。使用 Parameter 对象可进行如下操作。

(1) 使用 Name 属性可设置或返回参数名称。

(2) 使用 Value 属性可设置或返回参数值。

(3) 使用 Attributes 和 Direction、Precision、NumericScale、Size 以及 Type 属性可设置或返回参数特性。

(4) 使用 AppendChunk 方法可将长整型二进制或字符数据传递给参数。

Recordset 对象：Recordset 对象表示来自基本表或命令执行结果的记录集合。任何时候，Recordset 对象所指的当前记录均为集合内的单个记录。使用 ADO 时，通过 Recordset 对象可对几乎所有数据进行操作。所有 Recordset 对象均使用记录(行)和字段(列)进行构造。

(1) 可以创建所需数量的 Recordset 对象。打开 Recordset 时，当前记录位于第一个记录(如果有)，并且 BOF 和 EOF 属性被设置为 False。如果没有记录，BOF 和 EOF 属性设置是 True。

(2) 可以使用 MoveFirst、MoveLast、MoveNext、MovePrevious 和 Move 方法，以及 AbsolutePosition、AbsolutePage 和 Filter 属性来重新确定当前记录的位置。

(3) Recordset 对象可支持两类更新：使用立即更新，一旦调用 Update 方法，对数据的所有更改将被立即写入基本数据源；也可以使用 AddNew 和 Update 方法将值的数组作为参数传递，同时更新记录的若干字段。

(4) 如果提供者支持批更新，可以使提供者将多个记录的更改存入缓存，然后使用 UpdateBatch 方法在单个调用中将它们传送给数据库。

Field 对象：Field 对象代表使用普通数据类型的数据的列。使用 Field 对象可进行如下操作。

(1) 使用 Name 属性可返回字段名。

(2) 使用 Value 属性可查看或更改字段中的数据。

(3) 使用 Type、Precision 和 NumericScale 属性可返回字段的基本特性。

(4) 使用 DefinedSize 属性可返回已声明的字段大小。

(5) 使用 ActualSize 属性可返回给定字段中数据的实际大小。

(6) 使用 Attributes 属性和 Properties 集合可决定对于给定字段哪些类型的功能受到支持。

(7) 使用 AppendChunk 和 GetChunk 方法可处理包含长二进制或长字符数据的字段值。

(8) 如果提供者支持批更新，可使用 OriginalValue 和 UnderlyingValue 属性在批更新期间解决字段值之间的差异。

Error 对象：Error 对象包含与单个操作有关的数据访问错误的详细信息。通过 Error 对象可获得每个错误的详细信息，包括：

(1) Description 属性，包含错误的文本。

(2) Number 属性，包含错误常量的长整型整数值。

(3) Source 属性，标识产生错误的对象。在向数据源发出请求之后，如果 Errors 集合中有多个 Error 对象，则将会用到该属性。

(4) SQLState 和 NativeError 属性，提供来自 SQL 数据源的信息。

Property 对象：Property 对象代表由提供者定义的 ADO 对象的动态特征。ADO 对象有两种类型的属性：内置属性和动态属性。

(1) 内置属性是在 ADO 中实现并立即可用于任何新对象的属性，此时使用 MyObject. Property 语法。它们不会作为 Property 对象出现在对象的 Properties 集合中，因此，虽然可以更改它们的值，但无法更改它们的特性。

(2) 动态属性由基本的数据提供者定义，并出现在相应的 ADO 对象的 Properties 集合中。

ADO. NET 其实就是. NET 框架中用来访问和操作数据源的框架，其内的核心类库是 System. Data. dll(我们常用的 DataTable 与 DataSet 就是位于其内的 System. Data 命名空间内)，ADO. NET 数据库访问一般流程如下。

(1) 建立 Connection 对象，创建一个数据库连接。

(2) 在建立连接的基础上可以使用 Command 对象对数据库发送查询、新增、修改和删除等命令。

(3) 创建 DataAdapter 对象，从数据库中取得数据。

(4) 创建 DataSet 对象，将 DataAdapter 对象填充到 DataSet 对象中。

(5) 如果需要可以重复操作，一个 DataSet 对象中可以容纳多个数据集合。

(6) 关闭数据库。

15.2 系统分析

15.2.1 系统需求分析

需求分析阶段是酒店客房管理系统开发最重要的阶段。开发者必须要搞清楚用户的需求，以确定酒店客房管理系统的功能。

该酒店客房管理系统的主要任务是对酒店的客房进行管理，使用户能轻松地找到所需要的客房信息，提供入住和退房服务，并对酒店客房的业务进行记录，它的主要功能包括以下几个方面。

(1) 用户信息管理：实现对酒店客房管理系统的使用人员进行管理，包括对使用人员的信息(如用户名、密码、用户类型)进行增加、删除、修改和检索。

(2) 客房类型管理：实现对酒店客房类型进行管理，包括对客房类型的信息(如类型编号、类型名称、床位、价格等)进行增加、删除、修改和检索。

(3) 客房信息管理：实现对酒店客房信息进行管理，包括对客房的信息(如客房号、客房类型、客房位置等)进行增加、删除、修改和检索。

(4) 客户信息查询：实现对入住过酒店的客户信息(如身份证号、姓名、电话等)进行查询。

(5) 客房信息查询：实现对酒店客房的信息(如客房号、客房类型、客房位置、客房状态等)进行查询。

(6) 客房经营管理：实现对客房的入住和退房管理，包括对客房的业务信息(如客房号、入房时间、退房时间、金额等)进行检索、录入和修改。

(7) 业务记录查询：实现对酒店历史入住信息(如入住时间、退房时间、入住人员身份证号，姓名，金额等)的查询。

该系统的功能模块图如图 15.2 所示。

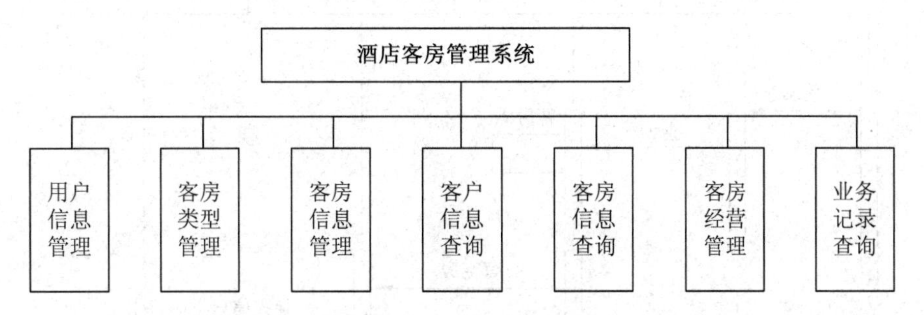

图 15.2 酒店客房管理系统功能模块图

可以根据不同酒店的具体情况，对上述功能进行修改和补充。

15.2.2 系统用例分析

系统的用例分析用来确定系统中各用例与用户角色之间的关系。本例的用例图如图 15.3 所示。

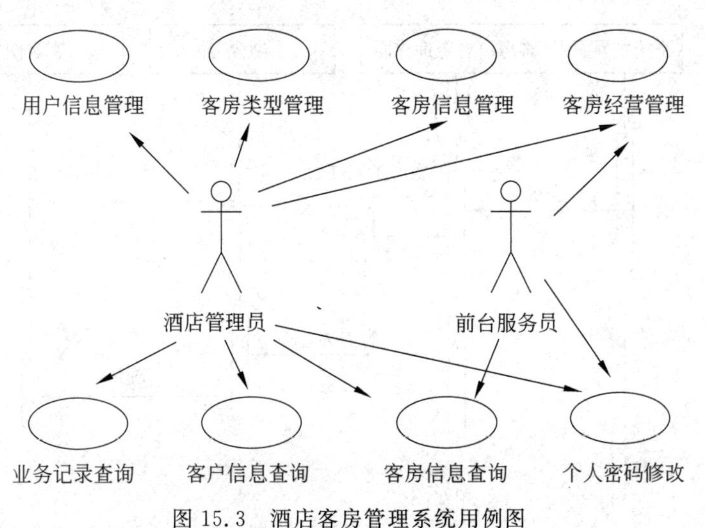

图 15.3 酒店客房管理系统用例图

15.2.3 系统时序图

时序图显示了一个具体用例或用例一部分的一个详细流程，该图不仅可以显示流程中不同对象之间的调用关系，还可以详细显示对不同对象的不同调用。下面给出入住和退房的时序图，以帮助后面的设计工作。入住时序图如图 15.4 所示。

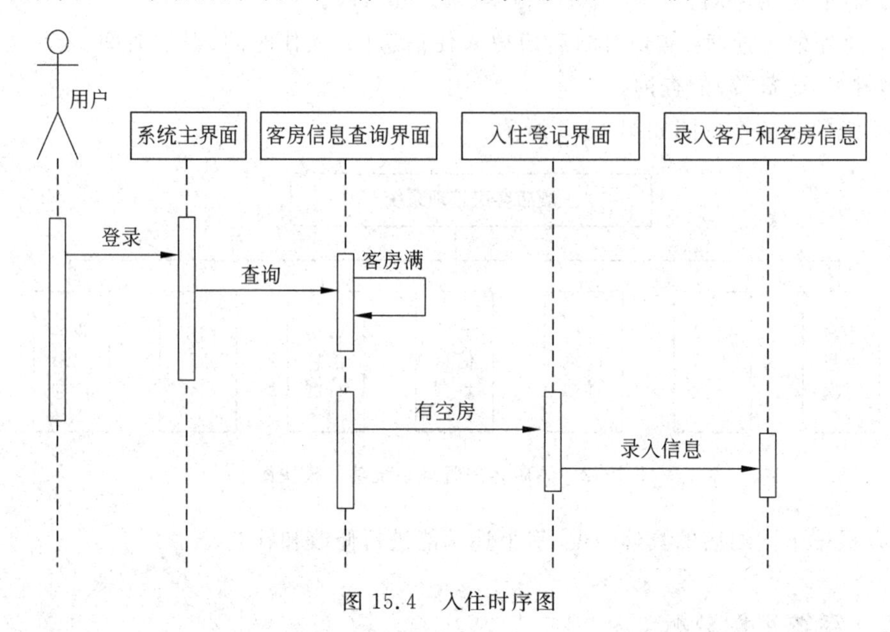

图 15.4 入住时序图

退房时序图如图 15.-5 所示。

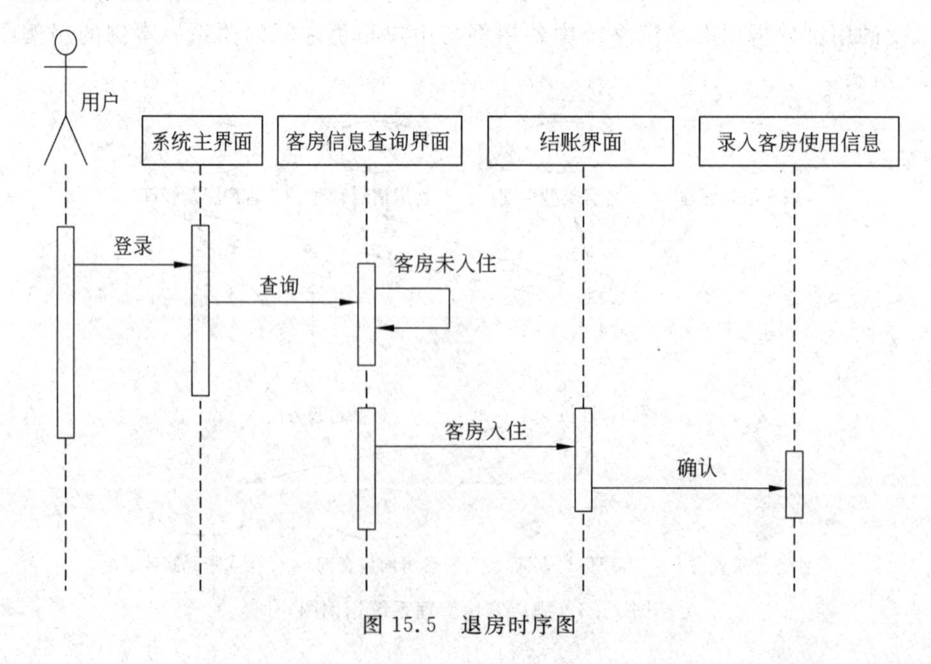

图 15.5 退房时序图

15.3 数据库分析和设计

15.3.1 数据库分析

数据库分析是整个数据库应用系统开发过程中的一个重要环节,实体模型就是我们通常所说E-R模型,它是设计数据库的基础。我们使用E-R模型对酒店管理系统的数据进行抽象加工,将实体集合抽象成实体类型,用实体间关系反映本系统实体间的内在联系。由于篇幅有限,这里直接给出酒店客房管理系统的E-R图,如图15.6所示。

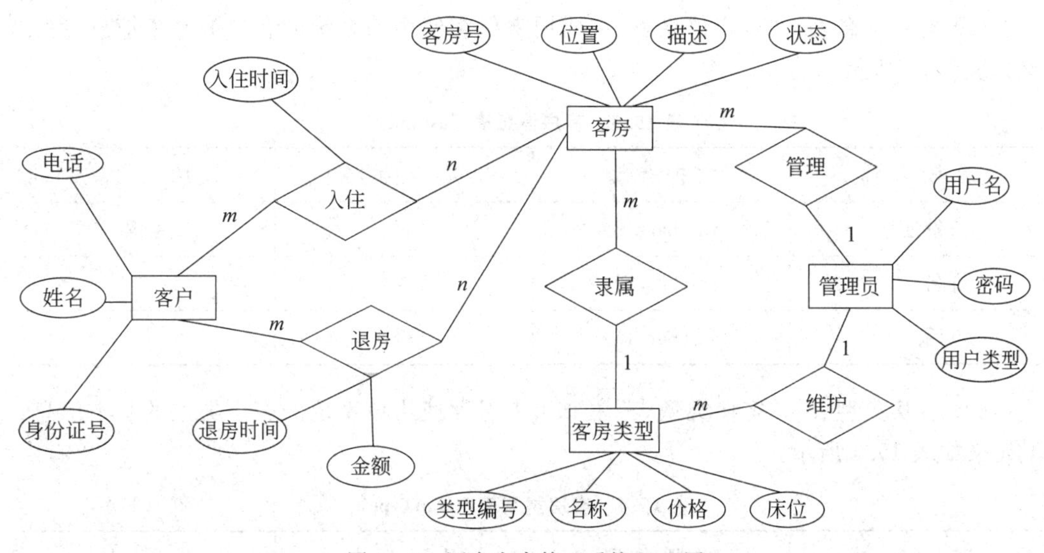

图15.6 酒店客房管理系统E-R图

15.3.2 数据库设计

数据库分析完成后,就可以对数据库进行设计了。在酒店客房管理系统中,数据库的设计工作主要包括建立管理系统的数据库,创建所需要的表,也可以设计相关的视图及存储过程。

1. 创建数据库

数据库设计的第一步是要创建一个数据库。本系统使用的数据库名为HotelRoomDB,启动SQL Server数据库,新建数据库。

2. 创建表

根据前面的数据库分析,可以确定数据库HotelRoomDB包含以下5个表:用户信息表,客户信息表,客房类型表,客房信息表,客房业务表。

(1) 用户信息表。“用户信息表”主要用来保存使用该系统的用户的基本信息,其定义如表 15.2 所示。

表 15.2 用户信息表 User

字段名称	数据类型	是否为空	约束
用户名	varchar(12)	否	主键
密码	varchar(12)	否	
类型	char(6)	否	

备注:类型分为酒店管理员和前台服务人员。

(2) 客户信息表。“客户信息表”主要用来保存使用该系统的客户的基本信息,其定义如表 15.3 所示。

表 15.3 客户信息表 Customer

字段名称	数据类型	是否为空	约束
身份证号	varchar(18)	否	主键
姓名	varchar(12)	否	
电话	varchar(15)	否	

(3) 客房类型表。“客房类型表”主要用来保存使用该系统的客房类型的基本信息,其定义如表 15.4 所示。

表 15.4 客房类型表 RoomType

字段名称	数据类型	是否为空	约束
类型编号	char(4)	否	主键
名称	varchar(10)	否	唯一
面积	float	是	
床位	int	是	
价格	smallmoney	否	
空调	bit	是	
电视	bit	是	
卫生间	bit	是	

备注:空调、卫生间、洗浴(0-没有,1-有)。

(4) 客房信息表。“客房信息表”主要用来保存使用该系统的客房的基本信息,其定义如表 15.5 所示。

表 15.5 客房信息表 Room

字段名称	数据类型	是否为空	约束
客房号	char(6)	否	主键
类型编号	char(4)	否	外键
位置	varchar(20)	是	
描述	varchar(50)	是	
状态	bit	否	

备注：状态(0-空房,1-入住)。

(5) 客房业务表。“客房业务表”用来保存酒店客房的入住的业务信息，其定义如表 15.6 所示。

表 15.6 客房业务表 Check

字段名称	数据类型	是否为空	约束
客房号	char(6)	否	外键
身份证号	varchar(18)	否	外键
入住时间	datetime	否	
退房时间	datetime	否	
金额	smallmoney	否	
备注	varchar(50)	是	
客房号和身份证号联合作为主键			

创建完“用户信息表”之后，可在该表中创建一个用户类型为酒店管理员的用户，这样可在运行系统时通过该用户进行登录，使用系统所有功能。

15.4 数据库的连接和访问

15.4.1 数据库的连接

Connection 对象负责建立和控制用户应用程序和数据库之间的连接。所有的数据库连接都要用到连接字符串，该字符串是使用分号隔开的多项信息，其内容随着数据库类型和访问内容的变化而变化。

连接字符串的格式如下。

```
"Server=服务器名或服务器 IP 地址;DataBase=数据库名称;User ID=用户名;Pwd=密码"
```

使用 Connection 对象连接 SQL Server 数据库的方法如下。

```
using System.Data.SqlClient;引用 namespace
```

```
...
SqlConnection con=new SqlConnection(连接字符串);
con.Open();
...
//数据库相关操作
...
con.Close();
```

1. 在 Web.config 文件中配置与数据库连接的字符串

```
<configuration>
<connectionStrings>
<add name="连接字符串名称" connectionString="Data Source=服务器名或服务器 IP
地址;
    Initial Catalog=数据库名称;Persist Security Info=True;User ID=用户名;
Password=密码"
    providerName="System.Data.SqlClient"/>
        <add name="ConnectionString" connectionString="Server=127.0.0.1;
database=HotelRoomDB;uid=sa;pwd=123456" providerName="System.Data.
SqlClient"/>
    </connectionStrings>
</configuration>
```

2. 在 C# 中获取 Web.config 文件中的数据库连接字符串

```
连接字符串=ConfigurationManager.ConnectionStrings["连接字符串名称"].ToString
()
```

15.4.2 数据库的访问

当应用程序与数据库建立好连接后,便可从数据库的表中读取数据了,通常有两种方法:一种是使用 Command 和 DataReader 对象,另一种是使用 DataAdapter 和 DataSet 对象。

1. 使用 Command 和 DataReader 对象读取数据

DataReader 对从 SQL 数据库检索的数据提供仅向前的只读指针。由于 DataReader 类是抽象类,不能直接实例化,因此,如果要使用 DataReader 对象,需要先创建 Command 对象。Command 对象的 ExecuteReader 方法将创建一个 DataReader 对象,该对象从数据库中读取由 select 命令返回的只读、只进的数据流,且一次只读取一条数据。

```
SqlCommand com=new SqlCommand(cmdstr,con);//使用指定的 SQL 命令和连接对象创建
//SqlCommand 对象
SqlDataReader dr=com.ExecuteReader();//执行 SQL 语句,返回 SqlDataReader 对象
While (dr.Read())//循环读取,每次读取一条记录
```

```
{
//循环体内语句,例如:string s=dr["column_name"].ToString();
}
dr.Close();
```

采取这种方式读取数据时,内存中只有一行内容,所以不仅提高了应用程序的性能,还有助于减少系统的开销。采用 DataReader 对象读取数据的方式适用于下列情形。

(1) 不需要缓存数据;

(2) 要处理的结果太大,内存中放不下;

(3) 需要以仅向前、只读方式快速访问数据。

DataReader 读取数据的过程如下。

(1) 创建连接;

(2) 打开连接;

(3) 创建 Command 对象;

(4) 执行 Command 的 ExecuteReader()方法;

(5) 将 DataReader 绑定到数据控件中;

(6) 关闭 DataReader;

(7) 关闭连接。

DataReader 对象的局限性有以下三点。

(1) 只能向前循环读取数据;

(2) 只能读取数据,不能修改数据;

(3) 只能处理一个表的数据。

注意:DataReader 在使用时,将以独占方式使用 Connection。也就是说,在用 DataReader 读取数据时,与 DataReader 对象关联的 Connection 对象不能再为其他对象所使用。因此,在使用完 DataReader 后,应显式调用 DataReader 的 Close()方法断开和 Connection 的关联。

2. 使用 DataAdapter 和 DataSet 对象读取数据

DataAdapter 是 DataSet 与数据库之间的沟通媒介,DataAdapter 打开一个连接并执行指定的 SQL 命令,将获取的数据填充到 DataSet。也可以将 DataSet 中的数据更新到数据源中。DataAdapter 对象常用方法有:①Fill()从数据源获取数据填充 DataSet;②Update()将 DataSet 中的数据更新到数据源。

DataSet 是数据在内存中的缓存,相当于在内存中的一个小型关系数据库,与数据源是断开的。DataSet 的结构和关系型数据库很类似,具有表、行、列等属性。它主要用于在内存中存放数据,可以一次读取整张数据表的内容。

DataSet 对象可以存放 DataAdapter 对象执行 SQL 命令后所取得的数据。DataSet 也是一个集合对象,一个 DataSet 对象包括一组 DataTable 对象和 DataRelation 对象,应用程序可以通过 DataTable 对象和 DataTable 对象内的 DataColumn 对象、DataRow 对象的操作读取数据。

```
SqlDataAdapter da=new SqlDataAdapter(cmdstr,con);
                              //使用指定的 SQL 命令和连接对象创建 SqlDataAdapter 对象
DataSet ds=new DataSet(); //创建 DataSet 对象
da.Fill(ds,"table_name"); //使用 SqlDataAdapter 的 Fill 方法填充 DataSet,并创建一
                              //个名为"table_name"的 DataTable 对象,将数据存放其中
```

DataSet 读取数据的过程如下。

(1) 创建连接;

(2) 创建 DataAdapter 对象;

(3) 创建 DataSet 对象;

(4) 执行 DataAdapter 对象的 Fill()方法;

(5) 将 DataSet 中的表绑定到数据控件中。

DataAdapter 的 Fill 方法会自动检查数据库连接是否打开,如果没有打开,则先自动调用 Open()方法打开连接,再执行填充操作,在数据填充结束后,会自动调用 Close()方法关闭数据库连接。因此无须在代码中添加 Open()和 Close()方法。

使用 Command 对象时,需要手工添加 Open()方法以打开数据库的连接,最后还需要添加 Close()方法关闭连接。

数据库的访问定义在数据访问类 Class1 中,部分源程序代码如下。

```
public DataSet comboxtext()
{
    string constr ="Data Source=127.0.0.1;Initial
                    Catalog=HotelRoomDB;Integrated Security=True";
    SqlConnection con =new SqlConnection(constr);
    con.Open();
    string sqlstr ="select * from Room ";
    SqlCommand cmd =new SqlCommand();
    cmd.Connection =con;
    cmd.CommandText =sqlstr;
    SqlDataAdapter da =new SqlDataAdapter(cmd);
    DataSet ds =new DataSet();
    da.Fill(ds);
    da.Dispose();
    con.Close();
    return ds;
}
```

15.5 系统界面设计及相关代码实现

15.5.1 酒店客房管理系统的首界面设计及其代码实现

当用户进入酒店客房管理系统首界面后,需要输入用户名、密码和用户类型(酒店管

理员或前台服务员)进行身份验证,系统在验证通过后,进入酒店客房管理系统的主界面,并根据用户类型确定用户的使用权限。酒店客房管理系统的首界面如图 15.7 所示,它是由系统主窗口和登录窗口构成的。

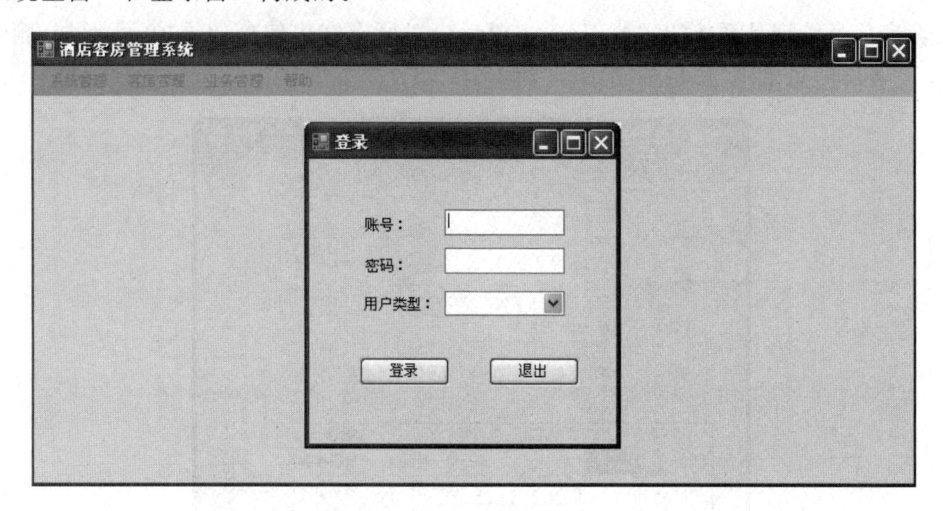

图 15.7 酒店客房管理系统首界面

登录窗口的部分源代码如下所示。

```
…
private void Login_Click(object sender, EventArgs e)
{
    string sqlcon ="select pw from student where userno='"+textBox1.Text+"'";
    Class1 c1 =new Class1();
    DataSet ds =new DataSet();
    ds =c1.Dbselect(sqlcon);
    string str =ds.Tables[0].Rows[0][0].ToString();
    if (textBox2.Text ==str)
    {
        Form2 f2 =new Form2();
        this.Hide();
        主窗口.ShowDialog();

        this.Close();
    }
    else
    {
        MessageBox.Show(""登录失败!请输入正确信息重新登录!"");
    }
}
```

15.5.2 客房信息管理界面的设计及其代码实现

客房信息管理是系统的主要部分，主要负责对所有客房信息的维护，即增加、删除和修改。“客房信息管理”窗口如图15.8所示。

图15.8 “客房信息管理”窗口

数据更新是指对数据进行添加、删除和修改等操作。利用Command对象进行更新数据源的一般过程如下。

(1) 设置参数连接Connection，并打开此连接；

(2) 定义一个Command对象，并设置其参数；

(3) 用SQL语句设置CommandText属性，或者使用临时参数赋值的方法进行更新；

(4) 通过调用ExecuteNonQuery方法，来更新数据源；

(5) 关闭数据连接。

“客房信息管理”窗口的部分源代码如下所示。

```
//实现“修改”按钮的单击事件
private void update_Click(object sender, EventArgs e)
{
    string constr = "Data Source=127.0.0.1; Initial Catalog=HotelRoomDB;
Integrated Security=True";
    SqlConnection con =new SqlConnection(constr);
    con.Open();
    string sqlstr ="update Room set roomType='" +comboBox1.Text.ToString() +
"',position='"+textBox2.Text.ToString()+"',description='"+textBox3.Text.
ToString()+"' where roomNo='"+textBox1.Text.ToString()+"'";
    SqlCommand cmd =new SqlCommand();
    cmd.Connection =con;
    cmd.CommandText =sqlstr;
```

```
        int r=cmd.ExecuteNonQuery();
        if (r ==0)
        {
            MessageBox.Show("更新失败!");
        }
        else
        {
            MessageBox.Show("更新成功!");
            textBox1.Text ="";
            comboBox1.Text ="";
            textBox2.Text ="";
            textBox3.Text ="";
        }
        con.Close();
    }
```

由于篇幅有限,关于客房类型管理、用户管理、信息查询等界面的设计和相关代码的实现,读者可参考上面的界面自己完成。

小结

本章以 Visual Studio 2008 为开发环境,使用 C#语言作为开发工具,以酒店客房管理系统为例,介绍了数据库应用系统的开发方法。

参考文献

[1] 严蔚敏，吴伟民. 数据结构[M]. 北京：清华大学出版社，2017.

[2] 万常选，廖国琼，吴京慧，刘喜平. 数据库系统原理与设计[M]. 2 版. 北京：清华大学出版社，2012.

[3] Abraham Silberschatz，Henry F Korth，S Sudarshan. 数据库系统概念[M]. 5 版. 影印版. 北京：高等教育出版社，2010.

[4] 王珊，萨师煊. 数据库系统概论[M]. 5 版. 北京：高等教育出版社，2014.

[5] 张晋连. 数据库原理及应用. 北京：电子工业出版社，2004.

[6] Horowitz，Sartaj Sahni，Susan Anderson-Fr. Fundamentals of Data Structures in C. Silicon Pr，2007.

[7] Knuth D E. The Art of Computer Programming. Addison-Wesley Professional，1998.

[8] 陈佳，谷锐. 信息系统开发方法教程[M]. 4 版. 北京：清华大学出版社，2013.

[9] 曹妍，陈燕，盈艳，等. 数据结构课程创新性教学模式研究[J]. 教育教学论坛，2016，(4)：125-126.

[10] Wang X，Qiu J，Li T，et al. A Network Optimization Research for Product Returns Using Modified Plant Growth Simulation Algorithm. Scientific Programming，2017，(2)：1-14.